U0621141

溯源东方
新中式女装创新设计

杨敏华◎著

中国纺织出版社有限公司

内 容 提 要

本书以民族传统文化内涵为根本，传承千年中华优秀传统美学和服饰文化为基础，以中式元素的时尚转换与运用为主要内容，从文化设计的角度出发重点分析新中式女装创新方法，旨在深入挖掘与传承东方美学理念，推动新中式女装设计的创新与发展。书中精选优秀设计案例，通过理论与案例结合的方法，阐述新中式女装在款式、色彩、图案、面料以及配饰等方面的创新方法，为读者提供丰富的设计灵感与实践经验。

本书是一部关于新中式女装设计的专业书，更是一部充满创意与灵感的时尚宝典，适合服装设计师、时尚从业者以及服装设计等相关专业师生阅读与参考。

图书在版编目（CIP）数据

溯源东方新中式女装创新设计 / 杨敏华著 . -- 北京：中国纺织出版社有限公司，2024.12. -- ISBN 978-7-5229-2642-1

I. TS941.742.8

中国国家版本馆 CIP 数据核字第 202557DL75 号

责任编辑：亢莹莹　黎嘉琪　　责任校对：高　涵
责任印制：王艳丽

中国纺织出版社有限公司出版发行
地址：北京市朝阳区百子湾东里A407号楼　邮政编码：100124
销售电话：010—67004422　传真：010—87155801
http://www.c-textilep.com
中国纺织出版社天猫旗舰店
官方微博 http://weibo.com/2119887771
北京通天印刷有限责任公司印刷　各地新华书店经销
2024年12月第1版第1次印刷
开本：787×1092　1/16　印张：20.75
字数：392千字　定价：98.00元

凡购本书，如有缺页、倒页、脱页，由本社图书营销中心调换在浩瀚的文化长河中，中国传统美学以其独特的韵味和深厚的文化底蕴，成为世界文化遗产中一颗璀璨的明珠。随着时代变迁，传统与现代的交融成为一种不可阻挡的趋势，新中式设计应运而生，并以其独特的魅力在艺术设计领域独树一帜，尤其是在女装设计方面，更是展现出前所未有的活力与创造力。新中式女装设计作为中国传统美学与现代设计理念相结合的产物，以其独特的文化韵味、精湛的工艺技巧、时尚的设计理念，成为众多设计师和消费者的宠儿，不仅在国内市场赢得广泛的认可，更在国际舞台上展现出独特的魅力。然而，尽管新中式女装设计在市场上取得了显著的成绩，但在理论研究和实践探索方面仍存在诸多不足。本书正是在这样的背景下应运而生，旨在深入挖掘新中式女装设计的内涵与价值，揭示其设计特点与美学价值，探索未来设计创新发展之路，为新中式女装设计的发展给予理论与实践指引。

本书的编写思路主要围绕新中式女装设计的内涵、特点、美学价值、创新方法以及市场发展前景等方面展开。具体而言，本书共分为7章。第1章概述了新中式设计的整体情况，包括"中国风"含义演变、新中式设计风格的定义与起源、文化内涵以及特点等。通过对这些内容的阐述，为新中式女装设计的探讨奠定理论基础，使读者能够对其有一个全面而深入的了解；第2章聚焦新中式服装设计，介绍"新中式"在服装设计领域的兴起背景和定义，对比"中国风"与"新中式"在服装设计中的异同。梳理西方服装设计中"中国风"的发展脉络、新中式女装设计的发展历程，剖析新中式服装"新"与"中式"的内涵，分析新中式女装设计的市场前景，指出其现存问题并展望未来发展趋势，为读者提供更加广阔的视角和思考空间；第3章阐述新中式女装设计特点、美学特征以及美学评价体系相关内容，全面展现新中式女装设计在美学层面的独特之处；第4章重点研究新中式女装廓型创新，先阐述新中式女装廓型的传统基础，分析中式传统廓型对新中式女装创新产生的影响，最后着重探讨新中式女装廓型的创新方法；第5章聚焦新中式女装色彩创新，强调新中式女装色彩创新重要性，论述新中式女装色彩的传统基础、中国传统色的世界影响力，讲述寻回传统色的意义，重点分析新中式女装色彩创新设计方法；第 6 章围绕新中式女装图案创新，阐述新中式女装图案创新重要性，分析传统图案在新中式女装中的运用及传统图案的传承、弘扬及创新转化，同时探讨新中式女装图案的创新方法；第 7 章研究新中式女装面料创新，阐述新中式女装面料创新方法，包括传统服装面料借鉴、改良、与现代新型面料结合应用以及传统手工艺面料创新等。

　　本书注重理论与实践相结合，不仅阐述了新中式女装设计的理论知识，还通过案例分析其在实际设计中的应用与创新。这种理论与实践相结合的方式，有助于读者更好地理解和掌握新中式女装设计的精髓。同时在编写过程中注重图文并茂，通过大量的图片和实例来展示新中式女装设计的魅力与成果，使读者能够更加直观地感受和理解新中式女装设计的独特之处。本书的主要特色在于其全面性、实用性和前瞻性。全面性体现在对新中式女装设计的各个方面进行全面而深入的探讨，为读者提供全方位的知识体系；实用性体现在紧密结合市场实际，通过实例分析来展示新中式女装设计的实践应用与创新方法；前瞻性体现在对新中式女装设计未来的发展趋势进行了预测和展望，为读者提供前瞻性的思考角度。

　　在本书的编写过程中，为了确保本书内容的准确性和权威性，邀请多位业内专家和设计师进行审稿，得到了多位业内专家和设计师的鼎力支持，他们为本书提出了宝贵的意见和建议。在此向所有参与审稿的专家和设计师表示衷心的感谢！同时，本书得到浙江农林大学出版资助，项目编号：JC21027。正是因为有了这些支持和帮助，本书才得以顺利完成并呈现出如此丰富的内容。

　　尽管在本书的编写过程中付出了巨大的努力，但由于时间和精力的限制，以及新中式女装设计领域的复杂性和多样性，本书难免存在不足之处。恳请广大读者在阅读过程中提出宝贵的意见和建议，以便不断改进和完善。也希望本书能够成为新中式女装设计领域的一部有益之作，为推动新中式女装设计的发展贡献一份力量。

杨敏华

2024 年 7 月 26 日

目录

第 1 章

新中式设计
概述

1

1.1 "中国风"含义演变

各个时期的审美不断发生变化，无论哪个时代，设计一直追求能表达时代精神特质的样式。各个时期设计风格的产生和流行受当时政治、经济、文化等影响，反之样式风格的产生和流行也同样反映时代所处的政治、经济、文化样貌。如"中国风"和"新中式"从建筑、室内设计等领域发展形成，反映着不同时代特点，随着时代变化而变化，表达着艺术文化审美的变迁。

"中国风"一词产生时的含义与当代社会语境中的内涵是非常不一样的。"中国风"作为一种设计风格，最早出现在欧洲的陶瓷和家具中，并在 17~18 世纪流行于欧洲各国的室内、纺织品和园林设计等领域。[1]18 世纪法国 *Happer's Magazine* 杂志上称呼那些具有中国风貌的艺术品为"chinoiserie"。这是个法文单词，意为"中国的"，这个单词在 18 世纪中期被吸纳到英语中，专指当时欧洲人以中国或东亚文化作为灵感创作的一种艺术风格，是一种追求中国情调的西方图案或装饰风格，是从属于欧洲巴洛克（Baroque）和洛可可（Rococo）的一种艺术风格。因此一开始出现的法式"中国风"具体指的是一种西方风格，代表一种西方美学，是当时欧洲从自身文化视角出发，出于对异国情调的向往，结合中国游记和中国艺术品，对中国风格想象性诠释从而创造出来的一种风格。

欧洲流行的"中国风"是一个梦境，它不是真实的"中国"，而是一个被欧洲塑造出来的想象，表达当时欧洲人对神奇富饶的东方宝藏的憧憬，它里面充满了神秘、浪漫与奇遇。富丽的色彩、奢华繁复的首饰设计、芬芳的茶叶、自然主义的园林……这种风格身上流淌着法国化的"异国情调"，迷倒了凡尔赛所有的贵族。整个 18 世纪为"中国风"的黄金时代，那时欧洲人对"中国风"商品的痴迷程度，不亚于现今中国人对欧美名牌奢侈品的追捧。[1]如图 1-1 所示为伊夫·圣罗兰（Yves Saint Laurent）法国居所"chinoiserie"风格壁画，其融入了中国人物、花鸟纹样元素而创作的法式优雅装饰图案，充满神秘梦幻的意境，表达西方崇尚异国情调的中国装饰艺术风格。如图 1-2 所示为"chinoiserie"风格的室内装饰设计可谓是法式与中式两种文化交融后绽放出的优雅之花。它巧妙地将中国传统艺术元素和欧洲艺术进行深度融合，进而塑造出独一无二的视觉体验。既保留东方韵味的神秘，又充满了法式浪漫和异域风情。"chinoiserie"风格室内装饰设计注重细节和装饰性，通过精心的搭配和布置，营造出一种优雅、浪漫、富有异国情调的氛围。

图 1-1　伊夫·圣罗兰（Yves Saint Laurent）
法国居所"chinoiserie"风格壁画

图 1-2　"chinoiserie"风格室内装饰设计

　　追究到本土文化层面，"chinoiserie"本身跟中国就没多大关系，它是西方人臆想出来的东方主义，本质上只是具有中式装饰元素的法式风格。虽然它并不出于中国本土文化，但也是中西方文化交融的一个见证，经过这么多年的发展，已经慢慢有了独特的审美意趣和韵味。虽 300 多年过去了，当法式"中国风"被时尚圈重新提及并再现时装舞台，我们依然被它独特的风貌惊艳，如图 1-3 所示为"chinoiserie"法式"中国风"时装，富丽的色彩结合精细的图案和细腻的工艺，勾勒出优雅的法式华丽风格时装，充满自然、

图 1-3　"chinoiserie"法式"中国风"时装

异域风情。

而在现代艺术设计的语境中所说的"中国风"设计，是一种具有中国传统文化特色的设计风格，其特点是将中国传统文化元素与现代设计理念相结合，创造出具有独特魅力的设计作品。"中国风"设计常用于服装、建筑、家具、装饰、音乐、电影等流行文化领域，当下"中国风"设计是一种具有浓郁中国文化特色的设计风格，它将中国传统文化元素与现代设计理念相结合，创造出具有独特魅力的设计作品，充满浓郁的中国情调，表现出焕然一新的时代特征，并对全世界艺术发展趋势都有深远影响，与其他国家艺术相比较具有鲜明特征，已发展成为"中国"的标志。如图1-4所示为郭培经典的"中国风"代表作——"青花瓷"高定礼服作品，不可不谓是以中国青花瓷为主题的礼服创作中浓墨重彩的一笔。以其复杂的花纹、考究的做工、夸张的廓型和繁复的细节，展示了郭培高级定制的设计理念与工艺高度，也展现了我们的国粹青花瓷的艺术魅力，白底青色花纹充满中国韵味。

图 1-4　郭培中国风"青花瓷"高定礼服作品

1.2　新中式设计风格定义

新中式风格，又被称为现代中式风格，是一种将传统中式风格与现代审美观念相结合的设计风格。新中式设计风格是中华文明在现代社会背景下，中国设计界在探索历程中产生的一种独特设计风格，是在中式风格基础上进行创新的一种设计理念。[2] 它不仅仅是对传统文化的传承，更是在传统的基础上创新和发展，是对现代生活方式的重新解读与表达，也是对传统与现代、东方与西方审美理念的深度思考产物。新中式风格的兴起并非偶然，它是中国经济崛起、民族自信心增强、民众文化自信后的必然产物。

1.3 新中式起源与发展

相较而言，"新中式"这个概念的出现比"中国风"概念晚得多，人们对比古典"旧中式"而称为"新中式"。"新中式"一开始仅在人们口语中流行起来，设计实践多、案例多，而设计理论研究总结较少、研究的深度也比较浅，直到 2002 年"新中式"一词才出现在学术领域，之后理论研究开始多起来。

新中式风格起源可以追溯到 20 世纪八九十年代，改革开放后，西方的生活方式和产品几乎被国人全盘接受，设计领域对国外的设计作品照搬照抄现象比较严重，现代化、国际化设计发展的背后，缺失民族文化的力量。在探寻中国设计的本土意识之初，人们开始从纷乱的"模仿"和"拷贝"中整理出头绪，意识到与其去复制其他国家的设计，还不如设计出自己的东西。这种意识的觉醒为新中式风格出现奠定了基础。[3]

20 世纪 90 年代的中国正处在经济快速发展的阶段，人们生活水平有了显著提高，对生活品质的要求也越来越高。在这个背景下，一些设计师开始尝试将中国传统元素与现代设计手法相结合，创新出一种现代设计风格。这种新型风格是国内设计领域逐渐重视本土文化设计的表现。它在保留中国传统文化精髓的同时，也充分融入了现代生活的理念和方式。新中式风格早期在建筑和室内设计领域出现，而后逐渐向产品设计、包装、服饰设计等领域渗透，设计实践案例较多。随着生产力的发展，传承传统中式样式又体现出时代感的新中式风格产品呈现多元化的发展，很快得到了市场的认可和追捧，并逐渐发展成为一种具有中国特色的设计风格。

新中式风格的产生和发展与中国文化复兴和民族意识复苏紧密相关。进入 21 世纪以来随着国力的增强，人们开始重新审视和重视传统文化，国内设计师和消费者越来越理性看待东方与西方、传统与现代的关系，开始探求与自身文化之间的情感共鸣。新中式风格所体现出的这种中西方文化融合，不仅具有独特的艺术魅力，也具有深远的文化意义。它不仅展示了中国传统文化的魅力和价值，也展示了现代生活的理念和方式。同时这种融合也为中西方文化交流提供一种新的思路和方法。

随着时代的发展，科技的进步，人们越来越依赖机器，但同时也开始反思和追求更加自然、人文的生活方式。在这样的背景下，新中式风格既体现中国古人的生活方式，又符合现代人的审美需求，越来越受到人们的青睐。

总体而言，新中式风格的发展历程可以分为四个阶段。第一阶段是起步阶段，20 世纪末至 21 世纪初是初步探索阶段，这个阶段设计师主要是在现代设计基础上加入一些传统的元素，如中式家具、传统图案等。新中式设计开始在中国及海外华人社区中萌发，主要以室内设计为主，为人们提供不同于西方风格的家居选择。第二阶段是发展阶段，随着中国经济的崛起，新中式设计逐渐受到国际关注。设计师们开始深入挖掘传统文化元素，并将其融入现代设计作品中，形成具有鲜明特色的新中式风格。第三阶段是成熟阶段，近年来新中式设计已在全球范围内产生广泛影响。不仅在室内设计领域取得了显著成就，还拓展至建筑、景观、产品等多个领域，成为代表中国风格的一种国际化设计语言。第四阶段是创新阶段，当前新中式设计正经历着新一轮创新与突破。设计师们更加注重个性化和地域特色的表达，将新中式风格与不同文化背景相融合，推动其向更广阔的领域发展。在这个阶段设计师开始尝试打破传统和现代的界限，创造出更加独特、新颖的设计作品。

1.4 "中国风"和"新中式"异同

中国风和新中式都是具有中国特色的设计风格，它们在设计理念、色彩运用、材料选择、工艺表现和设计元素采用等方面都有着显著的不同。

（1）设计理念方面

两者都源于中国传统文化，并致力于传承和弘扬中国文化的精髓。无论是传统中式还是新中式，都体现了对中国古典美学和哲学思想的尊重与继承。中国风设计注重传统文化的体现，侧重于对传统文化的尊重和模仿，尤其是古代中国的文化和艺术，常常采用丰富的图案、纹理和颜色，试图营造出古老而充满历史的感觉。新中式则更注重于将传统元素与现代设计手法巧妙地结合，创造出既具有中国文化特色又符合现代审美需求的设计，更强调简约、清新、现代感、实用性。它在设计时注重空间的流动性，并尝试将传统元素与现代设计简洁地结合在一起。它更适合现代都市人的生活，既具有现代感又不失文化底蕴。它不断发展变化、与时俱进，更适合展示中国的传统文化和艺术特色。

（2）色彩运用方面

中国风和新中式都深深植根于中国传统文化，从中国传统色彩中汲取灵感，如红、黑、黄、蓝等颜色在两种风格中都有广泛应用。两者都注重色彩的象征意义，如红色象征吉祥、热情，黑色象征庄重、沉稳，黄色象征尊贵等。中国风色彩运用更加传统和古典，设计通常采用较为深沉、浓重的色彩，倾向于使用红色、金色、黑色、墨绿等颜色，这些颜色具有中国传统特色，给人一种华丽和庄重的感觉。而新中式色彩搭配更加灵活多变，保留传统色彩的韵味的同时，又融入现代设计的简约与时尚，通过色彩的巧妙搭配，既具有传统文化的底蕴，又不失现代感。新中式色彩设计更倾向于使用明亮、清新的色彩，如常以米白、米色、灰蓝、淡黄、灰色等自然色调为主，营造出一种简约、清新的氛围。

（3）材料选择方面

中国风与新中式风格在材料选择上既有相似之处，也存在明显差异。这种差异使得两种风格在表现形式和审美感受上各具特色，满足不同人群的需求和喜好。

传统中式风格更注重材料的传统性和文化性，中国风的设计大量使用天然材料，强调与自然的融合，更注重使用传统的材料，如真丝、绸缎等，这些材料和工艺能够较好体现古代中国的特色。而新中式在保留传统元素的基础上，则更加注重材料的多样性和现代感，以及材料的质感和创新，使用材料范围更为广泛多样，不仅包括传统材料的使用，还包括一些现代新型材质的融入。

（4）工艺表现方面

中国风设计采用的工艺手段强调华丽和复杂，常常采用雕花、镶嵌、织锦等传统技艺，工艺精细，显得厚重而深沉。而新中式工艺方式植根于中国传统手工艺文化，保留了传统手工艺的精髓与神韵，对传统工艺方式进行不断创新和发展，更注重简洁、明快的设计，给人一种现代、清新、简约的感觉，满足现代人的审美和使用需求。

（5）设计元素采用方面

中国风元素与新中式元素在传承中国文化的基础上，各有其独特的表达方式和特点，它们之间既存在相似之处，又有着明显的差异。两者都深深植根于中国传统文化，体现中国文化的精髓和特色。无论是中国风元素还是新中式元素，都在不同程度上融入了中国传统文化中的艺术、哲学、美学等思想。两者都会运用一些传统的中国元素，如汉字、传统纹样（龙、凤、云纹等）、中国色（赤、黄、青等）、古典园林、传统建筑、中式家具、茶文化以及中国画等。这些元素在两种风格中都被视为重要的设计元素。中国风更侧重于对传统元素的直接引用和再现，强调原汁原味的中国风情，风格上更加传统、保守，注重对传统文化和艺术的尊重和传承。中国风设计中充满各种中国传统文化元素，如中国画、传统装饰图案等，给人一种古老、华丽、庄重的感觉。而新中式则是在中式风格的基础上，融入更多的现代元素和设计理念。将传统元素与现代设计手法相结合，在装饰上更注重简洁和现代感，使用一些抽象的元素或者简化后的传统元素，以更为简洁的方式表达出来。新中式设计不是对传统元素的简单堆砌，而是对传统元素的提炼和再创造，更加注重设计的创新性和实用性，使其更符合现代人的审美和生活需求。

1.5　新中式设计风格文化内涵

　　随着全球化趋势的不断推进，新中式文化在全球文化舞台上独树一帜，为世界各国了解和接纳中国文化打开了新的窗口。新中式设计风格作为近年来在中国设计领域崭露头角的一种风格，它强调文化内涵的体现，以中国传统文化为根基，汲取中国传统文化的精髓，巧妙地融入现代设计元素。在寻求传统与现代的融合中，通过运用现代设计手法和材料，创造出既具有古典韵味又符合现代审美需求的作品，展现出独特的魅力与价值。它继承了深厚的传统文化底蕴，又体现与时俱进的时代精神。

（1）对传统的传承与创新

　　新中式风格以中国传统文化为背景，深入挖掘并提炼中华传统文化的精华，将其中的经典元素与现代材质和工艺相结合，创造出既有古典韵味又不失现代感的设计。[4]这种风格保留了传统文化的精髓，还为其注入新的活力，使其在现代社会中焕发出新的光彩。新中式风格设计灵感源自中国传统艺术文化，如明清家具的优美线条和精细雕刻，充分展现了中国古代艺术的独特魅力。同时它还融入传统文化的符号和意象，如龙凤、寿桃等元素，体现中国传统文化的精髓和中国人对美好生活的向往。它不是简单地堆砌传统元素，而是通过对传统文化的认识，将现代元素与传统元素相结合，以现代人的审美需求来打造富有传统韵味的事物，让传统艺术在当今社会得到合适的体现。

（2）中西方文化的融合与创新

　　新中式风格是中西方文化在设计中的撞击与融合，继承中国传统文化的精髓，吸收西方现代先进的科学技术和设计理念，通过巧妙地融合与创新，形成独特的设计风格，展现中国古典元素，满足现代人对于功能性和审美性的需求。

（3）实用性与美观性完美结合

　　新中式风格在追求美观的同时，还注重空间的合理布局和功能的完善，也充分考虑功能实用性，提高使用的舒适性和便利性。总体要求新中式设计作品更体现实用功能，更富有文化气息和艺术美感，满足现代人对于生活品质的追求。

（4）自然和谐的审美情趣

　　新中式风格强调自然、朴素、典雅的气质，注重与自然环境的融合，体现中国人崇尚自然、尊重自然的审美情趣和生活态度。在快节奏的现代生活中为人们创造宁静、舒适的居住环境，使人感受到内心的安宁和平静。

（5）承载历史记忆与精神追求

新中式设计将现代审美与传统文化紧密结合在一起，不仅是一种风格，更是对传统文化的传承和弘扬，成为连接过去与现在、传统与现代的桥梁。它让人们重新审视和体验传统文化的美好，唤起人们对中国文化的历史记忆和精神追求。

（6）体现中式生活美学

新中式的内核是一种以今释古的"生活美学"。它所代表的不仅是中式生活的复兴，也是中式美学的复兴。中国人的生活本身是立体全面的，"新中式"浪潮带来的是全方位的本土生活复兴，涉及茶、花、琴、书、画、乐、舞、服、妆容等各个方面。

（7）文化认同与自信

"新中式"走红反映年轻一代对中华优秀传统文化的深刻认同，是一种"文化自觉"的体现。这种文化现象背后是对传统文化骨子里的深层价值认同，是经过历史积淀与考验的文化自信根源。它让中国传统文化实现了现代表达，用中国元素刷新了世人的审美，展现出中国文化的独特魅力。

1.6 新中式设计风格特点

新中式风格在设计上注重个性表达，强调对传统文化的理解和传承，同时也注重与现代生活方式的适应和改善。它不仅是对传统中式风格的简单复制，而是在此基础上进行创新，融入现代审美和实用功能，将传统文化与现代文化相结合，保留传统文化的精髓的同时，又注入现代文化的活力。新中式风格是一种设计风格，更是一种文化态度的体现。

（1）简约而不失精致

新中式风格追求简约而不简单的设计理念，摒弃传统中式风格中的烦琐和复杂，通过简洁的线条和造型，营造出一种清新、自然的氛围，在细节处理上又非常讲究，如精致的细节、细腻的纹样等，展现出一种低调的奢华感。

（2）自然材料运用

新中式风格强调自然材料的运用，强调人与自然的和谐共处，追求内心的平静与和谐。自然材质具有环保性，而且质感自然，能够营造出一种温馨、舒适的氛围，也符合中国传统文化中"天人合一"的哲学思想，体现人与自然的和谐共生。

（3）色彩搭配自然和谐

新中式风格色彩搭配以自然色系为主，如米色、灰色、棕色等。这些颜色能够营造出温馨、宁静的氛围，还能够与传统文化元素相得益彰，也会采用一些鲜艳的颜色作为点缀，如红色、黄色等，以增加设计作品的活力和亮点。

（4）造型布局注重对称性

中式风格在造型布局上注重层次感和对称性，营造出一种错落有致、层次分明的空间效果，也强调造型的对称性和平衡感，使整体看起来更加和谐统一。新中式文化并非一成不变，而是在不断探索中寻求创新，使传统文化在当代社会焕发新的生机。

新中式文化不局限于某一领域或某一形式，而是在多个领域都有着广泛的应用和表达，新中式形式也是丰富多样的。

1.7　新中式风格在艺术设计领域表现

1.7.1　新中式在建筑领域的表现

在建筑领域新中式风格巧妙地融合了中国传统建筑元素与现代设计手法。这种风格的建筑在外观上追求简约大气，在细节处理上极为考究。在苏州博物馆的新中式设计中，贝聿铭先生就巧妙地将传统建筑元素与现代建筑材料相结合，创造出一个具有传统韵味又具有现代感的建筑。图1-5为新中式风格设计的苏州博物馆外观，采用传统白墙灰瓦造型，与周围江南水乡融为一体。现代几何线条和玻璃材料的使用，使整个建筑既有古朴典雅之感，又不失现代气息。图1-6为馆内的空间布局，充分体现了新中式风格的精髓，开放与封闭的空间相互交织，光与影的运用恰到好处，使人仿佛置身于一幅流动的山水画中。新中式设计手法在苏州博物馆中的运用，成功地传承了苏州江南水乡的传统文化，也满足了现代社会的审美需求。这种设计风格注重自然和人文环境的互动，使

图 1-5　苏州博物馆外观图　　　　　　　　　图 1-6　苏州博物馆馆内空间布局

博物馆成为一个生动的文化交流平台。还有其他博物馆或类似场所也纷纷采用新中式设计风格，如北京故宫博物院、上海豫园等，都通过新中式设计展现出独特的魅力。这些案例的成功运用，提升了文化场所的艺术价值，也为推动文化交流与传承起到了积极的作用。

1.7.2　新中式在室内设计领域的表现

室内设计作为新中式风格的重要载体，更是将传统文化元素与现代设计理念完美结合。设计师们深入研究传统家居文化，提炼出诸如屏风、窗棂、砖雕等具有代表性的元素，再结合现代材料和工艺，打造出既有古韵又不失现代感的室内空间。每一处摆设、每一道光影都讲述着中国文化的深厚底蕴。如图 1-7 所示为新中式设计风格的客厅，巧妙地融合了传统中式家具的典雅与现代简约风格的流畅，体现中国传统文化中的和谐与自然，满足现代人追求简约、舒适的生活需求。以简约中式风格为主，运用大量天然木材，展现出质朴的自然之美。同时采用现代简约的线条和造型，使空间更加时尚与舒适。如图 1-8 所示为以青花瓷元素为主题的新中式室内设计，如诗如画，简约时尚，朴朴古风中，透露丝丝亦古亦今、亦繁亦简的新中式之风。客厅顶部以线条装饰开阔空间，白

图 1-7　新中式设计风格客厅　　　　　　　　图 1-8　青花瓷主题的新中式室内设计

顶、白色半透的纱，以及青花图案无不流露着高贵素雅之美。在这青白之间，客厅似乎自带清秀隽永的留白之美。

1.7.3 新中式在美术艺术品领域的表现

美术艺术品领域也是新中式风格的用武之地。艺术家们借鉴传统美学观念，同时融入当代审美情趣，创作出一大批具有鲜明时代特色的艺术佳作。这些作品不仅在国内受到高度评价，而且在国际艺术舞台上也备受瞩目。新中式美术作品是以中国传统艺术为基础，同时融入现代审美元素和技法的一种新型艺术形式，通常强调意境、生动气韵、色彩搭配和构图布局等方面，具有独特的艺术风格和美学价值。如图1-9所示为新中式风格山水画作品。该作品以中国传统山水画为基础，融入更多点线面构成元素，运用现代化技法与材料，创作出兼具现代感与时尚感、充满生命力的艺术作品。作品中的山水形象进行抽象化处理，色彩搭配简约而不失层次感，给人以美的享受。

图1-9 新中式风格山水画作品

1.7.4 新中式在雕塑艺术品领域的表现

新中式雕塑是在传统中式雕塑基础上进行创新的一种雕塑形式，注重将传统文化元素与现代审美观念相结合。它融合了中式雕塑的精致、含蓄和现代雕塑的开放、自由，形成了一种独特的艺术风格。新中式雕塑善于以简洁线条、几何图形和抽象形态来表现主题，追求视觉效果和内涵情感的完美结合。新中式雕塑在建筑环境中扮演着重要的角色。它不仅是空间的美化者，更是文化的传承者。图1-10为艺术家吕品昌作品《阿福·NO.1》就是一个典型的新中式雕塑作品。该作品采撷民间艺术瑰宝，通过现代设计手法进行抽象和变

图1-10 吕品昌新中式雕塑作品《阿福·NO.1》

形，利用泥料的柔软性、延展性和可塑性，张扬民间雕塑的扩张感和饱满感。该作品成功的关键在于它既具有鲜明的民族特色，又具有强烈的现代感和视觉冲击力，能够引起观众的共鸣。

1.7.5 新中式在陶瓷艺术品领域的表现

在新中式风格的引领下，陶瓷艺术品重新焕发生机。新中式陶瓷作品的设计理念源于中国传统陶瓷文化，同时汲取现代设计元素，形成一种独特的审美风格。它注重传统工艺与现代设计的结合，在造型、色彩、工艺等方面力求创新，以满足现代人对家居装饰的需求。陶瓷设计师在传统造型的基础上，通过简化、抽象、变形等手法，在设计上追求简约、大气，同时又不失细腻、精致，创造出现代感十足的艺术形象。在色彩设计上以中国传统色彩为基础，同时借鉴现代色彩设计理念，形成独特的色彩体系。通过合理的色彩搭配，新中式陶瓷作品呈现出典雅、温馨、浪漫等不同的氛围，为家居装饰增添一抹亮色。在工艺手法上，新中式陶瓷结合传统的手工雕刻和现代机械喷砂等技术，使得每一件作品都独具特色。图 1-11 为景德镇绞胎瓷名匠祝琛设计的《远山浮岚青花纹胎杯》作品，灵感来源于中国传统山水画，线条简洁流畅，杯身有山峦、流水等图案，给人以清雅、宁静之感，茶杯在保留传统韵味的同时，更加注重实用性和舒适度。该新中式陶瓷作品具有极高的审美价值，蕴含着丰富的文化内涵，在传承中国传统文化的同时，也注入了现代的创新理念。新中式陶瓷在市场上具有很强的竞争力，吸引了越来越多的消费者。

图 1-11　景德镇绞胎瓷名匠祝琛的《远山浮岚青花纹胎杯》作品

1.7.6 新中式在包装设计领域的表现

新中式包装设计是在传统中国文化的基础上，融入现代设计元素，形成一种新的设计风格，不仅具有传统文化的底蕴，还具有现代设计的简洁、时尚和实用性。新中式包装设计注重自然、简约、清新，追求品质与美感并重，符合现代人追求简约、自然的生活方式，强调设计的本质和核心价值，避免过于复杂和烦琐的装饰。在色彩、线条、版式等方面都以简洁明了为主，突出产品的品质和美感。图 1-12 为"龙凤饼家"新中式包装设计。澳门"龙凤饼家"是一家开业超过 60 多年的中式饼店，为了给该品牌注入新的

图1-12 "龙凤饼家"新中式包装设计

活力，打造出独有的品牌视觉语言，设计师重新构思了糕点产品的包装设计。设计师在设计中系统地应用店铺标志性的龙凤元素，用抽象化设计手法创造出独特的包装形象，同时借鉴非物质文化遗产粤剧表演服饰色彩元素作为本次包装设计的色彩基调。粤剧中每个角色的服装都表现其人物性格和身份背景的特征，而且角色之间的区分性非常明显，色彩搭配也非常鲜明。设计师通过融入粤剧服饰色彩文化，为品牌建立更独有的视觉语言。本包装设计作品融入了地方民俗风情的纹样元素并通过色彩、材质加以创新改造，全系列糕点的包装设计时尚感十足，深受消费者喜爱。

1.7.7 新中式在数字艺术方面的表现

新中式数字艺术既具有深厚的文化底蕴，又具有鲜明的时代特征。它以中国传统文化为根基，融合现代数字技术进行创作的一种新型艺术形式，是一种将中国传统美学与现代科技相结合的新型艺术形式，大量运用现代数字技术，包括虚拟现实、增强现实、数字建模、3D打印等技术，使艺术家能够更自由地进行创作，也使观众能够更深入地理解和体验作品。以新媒体艺术家林俊廷的作品《山海经》为例，他运用3D建模技术，将中国传统神话《山海经》中的奇兽形象进行数字化创作。这些奇兽形象保留了原著中的神秘感，通过现代技术赋予新的视觉效果。林俊廷的数字作品在视觉上具有很强冲击力，同时也对中国传统文化进行了深入的挖掘和再创作。如图1-13所示为林俊廷为君亭（Pagoda）酒店量身定做的数字艺术作品《鎏莹》。人们在酒店的大堂用手机AR扫描大屏幕，原本在"鱼缸"中安分悠游的金鱼，便会向更广阔的空中"游"去，让人的感官也如飞升至酒店几十米的挑高中庭，在虚实之间体验"金玉满堂彩，浮游天地间"的乐趣。鱼在中国传统语义下就代表着

图1-13 林俊廷新中式数字艺术作品《鎏莹》

"财"与"福"，这件展品所呈现的九尾鱼表现出"金鱼满堂"的场景，和"金玉满堂"谐音。

1.7.8　新中式在工业设计领域的表现

新中式工业设计秉持的核心思想是"和谐"，注重人与自然、技术与艺术的和谐共存，在产品中表现为对细节的关注、对自然的尊重以及对人性的深度解读。它善于从中国的传统美学和哲学中汲取灵感，将其融入现代工业设计中，为产品注入深厚的文化底蕴，注重产品的实用性，力求在满足基本功能的同时，提高产品的使用体验。如许多新中式灯具设计既具有照明的功能，又能展现出中国传统文化元素的美。在倡导对材料的尊重与再利用的基础上，设计师会优先选择环保、可回收的材料，并且在设计中强调材料的天然美感，避免过多的加工和装饰。图 1-14 为新中式设计风格的茶几，造型简洁、明快，桌面曲线设计，形式感强，表现出较好的节奏韵律美，整体采用天然的竹木材质，体现自然美，没有过多的装饰和复杂的图案，这种简约化新中式设计风格适合现代居住环境，也符合年轻人的审美需求。

新中式珠宝设计是一种融合传统与现代、东方与西方的设计风格，表现出多元化和创新化，为时尚界注入更多的活力和创意。设计师们深入挖掘传统服饰文化精髓，将古典元素与现代时尚巧妙地融合在一起，注重将传统工艺与现代设计相结合，不断地突破与创新，打造出具有东方神韵、符合国际审美的新中式珠宝首饰。如意是中国传统的吉祥物，象征着富贵和吉祥，图 1-15 为传统如意造型被应用于新中式挂坠中，既保持了古朴典雅的韵味，又展现了现代设计的简约与时尚；莲花在中国文化中有着清雅、高洁的寓意，被广泛应用于珠宝设计中，图 1-16 为新中式莲花胸针，采用金属与宝石的巧妙结合，既展现了莲花的柔美与优雅，又突出了现代设计的独特创意；福字在中国文化中代表着幸福和吉祥，如图 1-17 所示为新中式福字耳

图 1-14　新中式茶几

图 1-15　新中式如意挂坠

图 1-16　新中式莲花胸针　　　　　　图 1-17　新中式福字耳环

环，以简约的线条勾勒出福字形状，既富有传统文化底蕴，又兼具现代审美感。

　　进入 21 世纪，随着中国经济的崛起与文化自信的提升，新中式服装设计在国内外时尚圈的影响力逐渐增强，逐渐成为新的潮流趋向。众多设计师在致敬传统服装的同时，致力于新中式风格的研究与创新，不断寻求新的创意和突破，巧妙地融合中国传统文化元素与现代审美观念，将更多现代元素融入设计中，使新中式服装既有传统的韵味，又具有鲜明的现代感。如图 1-18 所示为 M essential 品牌新中式女装，简约中式传统服装廓型，强调东西融合的美学，探寻东方美学与现代生活方式，将东方美学和当代时装相融合，运用现代廓型演绎古典风韵，将传统服饰改良成优雅、舒适、实用的时装。此新中式套装塑造出刚柔并济、藏古纳今的服饰形象。

图 1-18　M essential 品牌新中式女装

第 2 章

新中式服装
设计概述

2

2.1　服装设计中的"新中式"

2.1.1　新中式服饰兴起背景

随着中国经济快速发展，国力崛起，国际地位不断上升，尤其是奥运会、世博会、APEC 会议、G20 峰会等国际活动相继在华成功举办，中国元素一次次在世界范围内广泛传播，民众对中华民族传统文化认同感和自豪感日益提高。这种文化自信也唤醒国人对本民族传统文化的重新关注和思考，促使新中式服装在时尚界迅速崛起。

随着国民生活水平的提升，消费者追求个性化、高品质的生活方式，对服饰需求从基本的穿着功能向文化内涵和审美价值转变，新中式服饰以其独特的文化韵味和时尚感满足了市场需求。新中式女装市场需求日益增长，不仅在传统节日、庆典等场合受到青睐，也逐渐成为人们日常穿着和商务活动的时尚选择，特别值得关注的是新中式服饰吸引了大量"Z 世代"年轻消费者的追捧，他们通过穿着新中式服饰来表达自己的文化认同感和个性。设计师们不断尝试将传统中式元素与现代服饰设计理念相结合，通过创新设计打造出既具有传统韵味又不失现代感的新中式服装。

互联网和社交媒体普及也为新中式服饰的传播和推广提供了便利条件。各种时尚博主的新中式时尚分享和推荐，让更多人了解和喜爱新中式服饰。

2.1.2　新中式服装设计概念

在社交网站新中式的服饰穿搭已成为时尚热点，"新中式"成为不少商家招揽顾客时新的制胜法宝。根据流行趋势预测机构 WGSN 预测结果显示，盘扣、立领、书法、水墨印花、改良旗袍、唐装等东方元素将成为未来几年主要流行趋势之一。但同时市场上也看到很多打着新中式风格标签的服饰穿搭，透出一股既不像中式服装，又不像西式服装的气息，让人对新中式服饰风格的内涵理解产生一些错误认识。

新中式一词作为服饰流行趋势最早出现于 2007—2008 年间 PROMOSTYL（全球性流行趋势研究和设计项目开发的专业机构）的多篇趋势预测报告中。一开始在含义上就出现两条分支，一种称为现代中国时尚（Modern Chinese Fashion），另一种称为中国潮流（China Chic），源于 1999 年由耶鲁大学出版的一本研究东西方文化交融的著作，中国国际电视台（CGTN）把这个词翻译成"中国潮流""中国风"。下文分析了这两个分支概念的具体含义，以便对新中式服饰设计有更好的认识和理解，为时尚界提供本民族服装设计发展新的思路和方向，提升本土时尚的影响力，使其在国际时尚舞台上占据一席之地。

（1）Modern Chinese Fashion

现代中国时尚（Modern Chinese Fashion）讨论了中国元素在表现形式上为适应现代生活方式而产生的具体变化，以及中国传统时尚在新时代中国人生活中的变迁。它根植于源远流长的中国传统文化，又与现代中国社会高强度快节奏生活方式所带来的审美变化碰撞出新的火花。所谓新中式风格不应该只是流于形式的一场表演而已，从文化底蕴上看，它接近于一场针对中国美学思潮的探讨与辩驳。它既可以是大唐的瑰丽，也可以是两宋的素净，它并不拘泥于某一个具体的历史时代，而是一条隐藏于各朝千秋姿色中的文化线索，是东方哲学之美能得以延续的脉络。现代中国时尚的表现形式上既可以感受古人煮雪烹茶时流淌的诗意，也可以是围炉饮酒时喷涌的豪迈，抛去所有流于表面的"龙飞凤舞""云纹盘扣"，还能感受到那种在摆脱物欲后的含蓄谦卑、内心澎湃或是人生理想，这才是在东方哲学中那股给人以力量感的核心所在。因此 Modern Chinese Fashion 更符合对新中式服饰设计的正确理解。

（2）China Chic

中国潮流（China Chic）讨论了中国元素与西方审美融合后所产生的新表现形式，以及在西方人眼中的"中国风、中国元素到底是什么样子的"，也可以直接理解为一种"文化输出"，而这种"中西合璧"的设计思路却很容易产生一种不伦不类的结果，显得更像一种拙劣的模仿。如西方设计师在运用中国元素时，往往只停留在表面符号的模仿上，缺乏对中国文化的深入理解和研究。这导致设计作品往往只是简单地堆砌中国符号，如龙、凤、牡丹等传统图案，而没有真正体现中国文化的精髓和内涵。西方设计师在设计中国风服饰时，可能会受到自身文化背景和审美的影响，导致设计出的作品与中国人的审美习惯和文化情感产生偏差。这种偏差可能会让中国消费者感到不适或反感。在追求中国风设计的过程中，有些西方设计师为了追求某种视觉效果而牺牲服饰的穿着体验或实用性，可能会忽视服饰的功能性和舒适性。因此 China Chic 是西方服装设计师对中国元素的思考、理解后在服饰中的自我设计表现，并不能代表本土服装设计师和民众对华夏民族服装设计理解和认识，不是真正意义上的新中式服装设计。

2.2 服装设计中"中国风"与"新中式"比较

在服装设计中，"中国风"与"新中式"既存在共同点，也有显著的不同。以下是对两者共同点与不同点的详细分析。

2.2.1 服装设计中"中国风"与"新中式"共同点

（1）文化基础相同点

"中国风"与"新中式"的服装设计最早都是从室内、家具、装饰等设计领域延伸发展起来，都以中国悠久的传统历史文化为灵感；两者都深深植根于中国传统文化，从中汲取设计灵感，都体现中华文化的独特魅力和深厚底蕴；都与全球化的不断推进、世界各地的文化交流日益频繁、中国国际影响力的提升有着紧密关系。

（2）元素运用相同

在设计中两者都会运用中国传统元素，如传统图案云纹、龙纹、凤纹、牡丹等；传统色彩如红色、黄色、蓝色等浓郁、艳丽的颜色；传统面料如棉、麻、丝绸、锦缎、香云纱等；传统服饰的款式结构如立领、盘扣、斜襟等。

（3）审美追求共同点

两者都是当下主要的流行趋势；都以服饰产品形式表现；都追求传统美学与现代时尚的完美结合，旨在通过设计展现中华文化的独特韵味和时尚感。

2.2.2 服装设计中"中国风"与"新中式"差异性

"中国风"与"新中式"在服装设计中都致力于将中国传统文化与现代时尚相结合，但在设计风格、款式结构、图案纹样、色彩运用、面料选择、穿着场合以及传承与创新等方面各有侧重和特色。"中国风"与"新中式"服装设计最明显的区别是对中国传统文化的运用程度、转化方式有很大的不同。

与早期流行欧洲的法式"中国风"不同，当下服装"中国风"设计师不仅有西方的还有本土的设计师。表现中国元素的"中国风"服装作品，高频次呈现于各种时装秀中。但西方设计师对我国传统文化精髓的理解流于表面，缺乏深层次的理解，他们往往从表象观察中国的传统图案、形制、材料及传统工艺手法等。他们把中国元素作为服装作品的主要灵感源，用西方设计审美与现代艺术设计创作手段，设计出源于想象的"中国风"服装。由于缺乏对中国传统文化的真正理解，虽设计出的"中国风"服装作品精美无比，但给人感觉仍是执意塑造出来的刻板印象，如图2-1所示为克里斯汀·迪奥2003年春季系列高级定制时装（Christian Dior Spring 2003 Haute Couture）。多数本土服装设计师虽能较好理解中国传统文化基因，善于利用中国传统文化表现"中国风"韵味的服装设计作品，但由于作品不能融入现代生活方式，过度表现出仿古的元素，成为好看但使用率不高或者日常中不用的服装作品，如图2-2所示的本土设计师曾凤飞"中国风"服装作品。

图 2-1　克里斯汀·迪奥 2003 年春季
系列高级定制时装

图 2-2　曾凤飞"中国风"服装作品

　　"新中式"服装设计发源地在国内，是以中国传统文化为基础，在瞬息万变的当下，新中式设计灵活应用现代设计语言，让传统文化与当代设计有较好的融合，让中国优秀的传统文化得到更适合人们日常生活的方式发展，让中国传统审美回归于现代国人日常生活美学中。新中式设计也呼应了那句经典名句"使用便是最好的传承"。要设计出优秀的"新中式"服装作品，设计师必须对我国传统民族文化有较深刻与系统的理解、整体综合的把握，如果简单粗暴地理解，仅用传统文化元素堆砌而成的中式服装，这样的设计不能称为真正的"新中式"服装设计。中国传统民族文化历史悠久、形式丰富多样，"新中式"服装设计呈现千变万化的服饰样貌，表现出多元性发展，设计更系统化、整体化。但新中式服饰无论如何变化，传承传统文化的要求是永恒不变的，甚至弱化服饰表面的中国传统元素，并将古人特有的生活方式与现代生活方式进行很好融合。"新中式"服装设计师，紧密关注中国本土设计领域，不是简单地提取中国传统元素，更不是将传统元素和现代材质进行简单的融合，而是研究如何结合现代设计和审美，创新传统文化的传承方式，较好传承和弘扬中国传统文化，并与人们日常生活所需服饰用品进行巧妙融合设计（表 2-1）。[5]

表 2-1 服装设计中"中国风"与"新中式"差异性

差异内容	"中国风"服装设计	"新中式"服装设计
定义与起源	以中国传统文化为基础，结合现代时尚元素而设计的服饰风格。在传承中国传统文化的基础上，通过现代设计手法进行创新和演绎	具有中华服饰元素，结合现代着装和审美意识，体现传统美学和文化底蕴，与新材料、新工艺及新技术等现代科技相融合的服装。强调对传统文化的深入挖掘和再创造，同时注重与现代科技结合、创新，推动传统服饰文化传承和发展
设计风格	强调传统文化的韵味和古典美，设计风格多样，既有传统古典的韵味，也有现代造型美	中国传统美学与现代设计理念相结合的产物，在保留传统服饰元素的基础上，结合现代审美进行改良和创新，注重服装的实用性和时尚感
款式结构	款式结构更倾向于保持传统服饰的轮廓，以展现古典美	款式结构更注重传统与现代的融合，保留传统元素，但同时又结合现代审美和剪裁技术进行创新
图案纹样	以中国传统图案为基础，结合现代元素进行创新设计，图案通常较繁复、细腻、精美，图案文化内涵丰富	图案纹样更加丰富多彩，不仅运用传统图案，还结合现代设计手法进行创新，简约化、抽象表达为主，注重图案的寓意和象征意义
色彩运用	通常以浓郁、艳丽的颜色为主，具有强烈的视觉冲击力，表现古典华丽美	色彩运用更加灵活多变，既可采用中华传统色系，也可采用流行色，运用现代色彩设计方法创新色彩，色彩表现形式多样
面料选择	多采用天然纤维和具有中国特色的面料，如锦缎、丝绸、绸缎、棉麻等传统面料，面料质地优良，展现中国服饰的柔美与华贵	面料选择更加广泛，既可采用传统面料，也可运用新材料和新工艺提升服装的质感和舒适度
穿着场合	大型庆典正式场合、服装文化展览、服装秀等	适合不同时间、地点和场合的穿着需求，如日常穿着、商务场合的正式着装、休闲时光的轻松装扮等

通过"中国风"和"新中式"服饰的分析，我们也可以理解为"新中式"服装是"中国风"服装在现代背景下，发展出现瓶颈后产生一种新的中国传统文化服饰设计形式，能较好解决"中国风"服装设计中缺乏与日常生活的联系。

中国经济的崛起和国际影响力的提升，使中华文化受到越来越多的关注。设计师们对传统文化的重新审视和挖掘，通过现代设计手法，让更多人了解和接受中华文化。不管"中国风"还是"新中式"，并非得用概念将它们区别开来，应该明确的是，在未来的服装设计领域，堆砌、照搬、套用是绝不能满足消费者的审美需求。如何从功能、美观、文化等方面综合考虑，从现代人的经济、生活需求出发，将中国传统古典服饰文化与现代国际服饰设计潮流作富有新意的结合，摆脱形制的局限，寻求文化和精神的互通并随时代而变，应是"中国风"与"新中式"服饰需要共同思考的课题。

2.3 西方服装设计中的"中国风"发展

早在 13 世纪末，随着马可·波罗的东行，中国风便开始在欧洲兴起。1600 年和 1602 年英国东印度公司及荷兰东印度公司的建立，更是加速了中国艺术品、纺织品、瓷器等在欧洲的传播，使得东方审美逐渐在欧洲盛行。这种流行趋势在 18 世纪达到了顶峰，洛可可风格正是在这一时期与中国风元素相互融合，形成独特的洛可可中国风，被称为 chinoiserie。几百年前的欧洲人曾很长一段时期十分迷恋此种风格，当时法国在壁毯、服饰乃至家具、室内装饰、墙纸、刺绣、染织图案和瓷器等设计上大量模仿中国传统工艺美术的风格。

18 世纪后半叶在法国出现了一股近乎疯狂的"中国热"浪潮，从那个时期的洛可可服饰中就有很多中国风的体现，传统的丝绸面料、吉祥纹样、折扇等都风靡于法国宫廷贵族。洛可可中国风服饰在色彩上明亮欢快，常采用粉彩色系，如淡雅的瓷白、藕荷、翠绿等颜色，这些色彩带有浓厚的东方韵味。图案上则充满了曲线的花卉和贝壳，以及中国元素如人物、禽鸟、龙和凤等，形成了中西合璧的独特纹样。服饰材质上多选用丝绸、锦缎等高贵面料，装饰上则极尽繁复之能事，如蕾丝、缎带、蝴蝶结、堆褶、花朵等都被大量运用。这些装饰元素不仅体现了洛可可风格的精致细腻，也融入了中国风的华丽奢逸。款式上则多采用宽松的裙装和紧身的上衣搭配，形成了鲜明的对比效果，注重表现身体的曲线美，强调女性的柔美和婀娜多姿，还常常借鉴中国传统服饰的元素，如旗袍立领、盘扣等，使其更具东方韵味。如图 2-3 所示为蓬巴杜夫人身着中国图案丝绸裙装，画中她身穿具有中国花卉图案的丝绸裙子，旁边摆放着中国的瓷器。她本人也是中国艺术的推崇者，倡导建立了塞夫尔瓷厂，甄选中国风格的纹样与配色并督促瓷器的生产，瓷厂绘制的图案风格被称为蓬巴杜纹饰，采用的粉红色被称为蓬巴杜玫瑰红，从此洛可可中国风艺术在宫里迅速流行，从室内装饰扩展至绘画、工艺品、园林建筑，刚硬平直的设计让位于更具天然形态的曲线美，使得欧洲艺术达到无以复加的华丽程度。法式洛可可中国风尚于 18 世纪中叶在欧洲各国达到顶峰，直到 19 世纪才逐渐消退。

图 2-3 蓬巴杜夫人身着中国图案
丝绸裙装

18 世纪晚期，新古典主义艺术风格的流行使得洛可可中国风逐渐衰落。但 19 世纪中国元素并未完全消失，而是以更为简约和现代的方式融入西方服饰设计中。西方设计师们从东方的服饰中汲取灵感，设计出具有东方特色的服饰。他们模仿中国传统的宽松袍服、长袍马褂等样式，创造出新的服饰款式。在一些特殊的场合，如化装舞会或宫廷庆典中，西方人甚至会直接穿着中国服饰或具有中国元素的服饰来展示自己的独特品位和跨文化交流的能力。同时，这个时期中国生产的华美丝绸通过"丝绸之路"源源不断地运往西方，极大地丰富了西方服饰文化。

19世纪末至20世纪初的"新艺术运动"（Art Nouveau）在服饰设计上大量汲取了东方元素，尤其是中国和日本的传统图案和装饰风格。这些元素被巧妙地融入西方的服饰设计中，创造出既具东方韵味又不失西方特色的新款式。同时越来越多的中国传统服饰进入西方，其宽松的廓型、细致的工艺、精美的纹样，给西方人带来一种新奇的穿着体验。西方人从自身视角出发，对中国传统服饰进行重新演绎的现象也日趋明显，或改变其穿着方式、与西方服饰混搭，或将其改制为中西融合的服饰、室内装饰、日用品等，呈现出意想不到的转变。一些东方元素如花朵、竹子、孔雀、窗子格等图案成为西方服饰设计中的重要灵感来源。这些图案不仅被用于服饰的装饰和点缀，还常常以大面积的形式出现在服饰上，形成独特的视觉效果。法国画家布歇作品中就出现了大量写实的中国人物和青花瓷、花篮、团扇、伞等中国物品，这些元素后来被广泛应用于西方服饰的设计中。明清的传统马褂被应用于晚礼服的外套，"花翎顶子"演变成了"曼特林帽"（一种插羽毛的女帽），在19世纪60年代非常流行。如图2-4所示为1907年法国珍妮·哈雷（Jeanne Hallée）品牌将新艺术运动与"中国风"结合，在线条和特定图案的巧妙融合中，以清代满族宫廷长袍形制为基础进行造型上的创新设计，在肩部用刺绣的工艺表现出中国传统图案青花云纹。如图2-5所示为20世纪20年代时装插画，廓型采用东方袍式的"直筒型"造型，服装纹样和服饰配件中的折扇图案都采用中国传统吉祥纹样，周边的青瓷花瓶和梅花插花也是东方的元素，整体表现出浓郁的东方异国情调，搭配也充分体现东方风情。如图2-6所示为20世纪初的"直筒型"女装来自卡洛姐妹（Callot

图2-4　法国珍妮·哈雷（Jeanne　　图2-5　20世纪20年代中国风　　图2-6　20世纪20年代中国风
　　　　Hallée）品牌中国风礼服　　　　　　　时装插画　　　　　　　　　　时装作品

Soeurs）1920 年的作品，图案部分运用了中国传统花卉图案和如意图案等多种吉祥纹样。

　　20 世纪 30 年代欧美游客、商贾在中国活动以及中国艺术品和服饰流入西方，让欧洲设计师们能更直接地接触和了解中国艺术。受东方风格和装饰艺术运动的影响，一些西方设计师将中国元素运用到时装设计中，这些作品反映了当时西方服饰对中国风格的借鉴和融合。特别是时尚中心巴黎，设计师们开始将旗袍元素融入西方服饰设计中。他们保留了旗袍紧身剪裁和开衩设计，同时又结合了西式的面料、剪裁技术和装饰细节，创造出既具有东方韵味又符合西方审美的新款式。丝绸作为东方特有的面料，在当时西方服饰中得到了广泛应用，无论是高级定制时装还是日常服饰，都可以看到丝绸的身影。许多社会名流、电影明星等时尚先锋开始穿着具有东方元素的服饰亮相于各种场合，从而引领了一股东方时尚的潮流。如法国设计师香奈儿女士在 1930 年将一件龙袍改造为现代女夹克。如图 2-7 所示为 1939 年法国女设计师伊尔莎·斯奇培尔莉（Elsa Schiaparelli）设计的明代水田衣中国风对襟袍服。

　　第二次世界大战后至 20 世纪五六十年代，随着亚洲经济的崛起和大量华人移民海外，欧美等国"东方主义"非常流行，东方主题在时尚界盛极一时，代表中国女性服饰风尚的旗袍也成为当时西方女性社会时尚流行的一股暗流，成为当时西方女性追捧的时尚单品。如图 2-8 所示为好莱坞女星伊丽莎白·泰勒（左）、格蕾丝·凯利（右）都曾穿着旗袍亮相，进一步推动了旗袍在西方时尚界的流行。如《生死恋》《苏丝黄的世界》等电影中的旗袍造型，让西方观众对旗袍产生了浓厚的兴趣。旗袍不仅局限于影视作品中，许多西方女性在日常生活中也开始穿着旗袍。这体现了中国风服饰对西方时尚文化的深远影响。

图 2-7　伊尔莎·斯奇培尔莉 1939 年设计的
明代水田衣中国风对襟袍服

图 2-8　伊丽莎白·泰勒（左）、格蕾丝·凯利
（右）身着中国风旗袍

20世纪70年代中美建交后，东方元素再次激起西方服装设计师的兴趣，一些西方知名设计师陆续发布了东方元素的中国风设计作品。中国风对西方服饰产生了显著的影响，这种影响不仅体现在服饰的设计元素上，还反映在时尚文化的交流和融合中。

如图2-9所示为1977年伊夫·圣·罗兰设计的清宫时装系列作品。尽管他当时未到过中国，但他通过图书和影视等资料，按照自己的想象设计了中国风的时装系列作品。这些作品展现了中国的传统服饰元素，对西方时尚界产生了重要影响。如图2-10所示为伊夫·圣·罗兰1978年的中国风秋冬系列服装作品，形制上以中国传统的对襟衫为主，色彩上采用中国传统的玄色和绛色，同时在边缘装饰有中国五色中的黄色，图案以中国传统的鱼鳞纹为主。

图2-9　伊夫·圣·罗兰中国风　　　　　图2-10　伊夫·圣·罗兰中国风
　　　　清宫时装　　　　　　　　　　　　　　　秋冬时装作品

20世纪80年代随着全球化加速和中西文化交流的深入，一些西方服装设计师开始关注并尝试将中国元素融入他们的设计中，不仅丰富了西方服饰文化的内涵，也体现了中西文化的交流与融合。中国风作为一种文化现象和设计灵感来源，对西方服饰多样化发展起到积极的推动作用。如图2-11所示为20世纪80年代迪奥（Dior）的黄色丝绸旗袍廓型礼服，将中国风元素巧妙融入其中。明艳的黄色宛如古老宫殿中皇帝服饰色彩，充满了东方的祥瑞之气。丝绸的材质柔软顺滑，仿佛是流淌着的中华千年文明的细腻与精致。廓型采用典型的中国旗袍元素，修身的剪裁，贴合女性的曲线，描绘女性柔美身姿，含蓄而动人。图案采用现代抽线的折线设计，现代而时尚。整体来看，这件礼服不仅展现了迪奥的时尚品位，更让中国风元素在国际舞台上绽放出独特的魅力。如图2-12中乔瓦尼·詹尼·范思哲（Giovanni Gianni Versace）的这款吊带式麦当娜头像图案礼服，廓型借鉴了中国旗袍的经典样式，修身剪裁凸显女性的婀娜身姿，展现出东方韵味的曲线

图 2-11　20 世纪 80 年代迪奥　　　　　图 2-12　乔瓦尼·詹尼·范思哲
（Dior）丝绸旗袍廓型礼服　　　　（Giovanni Gianni Versace）旗袍廓型礼服

之美，充满了浓郁的中国风特色。在图案方面，麦当娜头像的融入别出心裁，时髦大胆，胸前图案采用了中国传统的刺绣工艺，精致细腻。色彩运用了具有中国特色的浓郁色调，如明黄、朱砂红、靛青等，展现出中国色彩的独特魅力和深厚底蕴。

　　20 世纪 90 年代中国改革开放进一步深化，中国物质文化水平不断提高，与西方国家差距逐步缩小，特别是香港回归、北京申奥、世贸组织成功加入等，这些事件对中国风在国际时尚舞台大放异彩起到很大促进作用，东方文化强烈冲击着西方文化发展。国外知名时装设计师被东方悠久的历史文化所吸引，也观察到中国巨大的潜力市场，纷纷在个人作品发布会中融入中国风元素，时尚媒体陆续刊登出国外知名设计师的一些优秀中国风服装作品。如图 2-13 所示为华伦天奴 1993 秋冬设计的贯头衫（ovtunic），整个外观灵感也同样来源于中国清代外裰的形制，并借鉴了"镶滚"的装饰方式，图案采用了中国传统吉祥纹样。如图 2-14 所示为华伦天奴 1990—1991 年中国风秋冬套装，以红色为底，金色为装

图 2-13　华伦天奴 1993 年　　　　图 2-14　华伦天奴 1990—
秋冬贯头衫　　　　　　　　　1991 年中国风秋冬套装

饰，图案以中国纹样形式呈现，有中国传统建筑、马车、花卉植物等元素。

杜嘉班纳作为一个享誉全球的意大利奢侈品牌，也常选用中国传统图案和纹样作为设计元素，如龙、凤、牡丹、祥云等，这些图案在中国文化中具有深厚的象征意义，能够增添服饰的文化内涵和艺术价值，并结合丝绸、刺绣等中国传统材质和工艺，来打造

具有中国风情的服饰。造型上也借鉴中国传统服饰的设计特点，如立领、盘扣、宽袖等元素，同时融入现代审美和剪裁技术，创造出既具有传统韵味又不失时尚感的服饰。如图 2-15 所示为杜嘉班纳 1993 年秋冬中国风作品。材质以丝绸为主，色彩主要是中国红，结构上采用中式立领、盘扣等元素，图案上用到了中国传统的团纹、人物形象和民间吉祥图案等。

图 2-15　杜嘉班纳 1993 年秋冬中国风作品

迪奥（Dior）1997 年秋冬系列是无数人心目中的经典之作。当时大部分人眼中的 Dior 是成熟而又优雅的形象，刚刚上任迪奥首席设计师之位的海盗爷约翰·加利亚诺（John Galliano）一上台就打破了人们对 Dior 传统的印象。他推出主题为《海上花》系列作品，灵感来源于 20 世纪 30 年代上海滩烟花女子所穿的改良旗袍以及当时香烟、花露水等产品中带有旗袍女郎的广告海报。他巧妙地融入了盘扣、云肩、旗袍等传统东方元素，同时结合西方审美和剪裁技术，创造出了一系列既具有东方韵味又不失时尚感的中国风女装。这些作品在设计时不仅包括了旗袍等传统服饰元素，还融入了西方的剪裁和面料技术，并搭配纸伞、折扇等饰品，展现了中西文化的完美结合，将东方女性的魅力展现得淋漓尽致。如图 2-16 所示为 Dior 1997 年中国风秋冬系列发布的老上海风情作品，重现了 20 世纪 30 年代上海女子形象的中国风时装设计。如图 2-17 所示为 Dior 1997 年中国风秋冬系列发布的老上海风情作品海报。

图 2-16　Dior 1997 年中国风秋冬系列
发布会作品

图 2-17　Dior 1997 年中国风秋冬系列发布的老上
海风情作品海报

进入 21 世纪以来，随着中国综合国力提升和文化交流加强，中国国际地位不断上升。中国传统文化对世界时尚的走向产生越来越深远的影响，东方文化的服装设计潮流开始在国际时尚舞台兴起，越来越多的国际设计师开始关注并研究中国文化，从中汲取灵感进行服装创作。西方知名设计师以中国元素为灵感的服装作品常见于各大时尚品牌发布会。这种跨文化的时尚交流，不仅丰富了国际时尚界服饰的多样性，也推动了中国风在全球范围内的流行。

如图 2-18 为汤姆·福特（Tom Ford）2004~2005 年秋冬中国风的服装系列作品，是一次对中国文化的精彩致敬与创新演绎。在这个系列中选择丝绸、锦缎等材质，中国传统高级面料被大量运用，其柔软触感和细腻光泽展现了中国传统纺织工艺的卓越，凸显了奢华与品质。服装色彩丰富而浓郁，经典中国红成为主色调之一，象征着喜庆与热情；黄色在中国传统服饰文化中表达尊贵与华丽也被应用于发布会中；还有深沉的墨绿、正黑色以及神秘的靛蓝色等营造出富有东方韵味的色彩氛围。款式设计既有对旗袍的现代改良，保留了修身的曲线美和立领、盘扣等经典元素，又有对传统中式旗袍的创新诠释，通过剪裁和搭配展现出时尚的新风貌。在装饰细节方面，精美的刺绣图案栩栩如生，龙凤、牡丹、祥云等传统吉祥纹样被巧妙地融入，展现了中国文化的深厚底蕴。这个系列成功地将中国传统文化与现代时尚审美相结合，展现了中国风的独特魅力，符合当代时尚的潮流趋势，为时尚界带来一场令人瞩目的视觉盛宴。

图 2-18　Tom Ford 2004~2005 年秋冬中国风的服装系列

如图 2-19 所示为巴黎世家（Balenciaga）2008 年春夏系列，将宝塔肩造型融入旗袍设计，保留了原有中国旗袍的高耸衣领及纤细腰线，加入艳丽的花朵图案，运用立体造型和硬质材料塑造出未来主义风貌。

香奈儿（Chanel）设计师卡尔·拉格斐（Karl Lagerfeld）在多个系列中融入了中国元素。香奈儿 2010 年秋冬系列设计作品灵感来源于中国传统文化和艺术，将中国元素与香

图 2-19　巴黎世家（Balenciaga）2008 年春夏系列

奈儿的经典风格相结合，打造出独特的时尚风格。在这个系列中可以看到中国传统的刺绣、丝绸、龙凤等元素的运用，同时也保留了香奈儿的经典设计，如双 C 标志、菱形格纹等。如图 2-20 为香奈儿 2010 年秋冬中国风的服装系列作品，以上海东方明珠塔为背景，融入金缕衣、宫廷清代朝珠、军装、旗袍、中式发髻、中式图案等元素，展现了浓郁的中国风情。"老佛爷"Karl Lagerfeld 把他眼中的中国元素运用到了国际秀场上，某些造型在今天看来的确踩中了"雷"区，使用了中国元素的厚重堆积，但是在细节上却精致无比。

图 2-20　香奈儿 2010 年秋冬中国风的服装系列作品

玛丽·卡特兰佐（Mary Katrantzou）是以印花设计著称的女性设计师，图 2-21 是她的 2011 年秋冬高级成衣（Ready to Wear）系列作品，这一季服装作品主要是以女性和周围的室内空间为灵感，廓型结合了不同的建筑造型，为服装增添了立体感和结构感，设计中应用了大量来自瓷器或者彩色墙纸的中国风印花图案，展现浓郁的中国风情，这些作品展示了 Mary Katrantzou 对中国文化的独特理解和创新应用，将中国元素与现代时尚相结合，呈现出独特的风格。

2011 年路易威登（Louis Vuitton）的马克·雅可布以中国元素为主角，为路易威登打造了春夏系列服装作品。在这个系列中，旗袍、马褂、折扇、熊猫、珠绣等中国元素被巧妙地融入设计之中。作为异域者的一份另类解读，有一种别样的美。如图 2-22 为路易威登将旗袍造型与现代剪裁完美融合，把中式传统的撞色绳边、开襟上衣以及立体短袖组合在一起，同时搭配蕾丝折扇和长流苏耳环作为装饰。这样的设计使本系列服饰充满中国韵味，展现出东方的独特魅力和时尚感。在这一季 LV 的服装设计中，丰富多彩的色彩运用给人以强烈视觉冲击，并且选用真丝、蕾丝等高质量面料，使服饰呈现出奢华与精致之感，展现出独特魅力。此系列设计作品，不但展现了其在时尚界的领先地位和强大的创新能力，还为中国元素在全球范围内的流行与传播发挥了积极作用。此系列发布后受到广泛的好评和关注，吸引了众多名流和时尚达人的关注与追捧，成为时尚界的一大亮点。

图 2-21　Mary Katrantzou 2011 年秋冬中国风服装系列作品

图 2-22　路易威登 2011 年中国风春夏服装系列作品

德赖斯·范诺顿（Dries Van Noten）曾多次运用中国风元素创作时装作品，一向擅长面料拼接的他将古典纹样拆分并重新拼接成不规则的几何形状，这种处理方式使传统图案在现代设计中焕发出新的活力。如图 2-23 为 Dries Van Noten 2012 年秋冬时装作品，巧妙地融入中国风元素，打造了瞩目的龙袍系

图 2-23　Dries Van Noten 2012 年秋冬中国风时装作品

列。他采用简洁的廓型设计，将清代皇袍上的"海水江涯"、盘龙等元素，通过刺绣、印花呈现在大衣、外套、衬衫、连衣裙等单品上，使这些复杂的图案在视觉上既具有冲击力又不失和谐，达到浑然一体的境界，这些图案的运用丰富了服装视觉效果，展现别具风貌的中国风。

阿玛尼（Armani）作为国际知名的奢侈品牌，其高定礼服系列一直以来都备受瞩目。在图 2-24 的 2015 年春夏高定系列中，竹子元素作为此次高定系列最为核心元素，被巧妙地融入设计中，为这一季的礼服增添了一抹独特的东方风情和自然韵味。在中国文化中竹子有着深厚的象征意义，常被赋予坚韧、高雅和谦逊的品质。阿玛尼将其融入礼服设计中，体现了品牌对中国传统文化的重视，也展现了品牌独特的设计理念和审美趣味。该竹子元素的高定礼服系列，采用大量的丝绸类面料，通过精致的刺绣、印花或立体剪裁等工艺，将竹子的形态和纹理巧妙地呈现在礼服上，让礼服看起来更加生动、自然，也为其增添了一份高雅和灵动。

Armani 2023 春夏系列服装作品秀，以竹林为境，融入中式的领口、盘扣、锦缎等东方元素，并将这些元素融入充满现代感的简约板型中，并加以充满造型感的摩登细节，与西方经典风格完美结合。设计师融合中西方设计美学，剖析优雅的至简真谛，无论是日装还是晚礼服，都让观众感受到其典雅与贵气。如图 2-25 为 2023 年阿玛尼春夏系列中国风时装作品，本次系列以"Fild'Or（金线）"为切入点，对流光溢彩的东方文化进行创意现代表现，发布会现场摆满竹子形状的装置，模特们从"金丝竹林"中徐徐走来，在西方语境下阐释矜贵与沉着的东方雅韵。

图 2-24　阿玛尼 2015 年春夏竹子元素高定礼服　　　图 2-25　阿玛尼 2023 年春夏系列中国风时装作品

古驰（Gucci）2023 年春夏系列以"双生之境"为主题，神秘的东方元素带给了设计师 Alessandro Michele 源源不断的灵感。他巧妙运用中国传统元素，将中国结、刺绣、旗袍立领、盘扣、丝绸等元素与现代设计相融合，并运用西式剪裁，使其更符合现代人的审美和穿着习惯。在此次作品秀场，他邀请众多双胞胎模特手牵手走上 T 台，展现该系列服装的特色，表达他对中国文化的独特理解和创新诠释。如图 2-26 为 Gucci 2023 年"双生之境"为主题的春夏中国风服装系列作品，造型包含许多中式的设计元素，立领、斜襟、中国结、盘扣等，这些传统的东方服饰元素被融合于现代时装之中，尽显东方故事感和韵味。

如图 2-27 所示为 Prada 2023 年春夏系列时装，设计中巧妙地融入中国风元素，展现出独特的文化交融魅力，缎面连衣裙自带永不过时的优雅，裙装依然融入了褶皱细节，特殊的质感突出了粗糙与精致、现实与理想之间的矛盾对比，将中式美学造型嵌入作品设计中，呈现出含蓄秀美和古朴韵味，并借鉴中国传统色彩体系，营造出富有东方韵味的色彩视觉效果。

图 2-26　Gucci 2023 年春夏"双生之境"主题中国风　　　图 2-27　Prada 2023 年春夏
系列时装作品　　　　　　　　　　中国风系列时装作品

西方服装设计中的中国风是一个悠久且不断演变的过程，它深受中国文化、艺术和历史的影响。中国丝绸西传是西方服装设计中国风的重要起源。丝绸不仅成为西方贵族的奢侈品，还推动了西方服饰文化的丰富和发展。

18 世纪欧洲掀起的"中国热"催生了洛可可中国风格，以华丽复杂的东方情调和中国特色为装饰艺术风格。尽管洛可可中国风格并非纯粹的中国风格，但融入了大量中国元素，如龙、凤、花鸟等传统图案，以及中国式的装饰手法，对当时西方服饰文化发展产生了深远影响。18 世纪晚期新古典主义艺术风格的流行，中国风服饰元素以更为简约和现代的方式融入西方服饰设计中。19 世纪末至 20 世纪初的"新艺术运动"使中国传统服饰进入西方，其宽松的廓型、细致的工艺、精美的纹样，给西方人带来一种新奇的穿着体验。进入 20 世纪，随着中国艺术品和服饰大量流入西方，欧洲设计师们开始直接与中国艺术对话，并将中国元素融入时装设计中。知名设计师香奈儿、迪奥等，都曾将中国图案、面料、工艺等元素运用到自己的时装设计中。

21 世纪以来，随着中国综合国力的提升和文化时尚产业的发展，中国风在国际时尚领域的影响力日益增强。当代中国风不再局限于传统的纹样、颜色和物件，而是演变为基于中国文化的创作思路。设计师们通过融合中国元素与现代时尚理念，创造出既具有东方韵味又不失现代感的服装作品。近年来中西文化融合成为时尚界的一大流行趋势。在服装设计中，中国风与西方元素相互交织，产生了许多新颖独特的作品。西方服装设计中的中国风是一个复杂而多元的过程，体现了中西文化的交流与碰撞，也展示了时尚设计的无限可能。

2.4　新中式女装设计发展

2.4.1　新中式女装设计萌芽期（20 世纪 80 年代）

在 20 世纪 80 年代初期，人们着装风格逐渐从单调走向多元，传统服饰元素的应用变化相对较少。[6]随着时代的发展，传统服饰元素变化形式逐渐开始在女装中有所体现。一些传统中式服饰造型元素和具有中国特色的色彩如红色、金色等，被巧妙地运用在日常女装设计中，展现出本民族服饰文化特色。图 2-28 为 20 世纪 80 年代红色对襟、盘扣的新中式女装，大廓型采用中国传统对襟结构，袖子则改变传统对襟连袖结构，采用西式原装袖，提高服装实用性和穿着舒适性，立领、手工盘扣元素表达出浓浓的中国传统服饰文化韵味，整件中国红外套传达出喜庆和富贵的寓意，节日氛围感强。如图 2-29 所示为 20 世纪 80 年代中国红新中式女装，虽整体服装搭配的是西式学院风，但贝雷帽和中国红上衣是当时中西服饰文化融合的典型样式，此种设计也是 20 世纪 80 年代新中式女装主要表现样式之一。当时常见的如牡丹、龙凤、云纹等中国传统吉祥图案，开始出现在服装的局部装饰上，如领口、袖口或裙摆处。丝绸、锦缎等传统面料在一些高档女

图 2-28　20 世纪 80 年代红色盘扣的新中式女装　　　　图 2-29　20 世纪 80 年代学院风新中式女装

装中有所应用，展现出其独特的光泽和质感。旗袍的改良款式偶尔可见，保留了旗袍的立领、盘扣等经典元素，但在剪裁和长度上更加符合现代审美和穿着需求。20 世纪 80 年代中国女装对传统服饰元素的应用处于初步探索和逐渐复苏的阶段，为后续传统服饰元素在现代女装中的广泛应用奠定了基础。

2.4.2 多元文化融合的新中式女装设计初步发展（20 世纪 90 年代）

20 世纪 90 年代中国正处于社会转型期，随着改革开放的深入，推动了社会开放和进步，女性社会地位和角色发生了显著变化。[7] 这个时期女性对于时尚和美的追求也变得更加大胆和前卫。这种社会文化背景的影响使得 20 世纪 90 年代中国女装设计更加丰富多彩。国内女性服装开始受到西方文化的影响，传统服饰元素仍然在一定程度上被保留和融合，形成了独特的新中式时尚风格。传统服饰元素的应用为她们提供了更多元化的选择，女性开始更加注重自我表达和个性展现。

在 20 世纪 90 年代传统服饰元素如旗袍、中式立领、绣花等被广泛应用于女装设计中。旗袍作为中国传统服饰的代表，在这一时期得到了新的诠释和发展。许多设计师在保留旗袍基本款式的基础上，加入了现代元素，如镂空领型、改良的裙摆等，使旗袍更加符合现代女性的审美需求，如图 2-30 所示为 20 世纪 90 年代前胸镂空旗袍。20 世纪 90 年代巴黎时装、米兰服饰、美国牛仔等国际流行元素不断涌入中国，与中国传统服饰元素相互碰撞、融合，形成了新的时尚潮流。图 2-31 为 20 世纪 90 年代旗袍与西式服饰混搭，这种新中式服饰设计丰富了当时女装设计的语言，也满足了女性对于个性化和时尚化的追求。一些中式立领、绣花等元素也被巧妙地融入各种西式现代服装设计中，如立领衬衫、绣花连衣裙等，展现出中国传统文化的独特魅力，图 2-32 为 20 世纪 90 年代中国红刺绣图案新中式女装。图 2-33 为南方航空 20 世纪 90 年代中国红新中式职业服，这些都是那个时期多元文化融合的新中式女装设计初步发展见证。

图 2-30 20 世纪 90 年代前胸镂空旗袍

图 2-31 20 世纪 90 年代旗袍与西式服饰混搭

图 2-32　20 世纪 90 年代中国红刺绣图案新中式女装　图 2-33　南方航空 20 世纪 90 年代
中国红新中式职业服

　　20 世纪 90 年代服装公司开始纷纷创立女装品牌，当时"东北虎（NE·TIGER）""例外""江南布衣"是新中式女装优秀品牌代表，他们开始挖掘中国传统文化元素与现代服饰融合方式，开展创新设计，以品牌模式开展运营，新中式女装品牌在这个时期初步创立。如图 2-34 为 1992 年创立的"NE·TIGER"品牌的新中式礼服，该品牌注重体现中华民族礼仪文化，并将其融入服装设计理念中，采用具有独特质感和文化价值的织物作为主要材料，如云锦等，运用中国传统精湛刺绣工艺，增加服装的精美度和艺术价值。色彩上通常选择具有中国特色的颜色，如红色、蓝色、黄色、白色、黑色等，并进行适当的调配，呈现出柔和高雅的视觉效果。款式上将西方的立体剪裁与中式含蓄设计完美结合，保留中式服装的韵味，符合现代审美和穿着需求。"NE·TIGER"品牌的设计充满华夏民族精神，承载华夏各民族文化特征，引起国民的文化认同和共鸣。

图 2-34　"NE·TIGER"品牌 20 世纪 90 年代新中式礼服

　　如图 2-35 为 1994 年成立的江南布衣新中式女装品牌的女装，其设计理念注重从中国传统文化中汲取灵感，结合现代审美和生活方式进行创新，以满足消费者对于个性化、品质和文化内涵的需求。

　　1996 年马克创立广州市例外服饰有限公司，秉持创新的价值追求与传承东方文化，将原创精神转化为独特的服饰文化以及当代生活方式。"例外"打造了一种东方哲学式的当代生活艺术，如图 2-36 为"例外"品牌 20 世纪 90 年代新中式女装。

图 2-35 "江南布衣"品牌 20 世纪 90 年代新中式女装

图 2-36 "例外"品牌 20 世纪 90 年代新中式女装

2.4.3 新中式女装设计的演进与突破（2000—2010 年）

这个时期（2000~2010 年）的新中式女装设计开始逐渐崭露头角，设计师们在保留传统中式元素的基础上，融入现代时尚理念，形成了独特的设计风格。设计师们将传统中式元素如盘扣、立领等融入现代服饰设计中，但整体风格仍然较为保守和传统。2001 年 APEC 会议的与会经济体领导人穿着改良"唐装"在上海科技馆楼前合影，成为此次盛会的一大亮点。如图 2-37 所示为 2001 年上海 APEC 会议女领导人服饰，这套兼具中国传统特征与西方现代造型的衣服获得了一个特定称呼"新唐装"。这套服装在传统和现代之间做到了较好平衡，改良了传统服装的肩袖不分、前后衣片连体等缺乏立体感的款式造型，取而代之为现代圆装袖造型，但也注重中国传统服饰元素如立领、对襟、手工盘扣等设计表现。设计团队汲取了经典的中国传统元素，又很好地塑造出"新唐装"现代审美感。

通过此次 APEC 大会服装的设计传播，也明确了全球化大背景下中国服饰的"现代化"追求以何种形式的民族样式方向发展。例如"上海滩（Shanghai Tang）"就是这一时期具有代表性的品牌之一。如图 2-38 为"上海滩"品牌以"20 世纪 60 年代香港"为主题设计的新中式女装作品，视觉艺术的几何图案注入 20 世纪 60 年代香港女子旗袍样式中，完美地体现精美丝质短上衣的光感和抽象印花纹样动感视觉幻象。设计师将中国传

图 2-37　2001 年上海 APEC　　　　图 2-38　"上海滩"新中式旗袍
　　　　会议女领导人服饰

统旗袍元素进行改良和创新，在保留旗袍经典轮廓和细节的基础上，运用了更现代的面料、色彩和剪裁方式，具有现代流动感。这款上海滩旗袍改良设计展现了中国传统文化的韵味，又具有时尚感和现代气息，适合多种场合穿着。

APEC 会议后，新中式女装发展不断演进与突破。一些品牌和设计师尝试将中国传统文化元素与现代时尚相结合，设计出独特造型的新中式风格服装作品。这个时期一些设计师品牌也开始注重对中国传统服饰文化的挖掘和再创作，从历史文献、古代服饰中汲取灵感，然后通过现代设计手法进行转化，推出具有新中式风格的系列女装。一些中式改良礼服，在设计上采用传统的刺绣工艺、中式图案或盘扣等元素，同时结合现代的礼服款式，使服装更符合现代人的审美和穿着需求。随着新中式女装市场的不断扩大，越来越多的品牌开始涉足这一领域。进入 21 世纪一大批知名的新中式女装品牌创立并开始不断创新发展，如"轮廓""吉祥斋""夏姿·陈""两三事""无用""茵曼""裂帛""LE FAME""涂月""Uma Wang""HUI""SHANG XIA"等，它们在设计风格、市场定位等方面各具特色，以其独特的设计风格和高品质的产品，赢得了消费者的认可和喜爱。以下分析 21 世纪初（2000~2010 年）各知名新中式女装品牌设计理念和设计作品，以便更全面了解这个时期新中式女装设计发展情况。

（1）轮廓

"轮廓"新中式女装品牌在 2000 年创立，该品牌的核心文化理念是"融会世界民族元素，传承中华服饰美学"。"轮廓"女装将中式美学元素与西式廓型相融合，展现出独特的时尚风格。其设计注重对细节的精益求精，赋予每件新中式女装以灵性，在简约中不失奢华，彰显出知性成熟女性的高品质追求。"轮廓"的新中式女装保留传统中式服装的特点，如立领、盘扣等元素，对服装廓型进行创新设计，使其更符合现代时尚审美和穿着需求，在材质、色彩和图案的选择上，也会兼具传统与现代的特色，以展现独特的风格。图2-39为"轮廓"新中式女装，以东方美学为灵感源泉，从盘扣、纹样到廓形剪裁，承袭了经典中式样式，将婉约灵动的东方气韵与随性自在的休闲风格完美调和。服装精选缎面提花面料，呈现细腻柔滑的触感与含蓄雅致的微光。

图2-39 "轮廓"品牌新中式女装

（2）吉祥斋

"吉祥斋"新中式女装品牌2002年成立，品牌致力于传播东方女性的传统美，即大美不言，产品源自中国传统文化，体现的是人与境的共处艺术，表达东方美学力量，寄寓中国当代人的精神向往。将古典韵味与现代时尚相融合，其设计注重传统工艺与现代元素的巧妙结合，追求形神皆备的意境。在整体风格和细节刻画上，都体现出思想与文化的融入，演绎古典与时尚的碰撞。如图2-40为"吉祥斋"品牌天香系列新中式女装。该系列从中式传统图腾中挖掘意象，巧妙地选取松柏、玉兰花、古典宫殿等富有象征意义的图案。松柏象征着坚韧与长寿，玉兰花寓意高洁与优

图2-40 "吉祥斋"品牌天香系列
新中式女装

雅，古典宫殿则代表着庄重与威严。这些图案通过精湛的绣花工艺，生动地呈现在新中式女装之上。绣花工艺增添了服装的立体感和质感，更使这些传统图案焕发出新的生命力。品牌多采用自然环保的传统天然面料，着重色彩和面料肌理的变化，坚持匠心手工古法，同时结合新的立体剪裁和立体绣花等工艺，每套服装配备专属配饰，力求呈现最为中国的方式和上乘的品质。其绣花工艺追求"绣花花生香，绣鸟鸟飞天"的艺术境界。

（3）夏姿·陈

"夏姿·陈"品牌服装设计风格可以概括为"新中式风格（neo-Chinese chic）"。2003年3月"夏姿·陈"在上海锦江门市成立，秉持"华夏新姿"的精神，致力于国际市场的拓展。其设计注重从中国传统文化中汲取灵感，以深厚的历史积淀和文化背景为支撑。设计中体现中国人"和而不同，兼收并蓄"的思想，以及东方美意境的诠释、含蓄内敛的审美观念。将东方的风骨、气度、涵养、修为融入时装设计，不断探索中国人的衣着审美境界，提炼当代精神。在中式元素的基础上，融入西式的剪裁风格，将东方美学与

西方时装界的廓型巧妙结合。坚持将刺绣作为品牌最具标志性的元素，每一季都会结合新的主题灵感，融入多元化、现代化的设计语言，展现同一种工艺的多种变化可能。"夏姿·陈"的设计风格独特，既保留中国传统文化的韵味，又结合西方时尚的元素，同时不断创新和演变，展现出多元化和现代化的特点。如图2-41为"夏姿·陈"品牌新中式女装，古典而时尚。

图2-41　"夏姿·陈"品牌新中式女装

（4）两三事

2005年"两三事"新中式女装品牌成立，设计风格独特，将嬉皮、艺术等元素与新中式风格相融合，强调女人的真性情，追求心灵充实、智识成长、理性与创造力的激发。其设计并非对传统中式的完全复刻，而是在保留中式美学精髓的基础上，融入现代设计理念、时尚元素和品牌个性，打造出具有独特风格魅力的女装，以满足现代女性对时尚与文化内涵的追求。运用独特、富有艺术感或带有中式元素的图案和印花进行设计，图案并非简单地照搬传统中式图案，而是经过重新设计或创新演绎，使其更具现代感和时尚感，如图2-42所示的"两三事"品牌新中式女装。该品牌善用不规则、不对称或富有创意的设计，如拼接、前后可穿等设计元素，在保留东方韵味的同时展现出现代时尚的气息。

图2-42　"两三事"品牌新中式女装

（5）裂帛

"裂帛"是2006年创立的一家网络原创新中式女装品牌，传承传统民间装饰艺术中的艳丽感，熟练运用大红与正绿、天蓝与玫红、紫与红、粉红与翠绿等对比色进行撞色，色彩明亮，经典的大花图案是其标志性元素之一，同时搭配具有中国传统及民间特色的刺绣、镶嵌、拼贴等工艺，通过这些将传统色彩、工艺与现代服装款式相融合，营造出明艳、生动、独特、自信的视觉形象，如图2-43所示为"裂帛"品牌新中式女装。"裂帛"的设计是对传统服饰元素与现代服装款式的创新结合，体现其独特的设计理念和品牌风格。

图2-43　"裂帛"品牌新中式女装

（6）LE FAME

"LE FAME"新中式女装品牌于 2007 年成立，擅长将现代设计元素与传统中式风格相结合，打造出具有品牌特色的新中式服装。品牌注重表达女性的优雅与浪漫，同时融入新中式元素，强调传统文化与现代时尚的结合，展现独特的审美视角。"LE FAME"为经典独特的新中式浪漫设计风格，将传统文化与现代时尚相融合，展现出女性的优雅与浪漫，品牌善于选择富有诗意的色彩，如粉色、淡蓝色、浅紫色等，营造出浪漫的氛围；也经常运用中式传统图案、刺绣、盘扣等元素表现细节设计，细节之处尽显精致，如图 2-44 所示为"LE FAME"品牌新中式女装。

图 2-44　"LE FAME"品牌新中式女装

（7）无用

2007 年马可携其"无用"品牌作品"无用之土地"首次亮相巴黎时装周，这场发布会颇具颠覆性，吸引了国际时尚界最挑剔的目光。在黑暗的展览空间里，27 位用"泥土"化妆的街头艺人站在灯箱展台上做静态表演，他们满脸泥土，身着粗犷厚重的衣服，宛如一尊雕像伫立，完全静止不动。"无用之土地"系列作品以其独特的风格折射出中国悠久的手工艺历史，并表达了马可对当代消费社会以及国际时装界的态度。该系列作品强调手工制作和天然材料的运用，体现出马可对本民族传统手工艺的传承与创新。其设计中的超码、做旧处理，无序的缠绕和粗糙的缝制，明显地表明与现代文明对抗。如图 2-45 为"无用"新中式女装品牌在巴黎时装周上发布"无用的土地"系列服装作品。

2008 年 7 月 3 日"无用"获邀参加巴黎高级定制时装周，发布"奢侈的清贫"主题作品（图 2-46），强调精神生活，演绎东方的"减法的奢侈"。42 位来自不同国家、不同民族、不同年龄、不同肤色的街头艺人在巴黎小皇宫的林荫道上展示马可的作品。林荫道的另一端则是来自中国老织布机发出强烈的节奏声（图 2-47）。

图 2-45　"无用"品牌在巴黎时装周上发布"无用的土地"系列服装作品

图2-46 "无用"品牌巴黎时装周发布"奢侈的清贫"主题服装作品

图2-47 "无用"品牌巴黎时装周展示中国老织布机

（8）茵曼

2008年以"棉麻"著称的"茵曼"线上品牌成立，其广告词为"棉麻艺术家"。品牌设计哲学是以舒服为本，为舒适而生，设计注重将古典与现代元素相结合，打造独具中国传统文化特色的穿着和品位，款式上结合旗袍等中式服装板型，在设计元素方面会加入一些盘扣、云肩等经典中式元素，面料上也会有现代特殊设计，如图2-48为"茵曼"新中式女装。

（9）玫瑰坊

服装设计师郭培的"玫瑰坊"一直秉承东学为体，西学为用的设计理念，将传统的中国手工艺文化融入西方服装框架之中。"玫瑰坊"的新中装使用精致的宫绣、金绣等重工刺绣技艺，彰显了服装的精巧华丽，让人叹为观止。如图2-49为"玫瑰坊"品牌新中式礼服，既保留了传统中式元素，又融入了现代的设计理念，使其更符合当代人的审美。玫瑰坊的

图2-48 "茵曼"品牌
新中式女装

图2-49 "玫瑰坊"品牌
新中式礼服

新中式礼服以其精湛的工艺、独特的设计、高品质的面料和严格的制作工艺，成为中国高级时装定制的代表之一，受到了众多明星和消费者的喜爱。

（10）涂月

"涂月"新中式女装品牌成立于 2008 年，是一个充满人文主义浪漫的艺术设计品牌，品牌强调将服装作为艺术表达的载体，反映当下的情绪、观念和思考，注重"重温中国风雅"，创始人试图设计勾勒出当代风雅的知识分子形象。"涂月"品牌新中式女装具有鲜明的特色，整体呈现出淡然、克制且充满书卷气的风格，展现出一种骨子里的风雅，如图 2-50 所示为"涂月"品牌新中式女装产品。

图 2-50 "涂月"品牌
新中式女装

（11）Uma Wang

王汁（Uma Wang）于 2003 年在伦敦注册的同名品牌。她的设计深受传统哲学的熏陶，喜欢通过面料作为载体来讲述故事，以创新的方式将立体感面料组合运用，受到伦敦当代艺术的影响，擅长将哥特风格与装饰艺术相结合，并习惯在设计中将多样的材质、印染手法、超大廓型以及中国印花相融合，具有较强的设计感。品牌产品款式独特且多样，注重服装的线条和轮廓，借鉴传统中式服装的某些特点，同时进行改良，以适应现代生活和审美需求。如图 2-51 所示为"Uma Wang"品牌新中式女装产品。

图 2-51 "Uma Wang"品牌
新中式女装

（12）Hui

2009 年赵卉洲创立基于中国传统服饰文化的高端设计"Hui"品牌。"Hui"品牌注重传承和发展中国非物质文化遗产，通过与绣娘的交流学习、体验当地民风民俗，以及成立"艺之卉"百年时尚博物馆和非遗艺术设计博物馆等方式，致力于将非遗文化的火种传递到国际舞台。品牌强调"非遗再设计"的理念，即深入最古老、最遥远的文化深处，将被遗忘的时尚诠释出一种新的现代感，让其重回大众视野。如图 2-52 所示为"Hui"品牌新中式女装。

图 2-52 "Hui"品牌
新中式女装

图 2-53　"SHANG XIA" 品牌新中式
女装 "明椅背" 元素外套

（13）SHANG XIA

　　上下（SHANG XIA）是中国高端生活方式品牌，创立于 2010 年。该品牌长期以来坚持采用当代前沿与革新的设计理念，精心构思并创造出既拥有独特美学风格又深度融合文化底蕴的高品质生活方式。品牌重视手工传承的匠心，敢于进行高科技突破，自由游走于传统与创新、东方与西方、经典与潮流、手工与科技、线条与光影、哲思与自然之间，用丰富多变的手法，创造出新的表达，简洁质感、华丽平衡与浪漫色彩的精致设计。如图 2-53 为抽象化明椅背造型元素运用在 "SHANG XIA" 风衣背部，代表中国文化和家居特色的明椅背化身为服装单品，色彩对比强烈。

　　2001~2010 年期间新中式女装的发展不断演进与突破，通过此期间各品牌设计发展情况，能感知到随着消费者对传统文化的认同感增强，以及对个性化、时尚化服装的需求增加，新中式女装受到了更多关注。这个时期的新中式女装设计风格定位多元，部分新中式女装品牌明确了目标消费群体（即都市白领、成熟女性或年轻时尚一族），从而能够更精准地进行设计和营销。这期间各新中式女装品牌在保留中式传统元素的基础上，积极借鉴国际时尚潮流，使产品在款式、剪裁和搭配上更具现代感和时尚度。为了提升竞争力，各品牌通过品牌故事、设计理念的传播，赋予品牌独特的文化内涵，增强消费者的认同感和忠诚度。各品牌除了传统的实体店销售，开始涉足电商平台，拓展销售渠道，拓宽品牌的市场覆盖面，市场规模逐年扩大，出现了从高端定制到中低端大众消费的不同价格层次的品牌，满足不同消费能力的需求。同时企业依靠广告宣传，通过举办时装秀、参加展会等活动提升品牌知名度。一些新中式女装品牌结合当地的文化特色和传统工艺，形成了具有地域代表性的新中式女装风格。

2.4.4　新中式女装的崛起与成熟（2011~2020 年）

　　随着国家对传统文化的重视和推广，以及消费者对传统文化的认同感增强，新中式女装作为传统文化的现代诠释，其市场地位逐渐提升。特别是 "90 后" "00 后" "Z 世代" 新兴消费群体对传统文化的认同感增强，新中式女装因其独特的文化韵味和时尚元素相结合的特点，越来越受到她们的青睐。

　　2014 年亚太经合组织（APEC）会议各国领导人和夫人身着特色的新中式礼服亮相，

新中式着装成为当时令人瞩目的焦点，如图 2-54 为明式对襟款式外套，内衬清代旗袍款式，一股"各美其美，美人之美，美美与共，天下大同"的东方气息扑面而来。APEC 会议女领导人着装向世界传递了中国传统文化的魅力，也为新中式服装的发展起到了示范和推动作用。会议结束后，中国服装市场出现了"新中装"热，消费者对具有中国特色的服装表现出浓厚兴趣。

图 2-54　2014 年 APEC 会议新中式礼服

在此期间，新中式服装在市场上关注度逐渐提高，更多设计师和品牌开始投入新中式服装的设计与开发中，不断探索如何将传统元素与现代时尚相结合，以满足消费者对于具有中国文化特色服装的需求。新中式女装在设计、市场接受度等方面都取得了显著的进步，逐渐形成更为多元化和成熟的风格。新中式服饰的设计逐渐走向创新和多元化。设计师们开始大胆尝试将更多的传统元素与现代时尚元素相结合，创造出既具有传统韵味又符合现代审美的新中式女装。这种创新设计吸引了更多消费者的目光，推动了新中式女装的崛起与成熟发展。这个时期中国女装市场竞争日益激烈，一方面国际品牌加速进入中国市场，另一方面本土品牌也在不断提升自身实力，通过增强自主研发能力、提高产品质量和品牌影响力等方式来应对竞争。在这个过程中，一些新中式女装品牌经过激烈的市场竞争，也逐渐崭露头角并成长为行业内的佼佼者。更多的新中式女装品牌在这个时期创立，如"素萝""吉丘古儿""密扇""Rimless""云思木想""盖娅传说""牧衣""十三余""织羽集""RIZHUO""M essential""ZHUCHONGYUN""界内界外""三寸盛京""花木深""槿爷东方""时辰布衣"等，这些品牌的成立不断推动新中式女装市场的发展，也推动新中式女装的崛起与成熟。

（1）素萝

2011 年"素萝"新中式特色原创女装品牌成立，秉持"古韵今风，尚质生活"的理念，认为中国传统文化是瑰宝，需与现代生活融合，以更好的方式传承，将传统元素与

图 2-55 "素萝"品牌新中式女装

图 2-56 "吉丘古儿"品牌
新中式女装

图 2-57 "Rimless"品牌
新中式镂空旗袍

现代时尚完美结合,以其独特的设计风格与浓浓的中国传统文化韵味,深得知性女性的喜爱,使其在众多新中式服装品牌中脱颖而出。如图 2-55 所示为"素萝"品牌新中式女装,既体现中华文化的庄重与雅致,又加入现代时尚的简洁与大气,兼具古风的婉约雅致与现代的干练时尚。

(2)吉丘古儿

2012 年"吉丘古儿"品牌新中式女装成立。如图 2-56 所示为"吉丘古儿"品牌新中式女装采用中式宽大的廓型和黄绿色彩拼接设计,面料采用棉、麻、丝等天然材料,用中式花卉印花图案、二方连续花边、嵌条作为细节装饰,整体呈现出田园自然风情,浪漫中有追忆,风情中有洒脱,外观流畅,细节精致,传统与现代相结合的细腻裁剪及高品质的手工制造工艺,将流行风尚与民族元素较好地融入品牌独特风格中。

(3)Rimless

2013 年"Rimless"新中式女装品牌成立,它在保留传统中式元素的基础上,巧妙地融入现代设计理念,通过现代设计手法重新诠释古典美,以其独特的设计风格和对传统、现代元素的融合,在新中式服装领域中展现出一定的特色和魅力。如图 2-57 所示为"Rimless"新中式镂空旗袍如墨玉般高雅、内敛,运用斜裁工艺打造裙摆飘逸的波浪感、光泽感、垂坠感,独树一帜。

(4)云思木想

2013 年"云思木想"新中式女装品牌成立,其坚持原创设计,传承、致敬中国文化,从上下五千年中华优秀文化中汲取灵感,融入现代审美要求,打造出独树一帜的女装风格。品牌非常注重服装的穿着舒适度和实用性,注重剪裁、细节和色彩搭配的处理,让中国传统元素走进现代都市女性的日常生活中。"云思木想"品牌新中式女装体现东方女性的含蓄、内敛与西方女性的干练、洒脱的美相互碰撞,传递出坚韧、飒美、优雅等多元风貌。女性从该品牌的新中式服饰穿着搭配过程中获取自信和力量。如图 2-58 所示为"云思木想"品牌新中式女装提取京剧中的脸谱元素，并用现代大面积印花、立体绣等工艺表现其独特的设计韵味，富有个性。

图 2-58 "云思木想"品牌
新中式女装

（5）盖娅传说

"盖娅传说"新中式女装品牌成立于 2013 年，是一个以中国传统文化为特色的成衣定制品牌。盖娅传说一直致力于将中国传统文化与现代时尚元素相结合，通过独特的设计理念和精湛的工艺技术，展现出东方美学的魅力，品牌始终坚守创新与传统相结合的发展理念，挖掘非遗工艺，传承中国传统文化，创新服饰设计，让世人看到东方女性的优雅和东方美学的浪漫。如图 2-59 为"盖娅传说"作品，营造出了戏韵氛围，让参观此次作品的观众宛如置身于古老的梨园戏院之中，结合"戏韵意境"系列的服装展示，感受趋向唯美的意境化，时而仿佛踏入曲径通幽的桃源，聆听悠扬婉转的古调，目睹翩然嗟叹的美人，嗅到芬芳馥郁的花香；时而又好似穿越至烽火连天的战场，感悟枭雄绝世的悲凉，斗转星移之间，深深领略华夏历史文明与艺术之美的绵长和繁花似锦。

（6）牧衣

2014 年"牧衣"新中式女装品牌成立，如图 2-60 为"牧衣"品牌新中式女装产品，这款外套采用独特制作工艺的香云纱面料，融合了禅意、质朴、复古的元素，体现出一种低调、内敛、优雅的气质，极具东方特色，以及轻盈飘逸的服饰美。黑色既保留香云纱的原色之美，又增添了设计感和时尚度。这款外套将传统与现代相结合，既具有中国传统文化的韵味，又能满足现代人对于时尚和舒适的追求，适合在多种场合穿着，可搭配简约的裤装或裙装，展现出穿着者的独特品位和风格。

图 2-59 "戏韵意境"系列"盖娅传说"新中式女装

图 2-60 "牧衣"品牌
新中式女装

（7）十三余、织羽集、池夏

2014 年 APEC 会议后汉服服饰文化逐渐普及，越来越多的商家开始涉足汉服领域，推出了各种各样的汉元素女装产品。一些特色汉元素服饰品牌也开始崭露头角，如"十三余""织羽集""池夏"等。这一时期汉服市场呈现出多元化的发展趋势，不仅有传统的汉服款式，还有一些汉元素新中式女装创新设计。这些创新设计的汉元素新中式女装品牌在设计和制作方面都有一定的特色和影响力，它们的产品在保留汉服服饰文化韵味的同时，融入了现代时尚元素，更符合现代人的日常穿着需求。如图 2-61 为"十三余"品牌新中式女装，作为具有中国浪漫特点的新汉服品牌，其基于中国传统经典汉服形制，结合当下国人的多元穿着情境和时尚美学，不断开拓现代汉服体系，创新出青春唯美的原创设计作品。如图 2-62 为"织羽集"品牌汉元素新中式女装，将传统汉服服饰文化元素与现代时装相结合，服饰设计注重将时尚流行元素与汉服服饰文化相融合，款式造型更适合日常穿着。如图 2-63 为"池夏"品牌汉元素新中式女装，品牌专注于汉服传承与文化融合，加入现代服饰的轻便，用独立的创新视角，诠释日常方便穿着的汉元素时装。汉元素新中式品牌传承汉服文化，又融合现代时尚设计，致力于向世界展示和推广汉服文化。

图 2-61 "十三余"汉元素女装　　图 2-62 "织羽集"汉元素女装　　图 2-63 "池夏"汉元素女装

（8）生姜

"生姜"是一个以东方美学生活和禅意风格为特色的女装品牌，其设计美学理念以衣物为载体，表达自我对安适、恬淡、自由的追求，产品设计注重自然、简约和舒适，体现品牌对东方美学的表达及对人的关怀。"生姜"新中式女装品牌自 2014 年初创立，通过服装表达对美的追求和对生活的深刻理解，其产品系列以叙事性的手法记录每一个当下的生命轨迹，倡导具有独立价值观和审美判断的思考方式。改良过的中式服装不止把古典的美发挥得淋漓尽致，更是把很久前的"慢"放入衣服的灵魂，似乎时间会凝滞。"生姜"作品工艺精美、材质稀有，上架前都拥有文雅的系列名称如"净居""清茶""妙行"，表达现代人雅趣诗意的生活方式。如图 2-64 所示产品以纯素、简约、黯淡、幽雅的东方气质为设计根基，满足追求内心丰富、心态平和、对生活及生命有深刻追求的独立女性。品牌的设计风格融合新中式元素，既有传统文化的底蕴，又

图 2-64 "生姜"品牌新中式女装

不失现代时尚的元素，适合追求生活品质和美学的人士。新中式风格服饰产品可以很明显感觉到中国传统情怀与现代生活方式的融合，其意蕴境界的力量感，与简单"雕龙绣凤"之间巨大的差别，这也是前文所提 China Chic 更像是套着"中国风"外皮的一场表演根本原因。现代中国时尚新中式风格不再拘泥于形式上的盘扣斜襟，只是在漫漫历史长河中一段被凝固住了的时光，洒在身上，便能孕育出灿烂繁星的力量，这也正是"新中式"设计创造出来的魅力所在。

（9）RIZHUO

2014 年成立的"RIZHUO"新中式女装品牌是一个关注当下人文感受、社会情绪，以中国游侠文化为精神，源于互联网新生活方式的服装品牌，以传承中国美学为使命，致力于创造时尚、高品质感的时装品牌。如图 2-65 为中国游侠意境表现在服装作品中，其运用中国传统文化与美学元素，但并非简单的形式化符号标志。以当代设计语言展现出东西方美学的碰撞、融合，进而获得新生。这样创作出的作品代表着当代中国人时尚美学的新形式，具有时尚、当代、简洁的特点和文化内涵。设计上看重工艺细节与品质感，且更富情绪感，能体现穿着者的独立思考能力和穿着性格。

图 2-65 "RIZHUO"品牌
新中式女装

（10）密扇

"密扇"创立于 2014 年的新中式女装品牌，代表着东方神秘玄奥，"扇"取其谐音"善"，代表中式的品德取向，品牌以潮范新中式女装为设计核心。"密扇"设计风格独特，将中国传统文化与现代时尚元素相结合，打造出具有新东方主义美学的服装。"密扇"服装色彩鲜艳且富有层次感，设计师善于运用中国传统色彩进行设计，如红色、黄色、蓝色等，并通过巧妙搭配营造出独特的视觉效果。该品牌图案设计灵感多来源于中

国传统文化，如京剧脸谱、花鸟鱼虫、汉字等。这些图案经过设计师的重新演绎，变得更加时尚、富有创意，展现中国传统文化的独特魅力。"密扇"注重材质的选择，如选用高质量的面料，丝绸、棉麻等，以保证服装的舒适度和质感，也会尝试使用一些新型材料，为服装增添更多的时尚感。如图 2-66 所示为"密扇"品牌新中式女装产品。

图 2-66 "密扇"品牌新中式女装

（11）M essential

"M essential"新中式女装品牌成立于 2014 年，其设计巧妙地将古典东方美学与现代时装相融合，通过艺术化处理，将功能性与美观性相结合，创作出一系列令人心动的新中式女装。其风格强调诗意的优雅，注重服装材质、结构与人体之间的微妙关联，在服装中无形地融入对人的关怀，塑造出静谧且优雅的女性形象。品牌在色彩选择上独具匠心，偏好诸如红褐色、橙偏红乃至金色等能展现中国古老神秘韵味的色调。这些色彩与古典的纹样以及现代的廓型相互搭配，以全新的姿态诠释低调沉稳又高雅的东方主义。品牌运用竹子、松柏、梅花、菊花等具有中式氛围的元素，通过精湛的刺绣工艺和中式色彩组合，打造出独特的新中式风格，坚持融合传统与现代的材质，并对传统材质进行创新研发，常用缄绒提花、金蟠提花、点玫提花等面料，营造出当代东方的精致生活方式与氛围。如图 2-67 所示为"M essential"品牌新中式女装产品。

图 2-67 "M essential"品牌新中式女装

（12）ZHUCHONGYUN

"ZHUCHONGYUN"新中式女装品牌成立于 2014 年，其品牌哲学"大美不言，极简东方"取自庄子的"天地有大美而不言"，品牌核心基调纯粹干净，以净色和留白为基调，给极致的廓型和设计细节更多表达空间，让穿着者对美有更深入的思考与觉察。从多方面汲取灵感，如设计师的童年记忆、对亲人的感念，以及书画、瓷器、茶道、建筑等传统文化和生活方式，还有地方特色文化等，品牌整体呈现出淡然、克制且充满书卷气的风格，将东方文化注入品牌的"魂"中，以展现骨子里的风雅。其既承袭了廓型不杂、图案不繁、配色不复的特点，又在设计中积极吸收国际化和当代先锋的理念，刚与柔、松与紧、哑光与亮光在材质碰撞中，体现不张扬却自有光的女性力量。如图 2-68 为"ZHUCHONGYUN"品牌新中式女装。

（13）界内界外

2015 年"界内界外"品牌新中式女装成立。如图 2-69 为"界内界外"品牌新中式女装，其设计遵照自然的启示，从自然出生、与自然相融，在自然的启示里，形成外表和身心一体，追求人与自然的融合。服装选用真丝面料具有良好的透气性和吸湿性，触感柔软光滑，能给穿着者带来舒适的亲肤体验，雪纺质地则增加了面料的轻盈感和飘逸感，使连体裤更具灵动性；条纹设计经典且具有时尚感，能够在视觉上起到拉长身形和修饰线条的作用。而纵向的条纹更能营造出一种竖向延伸的效果，让人看起来更加修长挺拔；高腰的款式能够有效地提升腰线，拉长腿部比例，营造出一种"胸以下全是腿"的视觉效果，使身材显得更加高挑和优美。这款"界内界外"的条纹真丝高腰阔腿连体裤融合了多种时尚元素，人性化设计，既舒适又美观，适合多种场合穿着，能够展现出穿着者的优雅气质和时尚品位。"界内界外"品牌的裙子、衬衣等具有较好的设计感，而且在用料及细节方面都比较用心，上身效果文艺又显气质。

图 2-68 "ZHUCHONGYUN"品牌新中式女装　　图 2-69 "界内界外"
品牌新中式女装

图 2-70 "三寸盛京"品牌
新中式女装

图 2-71 "花木深"品牌新中式女装

图 2-72 "槿爷东方"
品牌新中式女装

（14）三寸盛京

"三寸盛京"新中式女装品牌成立于 2015 年，"三寸"取自道家学说"一生二，二生三，三生万物"，寓意创造的力量。品牌创立之初，国内传统面料、刺绣技艺及服饰制作工艺因未能与现代接轨，濒临失传。出于对传统力量的传承，设计师深入走访多位顶级服饰手艺人，投入大量资金，将国际顶级面料与中国传统工艺相结合，最终打造出顶级华服品牌。如图 2-70 为"三寸盛京"品牌新中式女装。

（15）花木深

"花木深"新中式女装品牌 2011 年在上海创立。"花木深"以"承续诗意东方，点睛现代服饰"为品牌理念，设计基于东方文化，结合传统手工艺，将古典精华融入现代时尚为使命，做符合现代审美、日常可穿的东方服饰，简约、内敛的奢侈成为其主流审美观。如图 2-71 为"花木深"品牌新中式女装，以其独特的设计风格和文化内涵，展现出新中式服装的魅力。该品牌女装将传统中式元素与现代时尚相结合，创造出既具有传统文化底蕴又符合当代审美需求的服装作品。其设计注重细节和品质，以精湛的工艺打造出高品质的女装产品。"花木深"品牌女装还强调穿着者的个性和独立思考，让每一位穿着者都能展现出自己独特的魅力和风格。

（16）槿爷东方

"槿爷东方"新中式女装品牌 2016 年成立于上海，该品牌从新式旗袍切入，产品主打日常化、有底蕴、更时尚、高颜值的新中式特色，为女性提供满足精致社交的新中式体验。如图 2-72 为"槿爷东方"品牌新中式女装。

（17）时辰布衣

"时辰布衣"新中式女装品牌于 2017 年成立，融合传统中式元素与现代时尚理念，呈现出独特的新中式风格，产品设计注重保留中式服饰的某些经典特征，如斜襟、盘扣、刺绣等，同时在款式、剪裁或搭配上进行创新，使其更符合现代审美和穿着习惯。如图 2-73 为"时辰布衣"品牌新中式女装产品。

图 2-73 "时辰布衣"
品牌新中式女装

这个时期，一些设计师品牌在面对中国传统文化时，他们积极汲取传统文化元素，并在传承中进行创新，通过潮流跨界、结合当代艺术、升级传统工艺等方式，使其更符合当下审美语境和生活方式，呈现出新的生命力，拓展"新中式"的更多可能性。如图 2-74 为"MOMONARY"设计师品牌新中式女装。如图 2-75 为"雀云裳"品牌新中式女装，是舞蹈家杨丽萍老师旗下的新中式原创服饰品牌，以云南少数民族原生态文化底蕴为背景，将当代民族艺术语言编织其中，将自然之美融入生活的点与面，打造出独特而富有魅力的服饰产品。

图 2-74 "MOMONARY"设计师品牌新中式女装　　　图 2-75 "雀云裳"品牌新中式女装

在马克、王汁、陈翔等当代的中国服装设计师中，这种精神内核则更多表现为对于时间的深刻理解。从他们的作品中可以看到中国传统文化的表达与传承、中国匠人的匠心工艺、时光与记忆融合以及独具一格的新中式服饰风格。他们的作品体现东方意境、自然美学与怀旧之美，他们懂得如何让古老东方文化成为当下年轻人喜欢的样子。例如马克坚持衣物的纯手工制作，纺线、织布、印染、刺绣等这些已经工业化的流程全部手工完成，拒绝化学染色。她的工作室始终坚守从编织布料到缝制服装的全手工制作流程。为传承珍贵的传统工艺，她深入少数民族村落，探寻那些濒临失传的手工艺技法。她认为一针一线的慢工细作，才是当代社会最奢侈的存在。如图 2-76 为马可《土地》服饰作品，服装风格很有辨识度，长衣宽袍，素色复古，材质多是棉麻等天然质地，衣物采用

图 2-76　马克《土地》服饰作品

了超码、做旧的处理。

　　台湾设计师戴志成把东方文化中更为内敛的元素作为自己美学基础。如图 2-77 为戴志成品牌"Peng Tai"新中式女装作品，体现五行与阴阳思想、道家哲学、中医养生元素，设计师把这些东方元素凝聚到当代时装中。在他的作品中，他将面料用植物草药染色，再用烹煮、风化等工艺，形成的独特肌理褶皱，好像时间被彻底凝结于时装中并赋予服装一种独特的山林仙气。通过他的作品我们看到浪漫空灵的中药染色轻薄长袍、飘逸不对称缎带的褶皱连衣裙、手缝边线和经络图在朴素色调中若隐若现。手工制成的不规则褶皱与极具温度与内涵的草木染，成为他的标志性设计。

　　设计师李登廷选择中国古代服饰作为设计元素，自创独立品牌"鹤（Crane）"，他的作品表现摩登奇趣的"新中式"风格时装，宽松的刺绣斗篷、肥大印花裤、精致的帽饰，这些浑然一体的整体设计，360°地展示出设计师仙风道骨的精神世界和自得其乐的生活态度，为民俗文化的延绵贡献一份力量。如图 2-78 为李登廷绣着吉祥语"雷光如意"服装，它并不是传统意义上的中式服饰设计，而是用当代设计语言将传统表达得更符合现代人的审美观。

图 2-77　戴志成品牌"Peng Tai"新中式女装作品

图 2-78　李登廷新中式女装

　　2010~2020 年是新中式女装品牌崛起与发展的重要阶段。这一时期新中式女装品牌逐渐兴起并走向成熟，更加注重对传统文化的深入挖掘和传承，通过运用传统工艺、面料以及图案元素，如盘扣、云肩、斜襟、立领、刺绣、水墨晕染等，结合现代设计手法和审美观念，打造出既具有传统韵味又符合现代审美需求的服装，弱化了传统中式服装的既定仪式感和隆重感，使其更日常化。新中式女装品牌市场规模不断扩大，增速超过服装行业整体增速。众多新中式女装品牌涌现，一些具有代表性的品牌在市场竞争中逐渐脱颖而出。它们以独特的设计风格、高品质的面料和制作工艺，以及对特定消费群体的精准定位赢得了消费者的喜爱。

这个时期，随着社交媒体和电商平台的兴起，新中式服饰得到了更广泛的传播和推广，市场接受度也逐渐提高，新中式女装一直保持强劲的发展势头。随着数字化技术的不断创新应用，新中式女装在设计、生产、销售等多个环节实现更大突破。且随着品牌实力的不断提升和市场占有率的扩大，新中式女装成为中国女装市场的重要组成部分并引领新的消费潮流。

2.4.5　新中式女装爆发式增长与标准化建设（2021 年至今）

新中式女装市场作为近年来逐渐兴起的细分市场，在整个女装市场中占据了越来越重要的地位。随着消费者对服装个性化、文化特色的需求日益增加，新中式女装凭借其独特的文化韵味和现代设计感，赢得了广泛的市场认可。在市场规模方面，新中式女装市场呈现出快速增长的态势。近年来，随着传统文化的复兴和消费者审美观念的转变，越来越多的消费者开始关注新中式女装。这种趋势不仅体现在一、二线城市，也逐渐向三、四线城市及农村市场渗透。同时，线上市场的快速发展也为新中式女装提供了更广阔的销售渠道，推动了市场规模的进一步扩大。依托丰富的现代服装生产优势资源，服饰企业着力布局新中式服装赛道，目前形成了以常熟、杭州、海宁等为主的长三角区域，以曹县为主的山东特色产业以及广州、深圳、大湾区等三大新中式服饰产业集群。浙江省现有新中式服装品牌 300 多个，产能集中于杭州、嘉兴、绍兴等地；江苏省新中式服装品牌近 200 个，产能集中于苏州、南京、常州等地。

消费群体方面，新中式女装的消费者主要集中在年轻女性、文化爱好者以及对传统与现代结合产品感兴趣的人群中。这些消费者注重服装的文化内涵、设计创意和品质感，追求个性化和与众不同。他们不仅注重服装的穿着体验，还希望通过服装来表达自己的文化认同和审美观念。随着消费者对个性化的追求和对传统文化的认同感增强，更看重服装设计能否展现个性，从而对新中式的选择更加多元化。一些影视明星的新中式穿搭，为新中式时尚潮流的发展起到了引领作用，促使这股潮流更具热度和影响力。

销售方式方面，电商平台的大数据推荐、网红直播等方式，加速了新中式女装的推广和销售。2021 年至今，新中式服饰市场迎来了爆发式增长，不仅消费者对新中式服饰的热情高涨，设计师们也积极投入创新设计。据央视财经报道，在 2024 年的消博会时装周期间，传统中式元素与现代时尚设计相结合的"新中式"服饰穿搭方式受到关注。新中式女装市场规模逐年扩大，增速远超服装行业整体水平。2023 年国内新中式服装市场规模达到 1113.08 亿元，同比增长 10.95%；2023 年 8 月~2024 年 1 月主流的电商平台新中式女装同比增长 515.8%。唯品会等电商平台的数据同样反映了新中式女装的火爆，2024 年春节前后一个月，唯品会新中式服饰销量率先爆发式增长，以"新中式"为主题的服饰销量相比 2023 年 1 月翻倍，其中新中式女装销量增长近 2 倍。2023 年 8 月~2024 年 1 月主流的电商平台新中式女装同比增长 515.8%。

竞争格局方面，新中式女装市场竞争激烈，众多品牌和设计师都在努力推动创新和发展。为了满足消费者的多元化需求，品牌和设计师们不断探索新的设计风格、材料和技术，并在色彩应用上进行了大胆的尝试。这种创新精神不仅推动了新中式女装的发展，也为整个女装市场注入了新的活力。同时，为了规范市场和促进新中式服饰的健康发展，相关标准化建设也在不断推进。《新中装通用技术规范》等标准的发布为新中式服饰的设计和生产提供了指导。

2.5　新中式服装中"新"和"中式"内涵

"新中式"是"新"和"中式"的有机结合，可以拆解理解。

2.5.1　"中式"在新中式服装中的内涵

辛亥革命前后，西服在中国开始流行，1912 年，民国临时政府颁发的第一个服饰法令，即《服制》，首次将"中式服装"放在与西服洋装的同一语境下进行呼应、对照，使之得以定义和发展。西式服装进入中国后，才有了"中式"一说。"中式"这个词的含义，通常指中国传统的风格、文化、艺术或生活方式，代表中国的传统和文明。在新中式服装设计中"中式"表示"中国式样"，可以被解读为中国传统的款式，这一含义强调了传统文化的元素和风格。

"中"代表中国的传统和文明。中式服装是一种具有中华民族特色元素的服装样式。中国有五十六个民族，每个民族服饰文化、色彩、造型、样式等各不相同，这些民族传统服饰文化造就了我国传统服饰千姿百态，形式丰富多样，文化内涵极其丰富。中国传统服饰蕴含着千年的文化积淀与历史脉络，是中华文明的重要载体。中华文明拥有五千年的悠久历史，服饰作为重要组成部分，经历了漫长的发展过程，是中国传统文化重要组成部分。从商、周的尊卑制度，到春秋、战国的百家争鸣，再到唐、宋、元、明、清各朝代的迭代，中国传统服饰始终与时代和社会紧密相连，既体现着人们的审美观念，也反映着社会文化的变迁。中式传统服饰是反映过去文化和人们受地域环境影响下而形成的文化标志之一。以历史悠久的汉服为代表自炎黄时期至清朝以前的几千年来一直是中国的国服、礼服和常用服装。常见的中式服装还包括唐装、旗袍、中山装等以及一些民族服饰。

2.5.2 中式传统女性服饰审美意蕴

服饰作为文化的一种表达形式，折射出人们的生活习惯、审美标准和文化传统。中式女性传统服饰，源于华夏文明的深厚土壤，历经千年的沉淀与演变，深受儒家思想、道家哲学和佛教文化的影响，强调天人合一、和谐自然的理念，形成了独特的美学体系。以下是一些主要中式传统女性服饰审美意蕴的表达。

（1）和谐统一

传统中式女性服饰"和谐统一"是核心的设计原则与设计灵魂。这一原则体现在色彩搭配、款式细节和面料选择等多个方面。中国传统服饰色彩注重色彩的搭配和组合，强调色彩之间的相互协调和平衡。例如在传统服饰中，常使用红色、黄色、蓝色、绿色等鲜艳的颜色，这些颜色相互搭配，形成鲜明的对比和强烈的视觉冲击力。同时也会使用一些中性颜色如白色、灰色、黑色等，来调和色彩的对比度，使整个服饰看起来更加和谐统一。

中式传统女性服饰的款式造型设计通常注重线条的流畅性，袍服、长衫、旗袍等都强调线条的简洁和优美，使整体造型看起来和谐统一。中式传统女性服饰注重比例的协调，上衣和下裙的长度、宽度比例往往经过精心搭配，使整体造型更加匀称和谐，同时造型细节进行精致处理，如领口、袖口、衣角等处的装饰，使整体造型更加完美和统一。

常用的面料包括丝绸、棉、麻等，这些面料具有柔软、舒适、透气等特点，与中式传统女性服饰的款式和造型相得益彰。中式传统女性服饰的面料选择注重款式、造型和色彩的协调统一，以营造出整体的和谐美感。这些和谐统一的表现使得中式传统女性服饰在款式造型上具有独特的韵味和魅力。

中式传统女性服饰与配饰的搭配也是和谐统一的重要表现，配饰如发簪、耳环、项链等，往往与服饰的款式、色彩相呼应，共同营造出整体的和谐美感。中式传统女性服饰的面料选择也体现了和谐统一的原则。

（2）内敛含蓄

中式服饰设计通常较为含蓄内敛，不张扬夺目，强调细节和精致的工艺来展现品位和质感，体现中国文化中对于内在修养和品位的重视。中式传统女性服饰的款式和造型注重凸显女性的身体曲线，但不同于西方服饰的暴露和张扬，中式传统女性服饰更加内敛和含蓄。例如旗袍是一种典型的中国女性服饰，其设计注重凸显女性的身体曲线，但同时也注重掩盖女性的身体缺陷。这种设计理念体现含蓄之美，使女性在穿着时既显得优雅又充满魅力。中式传统女性服饰的色彩和图案也体现含蓄之美。常用的色彩如红色、粉色、浅蓝色等，都具有一定的柔和感，使服饰看起来更加婉约、典雅。图案则常常采用花鸟鱼虫等自然元素，寓意美好的愿望和情感，给人以无限的遐想空间。中式传统女性服饰注重细节处理，无论是领口、袖口、下摆还是腰带等部位，都经过精心设计，以突出服饰的整体美感。这种注重细节的处理方式，使中式传统女性服饰在细节上显得精致、细腻，充分体现了含蓄之美。中式传统女性服饰的含蓄之美主要体现在款式、造型、色彩、图案、细节处理以及穿着方式等方面。

（3）实用之美

中式传统女性服饰的实用之美，主要体现在设计、搭配方式和材质等方面。这些因素共同体现服饰的实用性和舒适性，让女性在穿着时能够感受到舒适和自由。中式传统女性服饰注重实用性，多采用宽松的剪裁，能够很好地适应不同的体型和气候条件。宽大的袖口可以防止寒风侵袭，而长裙则可以有效地遮挡住寒冷。这种设计既保暖又舒适，非常适合中国古代的生活环境。中式传统女性服饰在细节上也体现了实用之美，例如衣襟、袖口、领口等部位的设计可以根据需要进行调整，以适应不同的气候和活动需求。

搭配方式也体现了实用性，传统女性服饰通常会搭配一些实用的配饰如披帛、腰带、荷包等，这些配饰不仅增添了服饰的美感，还有实际的使用价值。例如披帛用来遮挡阳光或保暖，荷包可以用来装零碎物品等。材质也考虑到了实用性，传统的汉服多采用天然的丝绸、麻等材料制成，这些材料透气性好、柔软舒适，能够很好地满足女性的穿着需求。这些材料也具有一定的耐用性，能够保证服饰的使用寿命。

（4）精致之美

中式传统女性服饰的精致之美体现在面料选择、裁剪工艺、装饰细节、色彩搭配和配饰搭配等方面，这些方面相互协调，共同营造出一种优雅、高贵、精致的氛围，主要体现在以下几个方面。中式传统女性服饰通常选用优质面料，如丝绸、棉、麻等，这些面料具有柔软、舒适、透气等特点，同时也具有良好的光泽和质感，能够体现出服饰的精致之美；中式传统女性服饰的裁剪工艺非常精细，注重线条的流畅和比例的协调。设计师会根据人体的特点和服饰的款式，精心设计裁剪方案，确保服饰的合身度和舒适度；中式传统女性服饰的装饰细节非常丰富，如绣花、镶边、绲边等，这些装饰细节增加服饰的美观度，体现出服饰的精致之美；中式传统女性服饰色彩搭配非常讲究，通常会选择一些柔和、温暖的颜色，如红色、粉色、紫色等，这些颜色相互搭配，能够营造出一种和谐、温馨的氛围；中式传统女性服饰的配饰搭配也非常讲究，如项链、耳环、手镯等，这些配饰增强服饰的整体性，也体现出服饰的精致之美；中式服饰注重传统工艺的运用，如刺绣、织锦、缂丝等，这些传统工艺展示中国手工艺的精湛技艺，也为服装增添独特的艺术价值。

（5）自然之美

由农耕文明发展而来的"天人合一"观念，使中国传统服饰具备"师法自然、人随天道"的理想内涵。中式传统女性服饰展现女性的柔美和优雅，同时也体现自然美，表达中国传统文化中对自然的崇尚和尊重，主要体现在以下几个方面。中式传统女性服饰的色彩通常比较柔和、自然，如淡粉色、淡蓝色、淡紫色等，这些色彩能够体现出女性的自然、柔美和优雅。如汉服在色彩使用上便有着明确的规定，反映古代人对自然色彩亲近的理念，汉服"五色"与中国的阴阳五行有着重要的关联，使人的自然行为与世间万物运行规律保持协调，体现汉服的审美意蕴；中式传统女性服饰的图案通常采用自然元素，如花卉、动物、山水等，这些图案能够体现出女性的自然之美；中式传统女性服饰的款式表达天人合一的自然美，通常造型比较简洁、大方，不夸张，注重线条的流畅和美感，能够体现出女性的自然优雅和柔美。例如深衣是将衣裳分开裁剪，再缝合，即上下连属，形成一个整体，包括直裾、曲裾。深衣大气儒雅、中正肃穆，体现出"天地人合一"的观念。中式传统女性服饰面料常采用天然纤维，如丝绸、棉、麻等，这些面料具有柔软、舒适、透气等特点，能够体现出女性的自然之美，也体现人与环境的和谐。

（6）优雅之美

中式传统女装的优雅大方之美体现在款式设计、色彩搭配、图案装饰和配饰搭配等方面，相互协调共同营造出一种优雅大方的氛围。中式传统女装的款式设计注重线条的流畅和简洁，强调衣服的整体美感，例如旗袍设计非常注重线条的流畅和简洁，体现出女性的优雅大方之美；中式传统女装色彩搭配注重自然和谐，不张扬、不浮夸，例如淡粉色、淡蓝色、淡紫色等柔和的颜色常被用于中式传统女装的设计中，这些颜色能够体现出女性的温柔和优雅；中式传统女装图案装饰常采用一些具有中国传统文化特色的图案，如花卉、动物、山水等，这些图案不仅具有装饰性，体现女性的典雅之美；中式传统女装配饰搭配也非常注重优雅大方之美，如项链、耳环、手镯等配饰常运用简洁、精致的设计，体现女性的优雅大方之美。

（7）寓意之美

中式传统女性服饰不仅优雅精致，还具有深刻的寓意，常运用寓意象征的手法，通过图案、花纹等元素来表达美好的寓意。例如龙、凤、牡丹等图案在中式服饰中常被使用，分别象征着吉祥、高贵和繁荣。如旗袍体现中国传统服饰的美丽和优雅，更承载着丰富的文化内涵，体现中国传统文化中的许多价值观，如尊重、和谐、谦虚、内敛等。穿上旗袍的女性，展现出自己的美丽和优雅，更传递出一种自信和自尊的态度。旗袍上的花纹和图案也往往具有深刻的寓意，如牡丹代表富贵、龙凤代表吉祥等。红色在中国古代文化中象征着喜庆和吉祥，也代表着女性的美丽和温柔。红罗裙在唐代被广泛运用于宫廷礼仪中，据说在一些重要场合和节日，例如婚礼和春节，女子们会穿上红罗裙，以展示自己的美丽和幸福。"秀禾服"有百年好合、吉祥、富贵等寓意，所以新人穿"秀禾服"也饱含了满满的祝福，对于婚礼这样的大喜事来说十分契合。每种中式传统女性服饰都有其独特的寓意和文化内涵，体现了中国传统文化的博大精深。

中国传统女装的审美意蕴体现在其和谐统一的形式与内容，含蓄美的追求，实用性与审美价值的融合，以及对人与环境和谐关系的体现等方面，这些审美意蕴不仅体现在外在的形式上，更体现在内在的文化内涵和精神追求上。

2.5.3 "新"在新中式服装中的内涵

"新"在新中式服装中的内涵是多方面的，包括文化内涵创新、设计理念融合与创新、款式结构多样性创新、图案纹样现代创新、工艺与材料创新。这些创新使得新中式服装在传承中华传统文化的同时，也展现出其独特的时代魅力和时尚价值。

（1）文化内涵创新

新中式服装不仅是物质文化的创新，更是精神文化的体现，通过对传统文化的深入挖掘和重新诠释，赋予新中式服装更加丰富的文化内涵和象征意义。新中式服装不仅代表中华民族对传统文化的尊重和传承，还展现中华民族在现代化进程中对于传统文化的创新和发展，传递文化自信和民族自豪感，让人们在穿着中感受到中华文化的博大精深和独特魅力。新中式服装通过其独特的设计理念和文化内涵，成为中华民族文化自信的重要象征之一。

（2）设计理念融合与创新

新中式服装在设计理念上进行创新，不再拘泥于传统服饰的固有形式，而是将中华传统服饰元素、现代着装方式和审美意识相结合，体现传统美学、文化底蕴与现代科技，如新材料、新工艺及新技术等融合。新中式服装在设计上不再简单地复制传统元素，而是将中华传统服饰的精髓与现代设计理念相融合，这种融合体现在对传统服饰元素的提炼与再创造上，既保留传统服饰的文化内涵和审美特征，又注入现代人的审美观念和生活方式，使新中式服装既具有传统韵味及深厚的文化底蕴，又符合现代人的审美需求，不失现代感。

（3）款式结构多样性创新

新中式服装在款式结构上进行大胆的创新，打破传统服饰的固有形式，借鉴现代服装的剪裁技术和结构板型设计，同时融入传统服饰的元素，如立领、盘扣、对襟等，创造出既符合人体工学又具有传统特色的新款式。此外新中式服装还注重款式的多样性和灵活性，以满足不同场合、不同人群的穿着需求。

（4）图案纹样现代创新

新中式服装在图案纹样的运用上也体现"新"的特点，常采用蕴含吉祥美好寓意的中华传统图案纹样，如牡丹、莲花、荷花、宝相花、石榴等植物图案，龙、凤、麒麟、鱼等动物图案，以及山水、日月、祥云等景物图案。这些图案纹样经过现代设计手法的处理，呈现出更加时尚和个性的效果，符合现代人的审美追求，不再局限于传统的吉祥图案和纹样，而是将这些元素进行现代化的演绎和重构，通过抽象、简化、变形等手法，使传统图案纹样呈现出更加简洁、时尚、个性化的效果。新中式服装还注重图案纹样的布局和色彩搭配，使其与整体设计风格相协调。

（5）工艺与材料创新

新中式服装在材质和工艺方面也进行创新，除了应用大量传统面料，如丝绸、棉、麻等，还采用多种现代化面、辅料，如功能性聚酯纤维、高科技混纺材料等，以增强服装的实用性和舒适度。在工艺上，传统刺绣、扎染、蜡染等技法与现代数码印花、激光雕刻等技术相结合，使服装在细节处理上更加精致和独特，既保留中式韵味，又赋予服装新颖的外观和独特的质感，进一步推动新中式服装的发展，使其更符合当代人的审美与生活需求。新中式服装还注重环保和可持续发展，采用许多环保材料和工艺，符合现代社会的绿色消费理念。

2.6　中式女装设计市场发展前景

近年来新中式女装风格在艺术设计领域呈现多元化、创新性发展，是中华文明在当下社会的独特表达，既蕴含深厚的传统文化底蕴，又体现与时俱进的时代精神。它以其独特的魅力和广阔的发展前景，正逐渐成为中华文化走向世界的一张亮丽名片。

（1）文化自信与民族情感共鸣

伴随国家综合实力的增强，民众文化自信大幅提升，对传统文化认同感和归属感与日俱增。新中式女装设计作为东方美学与现代审美交融的成果，不仅蕴含深厚的历史文化底蕴，更以独特的艺术展现形式，激发国人的民族自豪感和情感共鸣。这种情感的联结，促使新中式女装在市场中迅速获得青睐，成为女性展现个人品位与文化认同的关键方式。

（2）市场规模持续拓展

新中式女装设计凭借其独特的文化内蕴、简洁优美的设计语言以及与现代女性生活方式的紧密契合，在女装领域独树一帜。随着消费者对传统文化的认同感与归属感不断加深，新中式女装设计有望成为更多品牌与设计师的首要选择，引领新的女装设计潮流。由于消费者对本土文化认同感的提升以及对个性化审美的追求，新中式女装行业市场规模持续扩张，有望持续保持稳定增长。近年来，人们对中华传统文化的关注日益增高，新中式女装行业市场规模逐年递增，增长率维持在两位数。2023 年我国"新中式"女装市场规模达到十亿元级别，据测算，中国新中式女装市场规模已超千亿元，2023 年达1113.08 亿元，同比增长 10.95%。消费升级使消费者对生活品质的要求提高，对新中式女装产品的需求也相应增多。

（3）消费群体广泛

新中式女装的消费群体主要涵盖年轻女性和中产阶级女性。互联网和社交媒体的普及，新中式文化在年轻女性中越来越受欢迎，为市场增长注入新鲜活力。年轻女性注重品质、文化和审美，对新中式女装风格怀有浓厚兴趣和追求；部分中老年女性因对传统文化回归的心理需求，也对新中式女装产品表现出兴趣。未来新中式女装的影响力逐步扩大，具有中国文化特色的女装品牌和产品将赢得更多消费者的关注和认可。

（4）行业竞争差异化显著

新中式女装坚守中国传统文化根基，强调和谐、自然与内敛的审美观念，和主流西式女装风格相比，新中式女装设计风格在文化背景与设计理念上存在明显差异。在当下女装设计领域，新中式女装风格以其独特魅力崭露头角，成为众多品牌与设计师竞相探索的热门方向。为能在竞争中脱颖而出，众多企业注重品牌建设和产品差异化，通过深入挖掘中华传统文化元素，结合现代审美和科技手段，塑造独具特色的产品和品牌形象。例如在新中式女装领域，中高端市场的头部品牌在某一专长领域进行探索，平价市场的新锐玩家则在款式和风格上尽显个性，衍生出多种细分风格。

（5）设计不断创新满足个性化需求

新中式女装设计风格在保留古典中式精髓的同时，进行大胆的改进与创新。古典中式女装风格以其繁复的装饰、精美的图案闻名，而新中式女装则摒弃了这些外在的浮华，转而追求简洁明快风格，将传统中式元素与现代设计理念、工艺和技术相结合，例如采用新型材料、引入先进加工技术、应用智能化生产等，以提升产品的质量和艺术价值，满足消费者对品质和个性化的需求。新中式女装以"天人合一"的哲学思想为指引，追求自然与人的和谐共生，体现中华民族独特的审美观念和哲学思考，强调平淡自然、线条流畅，这就迎合了追求自然之美的女性消费者需求，满足消费者对传统文人"怀素抱朴"个性审美风尚的喜爱。

（6）国际化传播彰显中国文化软实力

新中式女装设计风格的国际化传播，是中国文化软实力提升的重要体现。它不仅在国内市场备受赞誉，还逐步走向世界舞台，成为连接中国与世界文化的桥梁。通过新中式女装设计作品，让世界更直观地感受到中国文化的独特魅力和深厚底蕴，增进对中国文化的了解和认同。国际的文化交流与互动，进一步推动新中式女装设计风格的创新与发展，形成良性循环。

（7）政策扶持与引导

国家政策对民族文化产业的大力支持也为新中式女装设计发展提供了坚实保障。消费者对中华传统文化的热爱和追求，以及政府对新中式女装行业的支持力度不断加大，推动了新中式女装行业的不断进步。通过制定产业发展规划、发布行业指导政策、加大财政补贴、给予税收优惠等举措，引导行业向高质量、高效率、绿色环保方向发展，推动产业升级和转型。

未来，新中式女装设计作品将在全球范围内获得更广泛的认可与市场份额，成为代表中国制造的重要品牌形象，这一风格在未来能够绽放出更加绚烂的光彩，为中华文明的传承与创新谱写新的篇章。

2.7 新中式女装设计发展当前存在的问题

在当代文化语境中，新中式女装设计风格凭借其独特魅力，在女装领域迅速崛起，成为连接传统与现代女装审美的桥梁。然而这一风格的蓬勃发展并非一帆风顺，其面临的问题主要体现在文化认同度差异、设计创新能力不足、材料与工艺限制以及市场需求变化快等方面。

（1）文化认同度差异

新中式女装设计核心在于对传统元素的现代化诠释，在这一过程中如何平衡传统与现代的审美差异是一大难题。不同年龄层、文化背景及审美偏好的女性消费者，对新中式女装风格的接受程度各不相同。年轻女性更倾向于其简约而不失文化底蕴的设计，而中老年女性群体则更偏爱原汁原味的传统元素。因此设计师需要精准洞察市场动态，通过多样化的设计风格满足不同女性消费群体的需求，同时加强对新中式女装文化内涵的宣传推广，提升大众对其文化认同感。

国外设计师在新中式女装设计方面，具备整体规划、系列设计以及对元素高度提炼的长处。然而他们对中国传统文化的理解不够深入，致使设计中内涵的呈现稍显欠缺。国内设计师在设计时过度关注传统文化元素的传承，与国际时尚流行融合程度不够理想。尽管近些年来新中式女装极为盛行，但在文化认同和审美层面尚未获得广大民众的普遍认可，给新中式女装的发展造成一定的影响。

（2）设计创新能力不足

随着新中式风格的流行，越来越多的商家进入市场，导致市场竞争日益激烈，容易出现抄袭、模仿等现象，原创设计难以得到有效保护，影响品牌的创新积极性。新中式女装市场上出现了一定程度的同质化现象，在设计方面创新力匮乏，部分作品缺乏独特性和创新性，难以在激烈的市场竞争中崭露头角，并具体呈现出诸多问题，例如在款式设计上，不少作品呈现出高度的相似性，千篇一律的剪裁和轮廓，缺乏变化与个性表达；在图案运用方面，常常局限于常见的传统元素，如牡丹、龙凤等，且表现手法单一，未能对这些元素进行新颖独特的演绎和再创造；面料选择方面，也有跟风抄袭现象，众多品牌集中选用少数几种热门面料，忽视对更多新颖、独特面料的探索与运用；色彩搭配方面，往往遵循传统的固定组合，缺乏大胆的突破和创新尝试，无法给人眼前一亮的视觉冲击；细节处理方面，如领口、袖口、裙摆等处的设计，缺乏巧思与创意，难以展现出与众不同的魅力与品质。为了突破这一困境，设计师应深入挖掘传统文化的精髓，结合现代设计理念和技术手段，进行跨界融合与创新。相关企业也应加大对原创设计的投入，建立健全的知识产权保护机制，激励设计师不断推陈出新，创造出更多具有鲜明时代特征和民族文化特色的新中式女装作品。

（3）材料与工艺限制

新中式女装设计在材料与工艺方面的限制具体表现在以下多个方面。首先在材料选择上，传统材料如丝绸、棉、麻等，虽然具有独特的质感和文化内涵，但在某些性能上无法满足现代生活的实际需求，比如易皱、易损等。而现代合成材料虽具备耐用、易打理等优点，却又在文化韵味和触感上有所欠缺；其次在工艺应用上，传统的刺绣、织锦等工艺需要耗费大量的人力和时间，成本高昂且效率低下，难以实现大规模生产。现代的机械加工工艺虽然能提高生产效率，但在精细度和艺术表现力上又难以媲美传统手工工艺。再者传统工艺与现代材料的适配性也是一个难题，例如某些传统工艺在现代新型材料上难以施展，或者现代材料无法充分展现传统工艺的精髓。此外传统工艺所需要的原材料获取困难，且部分传统工艺面临失传的风险，导致新中式女装设计在工艺传承和创新上受到很多限制。传统工艺与现代材料结合是新中式女装设计风格的重要特点之一，但这也对其实现提出较高的技术要求。传统工艺往往需要长时间的积累和精湛的手艺，而现代材料则可能带来性能上的变革，但如何完美融合两者，实现设计效果的最优化，是设计师和企业需要共同应对的问题。对此一方面应加强对传统工艺的传承与保护，培养更多技艺精湛的手工艺人。另一方面应积极引进和研发先进的工艺技术，提高材料加工与处理的水平，以满足新中式女装设计风格对材质和工艺的高要求。

（4）市场需求变化快

新中式女装市场需求的变化犹如疾风骤雨，瞬息万变。消费者时而倾向于简约素雅的设计，时而热衷于华丽繁复的装饰；对于色彩的偏好，也会在短时间内从清新淡雅的淡色系转向明艳张扬的亮色系。而且，受季节更替、流行趋势以及社会文化等多种因素的影响，新中式女装在款式、面料、图案等方面的需求都在不断发生着快速的变化。随着女性消费者审美观念和生活方式的快速转变，新中式女装设计风格也需要不断适应市场需求，保持设计的时效性和吸引力。这要求设计师和企业必须保持敏锐的市场洞察力，及时捕捉女性消费者的需求和偏好变化，通过持续的创新和优化，确保产品能够持续满足市场需求。同时，还应加强与女性消费者的沟通和互动，听取她们的意见和建议，为产品设计提供有益的参考和反馈。

（5）可持续发展问题

可持续理念在新中式女装品牌中的体现还较为薄弱。一些品牌过于追求奢华，而忽视可持续发展的内涵，例如在面料选择、生产过程中的资源利用和废弃物处理等方面，缺乏可持续性的考虑。

新中式女装设计风格在展现其独特魅力的同时，也面临着诸多挑战。只有不断克服这些挑战，实现传统与现代的完美融合，才能在新时代的浪潮中稳步发展，为中国传统文化在女装领域的传承与发展贡献更多力量。

2.8 新中式女装设计未来发展趋势

（1）强化文化融合与创新

随着国家文化影响力的增强，人们对传统文化的认同感持续上升，新中式女装设计会更注重文化的深度融合与创新。这种文化自信促使新中式女装设计不能只是简单地堆叠表面元素，而是要深入挖掘并展现文化内涵。新中式女装设计需更深入探究传统文化价值，通过对传统文化的深入钻研与创新运用，让新中式女装在坚守文化根基的同时绽放新的光彩。新中式女装设计核心在于文化的融合与创新，注重深挖中国传统文化的精髓，例如古典美学、诗词意境、书法绘画等，并借助现代设计手法进行重构与再创作。这种文化融合与创新，赋予新中式女装设计独特的文化魅力，也使其在国际时尚舞台上展现出别样的中国韵味。

（2）提升设计品质与个性化

新时代消费者对女装设计品质的要求不断提高，新中式女装设计也不例外，设计师需着重处理每一个细节，从面料挑选到制作工艺的落实，都力求尽善尽美。随着消费者对个性化需求的增多，新中式女装设计将更关注情感表达和个性凸显，满足不同女性审美需求和精神寄托，会更注重个性化定制服务。通过深入了解消费者需求和喜好，为其量身打造独特的新中式女装设计方案。个性化设计成为新中式女装设计风格的重要特征之一。设计师们根据不同女性消费者需求与喜好，量身定制设计方案，满足消费者对高品质、个性化着装的追求。

（3）推动材料与工艺创新

新中式女装设计发展，离不开材料与工艺的创新。设计师和企业不断探寻新面料的应用，如环保面料、科技面料等不仅提升服装的实用性和美观性，也契合现代人对健康、环保的追求。材料和工艺创新为新中式女装设计注入新的活力与可能。

（4）细节处理与整体协调性

未来新中式女装设计会更注重细节把控，通过更精细的工艺和更高质量的面料，塑造出更完美的作品。这种对细节追求将提升新中式女装设计的整体品质和档次。新中式女装设计会注重整体的协调性，通过色彩、材质、款式等多方面的统一和呼应，营造出和谐、统一的视觉效果。

（5）科技与智能的融入

随着科技的发展，智能技术将更多地融入新中式女装设计中。数字化设计工具和技术将在新中式女装设计中广泛运用，让设计过程更加高效、精准。同时数字化设计也为新中式女装设计提供更多的创新可能性。随着数字化和虚拟技术的进步，新中式女装设计将更多地运用数字化手段进行创作和展示，为设计师提供更广阔的创意空间和表达方式。数字化技术应用也将为消费者带来更具沉浸感的体验。

（6）风格多元化发展

新中式女装设计将展现出更丰富的多元化风格特点。随着全球文化的交流与碰撞，新中式女装设计将呈现出更明显的多元化趋势，与其他风格的界限会逐渐模糊，形成相互交融的状态，既有简洁明快的现代新中式风格，也有复古雅致的传统新中式风格。多元化发展将满足不同女性消费者的审美需求。

（7）绿色环保与可持续发展

在全球环保意识不断增强的大环境下，新中式女装设计将更重视环保面料的选用和可再生能源的使用，致力于营造人与自然和谐共处的美好生活氛围。例如使用天然材质，降低对环境的影响。新中式女装设计将遵循可持续发展的理念，注重资源的节约和循环利用。通过合理的设计规划和面料选择，实现人与自然的和谐共生。

（8）跨界融合与创新

新中式女装设计将不再局限于女装领域，而会渗透到多个行业和产品中，如配饰、美妆等。这种跨界融合将使新中式女装设计更加多样化和丰富化。设计师们将突破传统的设计领域界限，与其他领域展开跨界合作，共同推动新中式女装设计的创新与发展，并开发出具有国际视野和跨文化交流能力的新中式女装作品。未来的新中式女装设计将更注重地域特色的挖掘与表达，同时保持与国际时尚潮流的同步，成为真正意义上的全球性女装设计风格。

（9）拓展应用领域与市场

新中式女装设计风格应用领域不断拓展。从最初日常穿着领域，逐渐延伸到社交场合、商务活动等多个场合。这种跨领域的拓展，丰富新中式女装设计风格的表现形式，也为其带来了更广阔的市场空间。积极开拓国内外市场，通过国际交流与合作，提升其国际影响力。在全球化的背景下，新中式女装设计风格正成为中国文化走向世界的一张重要时尚名片。

（10）加强行业交流与合作

为了推动新中式女装设计风格的持续进步，加强行业交流与合作至关重要。设计师、企业、行业协会等各方应建立良好的沟通机制，共同探讨新中式女装设计风格的发展方向与趋势。通过举办设计展览、论坛等活动，展示新中式女装设计风格的最新成果与创意，提升行业凝聚力和影响力。加强与国际设计界的交流与合作，引入先进的设计理念和技术手段，推动新中式女装设计风格的创新与发展。

新中式女装设计未来的发展趋势将呈现出文化深度融合与创新、细节处理与整体协调性、科技与智能的融入、多元化与个性化以及绿色环保与可持续发展等特点，这些趋势将共同推动新中式女装设计在各个领域的发展和创新。

第 3 章

新中式女装设计
特点与价值表现

3

3.1　新中式女装设计特点

3.1.1　民族传统元素现代创新

新中式女装最显著的特点就是对传统元素的现代演绎。设计师在新中式女装设计中巧妙地将中式传统服装元素进行全新呈现，在创新设计中不再局限于传统款式造型和色彩，而是与现代剪裁、面料和配饰相结合，打造出既古典又时尚的现代形象。传统旗袍修身剪裁、汉服的交领右衽、马面裙的裙型结构等以现代设计手法进行重新诠释和运用，创造出既具有传统韵味又符合现代审美的服装轮廓。

（1）传统服饰的现代演绎

对传统旗袍款式进行现代创新可以采用解构与重组设计手法，如采用不对称的裙摆、露肩、拼接等，创新旗袍传统结构样式，展现新中式旗袍独特的时尚风格；传统旗袍的现代演绎可以融合西方服装款式，借鉴西方服装元素，如蓬蓬裙、斗篷、西装领等，与传统旗袍款式相结合，创造出新颖造型；旗袍创新设计可以突破传统色彩，不再局限于传统的色系，大胆采用符合当下审美的色彩，紧跟时尚潮流，将当季流行色融入旗袍设计，使旗袍更具时尚感和现代感；传统旗袍的面料创新可以将不同材质的面料进行混合使用，如丝绸与皮革、棉布与蕾丝的组合等，创造出独特的质感和视觉效果，还可以采用高科技面料，运用具有防水、透气、保暖等功能的高科技面料，提升旗袍的实用性和舒适性；旗袍的服饰图案创新可以采用个性化的印花图案，如卡通形象、艺术涂鸦、现代抽象画等打破传统旗袍图案的束缚，赋予旗袍更多的时尚文化内涵。现代 3D 打印技术、立体刺绣、数码印染、激光切割等现代工艺技术手段也常被应用于旗袍的改良创新中，这些工艺方法能够使旗袍呈现出更加清晰、细腻的图案和色彩，打造出具有立体感和层次感的图案效果，增加旗袍的艺术价值。新中式旗袍创新不仅为传统旗袍注入新的生命力，也满足现代消费者对于时尚、个性和创新的需求，使其在现代时尚舞台上绽放出更加绚烂的光彩。

①“Hui”品牌新中式旗袍

“Hui”品牌 2022~2023 年秋冬系列中推出新中式旗袍作品，展现了对传统与现代、东方与西方元素的巧妙融合与创新。该系列旗袍主要采用深沉而富有质感的色彩，如墨黑色、酒红色、藏蓝色等，这些颜色不仅体现了秋冬的氛围，还展现出中式传统的典雅与庄重。在色彩搭配上设计师巧妙地运用对比色和相近色的组合。如图 3-1 为 "Hui" 2022~2023 年秋冬新中式旗袍作品，墨黑色与绿色的搭配、酒红色与蓝色的搭配、蓝色与黄色的搭配营造出强烈的视觉冲击感，而深蓝与浅蓝色的组合则显得和谐而内敛。本系列旗袍选用优质的丝绸和锦缎，以展现旗袍的高贵与华丽，丝绸光泽和柔软质感，为旗袍增添灵动之美，锦缎的厚实与华丽纹理，凸显作品的品质与精致，同时作品中也融入多种现代新型面料，如具有科技感的功能性面料和环保可持续面料，使旗袍在保持传统韵味的同时，更具时尚感和实用性。旗袍上常见的传统图案，如意纹样、松柏纹样、寿字纹样等被巧妙运用，通过精湛的现代印染、织锦等工艺呈现，展现中式传统文化的丰富内涵。旗袍款式造型保留旗袍经典款式，如立领、修身的曲线等，展现女性优雅身姿。在剪裁上进行创新，剪短旗袍的长度，使旗袍更具现代感和方便日常穿着。局部细节造型采用加宽肩部造型、前开衩的裙摆设计、拼接的手法等，使其更符合现代时尚的审美。在此系列的图案创新中设计师将现代的几何图案、抽象线条等元素与传统图案相结合，创造出独特的视觉效果。"Hui" 2022~2023 年秋冬新中式旗袍作品整体呈现出一种优雅、大气、时尚的风格，既传承中式传统旗袍的精髓，又融入现代时尚的元素，展现对传统文化的尊重与创新，同时也满足现代女性对时尚与品质的追求。

图 3-1 "Hui" 2022～2023 年秋冬新中式旗袍作品

② "M essential noir" 品牌新中式旗袍

因新中式风格闻名的 "M essential" 推出全新少女线品牌——"M essential noir"。这个子品牌以当代思潮及摩登生活为创作背景，将当代人文、东西方美学融合于现代时装中，服务于更为年轻的消费群体。以东方少女代码为主题，从生活中汲取灵感，将回忆、故事、手工贯穿在东方少女的烂漫与才思中。如图 3-2 为 "M essential noir" 2023 年春夏新中式旗袍系列作品，选用清新、明快且富有活力的色彩，粉嫩的樱花粉、活泼的薄荷绿、甜美的杏黄色、柔和的淡紫色等，这些色彩既展现了春夏的生机，也迎合少女的青

图 3-2 "M essential noir" 品牌新中式旗袍

春气息，又能突出少女的甜美与纯真。此系列廓型以解构中式旗袍结构为主要造型手段，抹胸式、露肩式、超短式的旗袍样式，在腰部的处理更加注重修身与凸显曲线，改变了传统中式的沉稳、刻板的感觉，展现少女的青春活力、活泼俏皮；裙摆采用对称或非对称高开衩设计、裙摆长度或长或短的多样变化形式，捕捉率真与果敢的少女氛围，展现少女的轻盈与灵动；在缝合线、拼接处、裙摆等细节处也会做到精致细腻，体现品牌的高品质；领口采用较为柔和的线条，添加一些小巧的领饰，袖口设计成荷叶袖、木耳花边等，增添一份可爱与浪漫。为了承接 20 世纪 80 年代的回忆，凸显少女特色，该系列

图 3-3 "Hermès" 品牌
新中式长衫

作品中融入大量装饰元素如精致的蕾丝边、小巧的蝴蝶结、闪亮的珠片、复古波点、碎花图案等，增加作品的甜美度和细节感。百家拼布、珠绣、绲边等传统工艺被运用到设计中，使得少女的氛围中多了深邃的人文情怀，这些有温度的细节就像一个隐藏的时光密匙彩蛋，随时可穿越往昔。此系列作品整体呈现出一种既具有中式传统韵味，又体现年轻、性感、时髦、前卫的时尚感少女风格，既能够展现少女的青春活力与纯真可爱，又能传承和弘扬中式旗袍文化的独特魅力。

传统汉服元素现代演绎是将古代服饰中的经典设计、图案、色彩以及文化内涵，通过现代审美和设计手法进行重新诠释和融合，创造出既保留传统韵味又符合当代生活方式和审美需求的服饰。这种现代演绎方式不仅促进传统文化的传承与创新，也为时尚界注入新的活力。

传统汉服注重宽袍大袖、流畅飘逸的线条，现代演绎中会保留这些特点，但会在剪裁上更加符合人体工学，增加穿着的舒适性和便捷性。如图 3-3 为 "Hermès" 2011 年秋冬新中式女装作品，

以东方主义为主题,将长衫改为更为合身的小 A 字型裙摆,优雅的中式长袍展现出低调高级的东方韵味。

交领是汉服的典型特征之一。在新中式女装中交领是常被运用的元素,如图 3-4 为"M essential"2024 年春夏新中式交领女装,通过现代的剪裁与面料选择,巧妙运用交领元素,使其更符合当代女性的审美和穿着需求,体现出优雅与内敛的韵味。以古典东方美学和当代女性日常之美为核心,创造出高级、优雅、精致的新中式时装,既保留传统审美,又增添时尚感,展现中式文化的独特魅力。

汉服裙摆通常较为宽大,展现出飘逸、庄重。新中式女装借鉴汉服裙摆这一特点,塑造摇曳生姿、与众不同的设计。如图 3-5 为"涂月"品牌新中式女装设计的宽大裙摆,其设计独具特色,为整体造型增添了一份大气和优雅,在视觉上具有较强的冲击力,还营造出一种飘逸灵动的感觉,展现女性的柔美与风情,既传承中式服装的精髓,又结合现代时尚的审美,为追求独特品质的女性提供极具魅力的着装选择。

汉服中围裹式束腰是新中式女装中的经典样式,通过门襟腰部的交叠、束带系扎方式,突出女性腰身线条,为穿着者打造出优雅身形,强调女性的曲线美。如图 3-6 为"M essential"2024 年春夏围裹式束腰新中式女装作品,通过前衣片围裹的方式将身体包裹起来,并在腰部用腰带系扎,使服装能够更好地贴合身体曲线,突出女性的曲线美和身材优势,展现出独特的线条和轮廓。此设计作品注重传统与现代相结合,较好地传承汉服中的穿衣方式,展现出独特的东方韵味。

新中式女装设计中充分吸收汉服衣袖元素,并将其与现代审美和穿着需求相结合,创造出具有传统韵味又不失时尚感的新款式。如广袖在新中式女装中的应用形式多样,

图 3-4 "M essential"品牌新中式
交领女装

图 3-5 "涂月"品牌新
中式女装宽大裙摆

图 3-6 "M essential"品牌新中式
围裹式束腰女装

图 3-7 "Huishan Zhang" 品牌
广袖旗袍

图 3-8 "素小筠" 抽象图案
新中式女装设计作品

将其与修身的剪裁相结合，既保留了汉服的飘逸感，又符合现代女性的审美需求。总体上考虑到日常使用的功能性，在实际应用中可通过剪短长度、缩小袖口、袖口抽褶等方式对广袖进行改良设计。如图 3-7 所示为 "Huishan Zhang" 品牌 2020 年春新中式广袖旗袍作品，为了便于活动，适应现代生活需求，袖子在传统广袖袖口基础上，进行了抽褶设计。该广袖袖口抽褶造型是传统广袖袖口的现代演绎，增加了袖子的立体感和层次感，使旗袍在视觉上更加丰富多彩，更具吸引力，满足不同人群对旗袍个性化、时尚化的追求。现代汉服元素的新中式女装在设计时还会考虑更多的功能性元素，如加入口袋、可调节的腰带或袖口设计，以及便于日常穿脱的拉链或按扣等，这些改进使得汉服服饰更加符合现代人的生活习惯。

传统汉服中的龙凤呈祥、云水纹、莲花等图案是新中式女装设计的重要灵感来源。现代演绎中这些图案以更简约、抽象或以东西方服饰图案的混搭方式呈现。采用现代的印花工艺，使图案更具现代艺术感，既保留文化意义，又符合现代审美。传统汉服上的吉祥图案，如花鸟鱼虫、梅兰竹菊等，在新中式女装中不再是传统的复杂刺绣，而以更加简约、抽象的印花或者数码喷绘技术方式呈现古典图案，增加服装时尚感。如图 3-8 所示为 "素小筠" 新中式女装作品，设计师提取中国传统图案元素，采用抽象简约化、解构、重组等设计手法，对传统图案进行再创造，形成独特的视觉效果，既展现现代时尚的简约，又蕴含中式的精致典雅，诠释独特魅力，带来全新的时尚体验。

传统汉服可以与其他现代服饰混搭，展现出独特的个人风格。如将汉服中的长袍、马面裙等与现代 T 恤、衬衫或连衣裙混搭，这种搭配方式既保留汉服的独特造型，又符合现代穿着的舒适度和实用性，通过不同材质和颜色的对比，营造出丰富的层次感。通过汉服与现代服饰的混搭，让传统文化以更加时尚、年轻的方式展现在大众面前，让穿着者根据自己的喜好和审美，将传统与现代元素自由组合，展现出个人风格和品位，促进传统文化的现代传承与创新。这种创新不仅体现在服饰设计上，更体现在人们对传统文化的理解和认同上。在全球化日益加深的今天，汉服与现代服饰的混搭已成为连接不同文化、不同时代的桥梁，让人们在欣赏和穿着中感受到文化的多样性和包容性。如图 3-9 所示为 "生活在左" 这一深具传承传统文化精神的女装品牌的系列服装，该品牌

图 3-9 "生活在左"品牌马面裙现代演绎

将历史赋予的使命付诸实践,将中国传统非遗服饰文化中的珍宝——马面裙推向世界舞台,为巴黎这座时尚之都呈上一份独具东方韵味的厚礼。该系列以马面裙架起东西方文明沟通的桥梁,把无声的文化通过服饰予以传递,使世界领略到中国传统非遗的强大力量,以及传统服饰在现代服饰体系中的融合变迁。2024 年"生活在左"品牌将马面裙缩短裙摆长度,将其设计成及膝短裙款式,并与丝绒外套搭配,增加活泼感和现代感,适合日常穿着和休闲场合;或与西式连衣裙融合设计,使马面裙呈现现代、简约、时尚、大气之感;或设计成低腰款式,展现不同的身材比例,并与时尚露肩外套搭配,使马面裙具有现代古典交融的韵味;或与黑色纱质抹胸上衣搭配,使古典韵味的马面裙透露出时髦又性感的气质。此次中国传统非遗马面裙元素的服饰作品,较好地运用了传统与现代融合的设计手法,生动地展示了马面裙的过往与当下。

新中式汉服元素女装是文化传承和情感表达的载体,让穿着者感受到传统文化的魅力,也让更多人通过服饰这一直观的形式了解和喜爱传统文化。通过这些现代演绎,传统汉服在新中式女装设计中焕发出新的活力,既传承文化,又适应现代时尚潮流。汉服服饰现代创新设计是一种充满创意和无限可能的设计实践,它让传统文化在现代社会中焕发出新的生机和活力。

(2)传统材质选择与面料创新

在面料选择方面新中式女装倾向于使用天然、透气、亲肤的材质,如棉、麻、丝等,以确保穿着的舒适度。常用的丝绸、棉、麻等面料在新中式女装中依然常见,如丝绸制成的新中式上衣,光泽柔润,质感上乘,体现了传统面料的魅力。新中式女装也常将传统面料与现代面料混搭使用,进行时尚而现代的审美表达。在保留丝绸、棉、麻等传统面料的基础上,积极引入新型面料和材质,如科技感的化纤面料、环保的再生纤维等,以提高耐用性和透气性,为服装增添现代感和功能性。或是通过特殊的面料创新处理,

图 3-10 "KENSUN"品牌牛仔面料新中式女装

如印花、刺绣、织花等丰富视觉效果；或是通过不同材质的拼接和组合，营造出丰富的质感和层次感。如图 3-10 所示为"KENSUN"品牌 2024 年秋冬新中式牛仔女装，展现出独特的魅力和优势，设计师大胆采用经特殊洗水工艺、毛边等多种处理技术的牛仔面料，并创新应用于新中式女装设计中，使本系列作品呈现现代时髦感又充满古典韵味的格调。新中式服饰牛仔面料的加入赋予新中式裙装更休闲和时尚气息，还使服装耐用性和实用性大大提升，这是一种非常具有突破性的尝试。

（3）传统色彩突破与时尚色彩的融合

新中式女装色彩既传承传统中式色彩的浓郁与庄重，如红色、金色、墨绿色等，又不局限于传统色，而是大胆融入现代流行色，紫色、橙色、绿色、蓝色等明亮、鲜艳的颜色，丰富色彩搭配；也会融入柔和色彩，如莫兰迪色系、高级灰等，使色彩搭配更加新颖和谐。色彩的运用不再局限于单一色调，而是通过渐变、撞色等手法展现出独特的视觉效果，给人一种耳目一新、美轮美奂的感觉。

①传统色彩的突破

新中式女装在传统色彩的运用上，并没有简单地复制和模仿，而是进行深入的挖掘

图 3-11 "EVVLY"2024 年春夏多层次红色调新中式女装

和创新。传统色彩在新中式女装中得到更加多样化和个性化的表达。例如色彩深浅的调整，传统色彩在新中式女装中被赋予更丰富的层次感。红色不再是单一的正红色，而是包括酒红色、桃红色、豆沙红色等多种深浅不一的红色调，以满足不同场合和风格的需求。如图 3-11 所示为"EVVLY"2024 年春夏新中式女装系列，在色彩运用上，展现出了对传统与现代、经典与时尚之间巧妙融合的深刻理解。设计师通过对传统红色的创新处理，创造出了玫粉色、酒红色和正红色等多种色彩组合，既保留了传统色彩的韵味，又赋予了它们新的生命力和现代感。这种色彩运用方式不仅提升了服装的视觉效果

和审美价值，还展现了新中式女装在色彩搭配上的独特魅力和创新精神。该系列在色彩上展现了对传统色彩文化的深度挖掘与现代审美的巧妙结合。传统红色作为中国文化中极具代表性的颜色，设计师没有简单地照搬传统红色，而是通过对色彩纯度和明度的调整，创造出一系列既保留了传统韵味又富有现代感的色彩。传统红色降低纯度后，转化为玫粉色，成为系列服饰的主导色彩，既保留了红色的热情与活力，又增添了几分柔和与浪漫。玫粉色在系列服饰中作为大面积使用的颜色，不仅营造出了春日里的温馨与甜美，还展现了新中式女装柔美而不失力量的风格特点。传统红色降低明度后，转化为经典而深邃的酒红色，在系列中成为经典配色，为整体造型增添了几分稳重与优雅。酒红色的运用，不仅提升了服装的质感，还巧妙地平衡了玫粉色的活泼与张扬，使整体色彩搭配更加和谐统一。传统正红色在系列中仅作为点缀色出现，起到画龙点睛的作用。正红色鲜艳与热烈，与玫粉色和酒红色形成鲜明的对比，为整体造型增添几分亮点与活力。"EVVLY" 2024 年春夏新中式女装通过玫粉色、酒红色与正红色的多层次搭配，在色彩上形成一种独特的层次感，丰富视觉体验，还使整体造型更加富有变化性，多层次红色调的运用也体现品牌对于色彩搭配的精湛技艺和独到见解。

②传统色彩创新搭配

新中式女装在色彩搭配上敢于突破传统，将原本不相容的色彩进行巧妙搭配，创造出令人耳目一新的视觉效果。如黄色与蓝色、紫色与黄色搭配等，这些色彩组合既保留传统色彩的韵味，又融入现代时尚的元素。如图 3-12 为 "SnowXue Gao" 2017 年秋冬新中式女装外套，以其独特的色彩搭配和设计理念，完美融合了传统与现代色彩元素，展现出新中式女装的独特魅力。外套采用土黄色作为主色调，既温暖又沉稳的色彩，很好地适应秋冬季节的氛围。土黄色给人一种自然、质朴的感觉，还带有一种复古的气息，与新中式风格中的古典韵味相得益彰。这种色彩选择体现设计师对于色彩美学的深刻理解，也展示新中式女装在色彩运用上的大胆与创新。此套服装的内搭衬衣选用传统蓝色，不仅具有浓厚的文化底蕴，还与现代审美趋势相契合，展现出一种清新脱俗的气质。将衬衣的传统蓝色与外套的土黄色相结合，形成鲜明的色彩对比，这种色彩搭配方式保留了中式服饰的传统韵味，又赋予其现代时尚的气息，展现出新中式女装独特风格。外套的土黄色调给人一种温暖而沉稳的感觉，内搭的传统蓝色则增添了清新与雅致。这种搭配方式体现新中式女装在传承与创新

图 3-12 "SnowXue Gao" 2017 年秋冬对比色搭配新中式套装

之间的平衡。设计师在尊重传统的基础上，通过现代设计手法和色彩运用，将传统元素与现代审美相融合，创造出既具有中式韵味又不失时尚感的新中式女装。这种设计理念不仅满足了现代消费者对于传统文化的追求和认同，也推动了新中式女装在国际时尚舞台上的发展。

③时尚色彩的融合

新中式女装在保持传统色彩的基础上，

图3-13 "MEETWARM" 2024年秋冷静灰色系新中式女装

积极吸纳时尚色彩的趋势和潮流，实现传统与时尚的完美融合。新中式女装结合流行色趋势，为传统风格注入现代时尚元素。近两年的冷静灰色系、苔原绿色、干枯玫瑰色等流行色在新中式女装中大放异彩。以"MEETWARM" 2024年秋冷静灰色系新中式女装为例，冷静灰色系赋予了新中式女装沉稳、大气的特质（图3-13）。灰色既具有中性的低调，又能与新中式的设计元素相得益彰，展现出独特的东方韵味与现代时尚的融合之美。流行色融入新中式女装的设计方式，满足了消费者对时尚的追求，也为新中式风格的传承与发展开辟了新的道路。

④注重色彩对比与统一

新中式女装在色彩运用上注重色彩对比与统一。通过不同色彩之间对比和呼应，营造出既有冲突感又不失和谐的整体效果。也注重色彩与服装款式、面料的协调搭配，使整体造型更加完美。新中式女装在色彩设计上巧妙地运用对比与统一的原则，创造出既富有层次感又不失整体协调感的视觉效果。对比色的运用能够增强服饰的醒目度和视觉冲击力，如冷暖色调的对比、明暗色调的对比等，这些对比使得服饰在人群中脱颖而出。新中式女装也注重色彩的统一，通过相同或相近色系的搭配，营造出和谐、统一的氛围，使整体造型更加完整和协调。

⑤追求色彩和谐平衡

新中式女装在色彩搭配上追求和谐、平衡，注重色彩之间的相互作用和相互影响。设计师会根据服饰的款式、面料、图案等因素，精心选择色彩搭配方案，使得各种色彩在服饰上相互呼应、相互衬托，形成一种和谐统一的美感。在运用传统色彩如红色、黄色、蓝色等时，会考虑其在服饰中的比例、分布和组合方式，避免色彩过于杂乱无章或单调乏味，也会根据现代审美趋势和消费者需求，引入新的色彩元素和搭配方式，使得新中式女装在保持传统韵味的同时，更加符合现代时尚潮流。新中式女装在色彩运用方面注重色彩本身的美感，还注重色彩与设计的融合。设计师会将色彩作为设计语言的一部分，通过色彩的变化和组合来表达服饰的主题、情感和风格。在运用冷静灰色系时，会结合简约大方的剪裁和设计元素，营造出一种低调奢华、内敛优雅的氛围。而在运用鲜艳色彩时，则会注重色彩与图案、面料的搭配和呼应，使得整体造型更加生动有趣、充满活力。新中式女装在色彩运用上注重色彩的对比与统一，以及色彩的搭配和谐，通过精心设计的色彩搭配方案和设计元素的选择与组合，创造出既具有中式韵味又不失时尚感的高品质女装。

通过对传统色彩的深入挖掘和创新运用以及对时尚色彩的积极吸纳和融合，新中式女装展现出独特的魅力和时尚感，这种融合不仅丰富新中式女装的色彩体系也为其注入新的活力和生命力。

（4）传统图案的现代演绎

传统图案在新中式女装中的现代演绎，是传统文化与现代设计理念的有机结合，保留传统图案的精髓和韵味，通过创新运用和时尚表达，赋予新中式女装更加丰富的文化内涵和时尚价值。

①图案传承与创新

传统图案作为中华文化的瑰宝，具有深厚的文化底蕴和独特的艺术价值，包括动物图案（如龙凤、麒麟）、花卉图案（如牡丹、莲花）、人物图案（如仕女、戏曲人物）以及吉祥图案（如福、寿、囍字）等。这些图案具有装饰性，蕴含着丰富的寓意和象征意义。新中式女装通过传统图案的现代演绎，传承中华文化的精髓，赋予其新的生命力和时代感。这种传承与创新的结合，使得新中式女装在时尚界独树一帜，成为连接过去与未来的桥梁。如图 3-14 所示为"盖娅传说"品牌饕餮纹新中式礼服，图案设计采用的是青铜器饕餮纹饰的结构，秉承古为今用的设计手法。饕餮纹作为中国古代青铜器上常见的纹饰之一，承载着深厚的历史文化底蕴，以其神秘、威严的形象，成为古代权力和地位的象征。而在"盖娅传说"的这款新中式礼服中，设计师巧妙地提取饕餮纹的结构元素，通过现代的设计手法进行重构和创新，使其焕发出新的生命力。在这款礼服中，设

图 3-14 "盖娅传说"品牌饕餮纹新中式礼服

计师不仅保留了饕餮纹的原始形态和象征意义，还通过现代的设计手法对其进行了重新诠释和演绎。通过调整图案的比例、色彩和布局，使其更加符合现代审美和穿着需求。设计师还巧妙地结合新中式服装的剪裁和面料特点，使饕餮纹图案与服装整体风格相得益彰，形成了一种独特的视觉美感。这款饕餮纹新中式礼服不仅展现了传统文化的魅力，还巧妙地融入了现代时尚元素。通过现代设计手法和剪裁技术，使传统图案与现代礼服完美融合，呈现出一种既传统又不失现代感的新中式风格。

②图案解构与重组

传统图案往往具有复杂的结构和严谨的规律，在新中式女装中设计师们会对传统图案进行解构，即打破原有的结构和色彩层次，进行拆分、重组，以创造新的视觉效果。例如云鹤海水江崖纹这一传统纹样，在新中式女装中可能会被拆解成仙鹤、海水、云纹等单独元素，然后重新组合成具有现代感的图案。或者通过简化、变形、重组等手法，使其更加符合现代审美趋势。如将复杂的龙凤图案简化为线条流畅的抽象图案，或者将传统的花卉图案进行变形处理，使其更加时尚、具有动感。如图3-14为"盖娅传说"白色饕餮纹礼服设计，设计师将饕餮纹进行现代化的演绎，通过线条的简化、与其他元素的重构，使其既保留传统韵味，又符合现代审美。这款白色饕餮纹礼服融合东方美学与现代时尚元素，展现出一种既古典又时尚、既高雅又神秘的整体风格。

③图案色彩创新搭配

在新中式女装中，传统图案的色彩搭配也变得更加多样化和创新。设计师运用现代色彩理论，将传统图案与鲜艳、明亮的色彩相结合，或者采用低饱和度色系进行柔和搭配，以营造出不同的视觉效果和氛围。设计师在图案色彩设计方面不再局限于传统服饰图案色调，而是大胆运用各种鲜艳的色彩，如红色、绿色、蓝色等，使服装更加醒目和吸引人，这种色彩的运用不仅体现中国传统文化的审美观念，也符合现代女性对时尚的追求。在图案色彩创新搭配中，设计师在新中式女装图案色彩设计中还善于融合运用低饱和度色系，如莫兰迪色系等，以营造出柔和、舒适的视觉效果，使得新中式女装在保持传统韵味的同时，更加符合现代审美趋势。例如苗族服饰中常以蓝色或深蓝色为主旋律，除蓝色外，苗族服饰图案在色彩搭配上还善于使用对比色，如蓝色与红色、绿色等颜色的组合，形成强烈的视觉冲击力。如图3-15为"ZHUCHONGYUN"高定苗族服装系列，设计师对苗族图案色彩进行大胆创新，通过米

图3-15 "ZHUCHONGYUN"高定苗族服装系列图案色彩创新

白色服装上采用同色系刺绣的表现手法，赋予服装一种清新脱俗的气质，与苗族传统服饰中常见色彩形成鲜明对比。这种色彩选择不仅展现设计师对现代审美趋势的敏锐洞察，也通过巧妙的色彩搭配和精湛的工艺技艺，将民族文化的精髓与现代时尚元素完美融合，创造出既具有民族特色又符合现代审美需求的时尚佳作。保留图案的原始韵味，赋予其新的生命力和现代感，这种图案色彩创新满足现代人对简约、时尚的追求，也为苗族服饰的传承与发展注入新的活力。

④图案与面料、工艺的融合

新中式女装在面料选择上倾向于使用天然、透气、亲肤的材质，如棉、麻、丝等。这些材质确保穿着的舒适度，使传统图案在面料上的呈现更加自然、生动；在工艺方面新中式女装结合刺绣、印花、提花等多种传统工艺，并融入现代纺织技术和工艺方式，使传统图案在面料上呈现更加精细、立体。例如采用数码印花技术可以实现传统图案的精准还原和色彩渐变效果，现代机绣工艺可以通过针法的变化和色彩的搭配来展现图案的层次感和立体感。

（5）传统细节元素与配饰的精心设计

新中式女装在细节与配饰的精心设计上，展现对传统文化的尊重与现代审美的融合，呈现出独特的韵味和时尚感。新中式女装在细节处理上展现出极高的精致度，尤其注重细节处理，如精致的盘扣、刺绣、珠饰等，这些细节不仅增添服装的精致感，还可以传承传统手工艺的魅力，如图3-16为新中式女装细节设计，领口、袖口、下摆等部位的线条处理，以及纽扣、拉链等小配件的选择，都体现出设计师的匠心独运。在配饰方面，搭配现代风格的手包、项链、耳环等，使整体造型更加完整和时尚。这些细节的处理不仅提升服装整体质感，更让穿着者在细节中感受到传统文化的魅力。传统搭配中的首饰、扇子、荷包等配饰，也是现代演绎中不可忽视的部分，现代设计师将这些传统元素与现代饰品相结合，创造出既古典又时尚的配饰单品。如图3-17为"ABILLIONTH"品牌新中式饰品设计，折扇元素在配饰设计中的运用，为新中式着装添了一丝古典和高雅的气息。这些小巧精致

图 3-16 新中式女装细节设计

图 3-17 "ABILLIONTH"品牌
新中式饰品设计

的配饰，融合中式传统元素和当代时尚设计，呈现出一种别样的气质和个性。

3.1.2　注重民族文化内涵体现

新中式女装在设计中常常大量借鉴传统款式、图案、色彩、工艺等元素，如盘扣、立领、对襟、刺绣等，这些元素是中国传统服饰的标志性符号，更承载着深厚的文化底蕴和历史记忆。

（1）传统色彩的文化内涵

中式传统色彩在新中式女装中的文化内涵体现得尤为深刻，这些色彩承载丰富的历史记忆，蕴含深厚的民族情感和审美追求。如红色在中国传统文化中象征着喜庆、吉祥、热情与活力。在新中式女装中，红色常被用来表达女性的热情与活力，同时也寄托对美好生活的向往和祝福。如图 3-18 所示为"M essential"2024 年春夏新中式女装色彩设计，结合现代审美改变中国红颜色的纯度，将白色混入中国红色，混合而成粉玫红色有红色的鲜艳，又避免过于刺眼的感觉，更能体现出女性的温婉与柔美，也赋予对生活美好向往的寓意。在新中式女装中，红色常被用于设计礼服、旗袍等正式场合的服装设计，以及用于装饰细节，如领口、袖口等，增添服装的喜庆氛围和视觉冲击力，如图 3-19 所示为"ZOUXIN"2024 年时装周新中式礼服，采用红黑色彩设计，表现非常独特，当亮眼的红色交织内敛的黑色，老缎香云纱的质感显得更加高级大气，仿佛一支乌木玫瑰，独特而不逢迎，深刻且浓烈，传统红色的美好文化内涵也通过服装充分进行了表达。

图 3-18　"M essential"新中式女装色彩　　图 3-19　"ZOUXIN"新中式女装色彩

在中国传统文化中，黄色有丰富的内涵，它是皇家的象征，代表尊贵。在古代只有皇家才能使用明黄色，比如皇帝的龙袍常为黄色，宫殿建筑也会大量运用黄色琉璃瓦，严禁其他人随便使用这种颜色，体现封建等级制度下皇权的至高无上；黄色还象征着土地。中国古代以农业为主，土地是人们生存的根本，这种对土地的崇敬心理使得黄色带有深厚的文化底蕴，寓意孕育万物的基础；黄色也和吉祥有关。在一些传统节日或庆典活动中，黄色装饰常出现，用于增添喜庆氛围，像春节时的一些传统饰物就会有黄色元素。在新中式女装中，黄色虽然不如红色那样普遍使用，但同样具有独特的文化内涵，既可以表现出女性的高贵气质，也可以营造出温馨、舒适的穿着体验。如图 3-20 为 "M essential" 新中式女装色彩设计，大面积应用黄色的真丝绸缎作为主要面料，使服装在视觉上具有强烈的冲击力，成为焦点所在。作为中国传统色彩中极具文化内涵的黄色，赋予服装深厚历史底蕴和高贵气质。真丝绸缎本身就具有柔滑的质感和光泽，与黄色相得益彰，更显奢华与典雅。无论是在正式场合还是日常穿着中，都能彰显出穿着者的品位与个性。

图 3-20 "M essential" 黄色
新中式女装

在中国传统文化中，蓝色在中国古代被认为是吉祥和祥和的象征。它常用于装饰皇家建筑和陶瓷器皿上，给人以宁静和安详的感觉，这种宁静的感觉使蓝色常出现在文人雅士的书房装饰、文房四宝的配色之中，符合他们所追求的内心平静的精神境界。青花瓷的蓝色花纹，其纯净的蓝白色调给人以安静、素雅之感，让人联想到天空的广阔和大海的深邃。蓝色也与水相关，因此被视为与自然和谐相处的象征。蓝色还代表着沉稳、理智。在传统服饰上，蓝色常被用于制作常服，它不像红色那么张扬，而是给人一种踏实、可靠的印象，体现出穿着者冷静、沉着的性格。如图 3-21 为 "Mithridate" 新中式女装，采用别具东方韵味的豆染蓝色，豆染蓝色本身就具有浓厚的东方文化底蕴。这种蓝色不是鲜艳张扬的，而是带着一种内敛和深沉的特质，契合东方文化中含蓄、优雅的审美观念。从视觉效果上看，豆染蓝色给人一种清冷的感觉。这种清冷并非冷漠无情，而是一种超凡脱俗的宁静与淡泊，仿佛能让人在喧嚣的世界中找到一片宁静的角落。它营造出一种神秘而迷人的氛围，吸引着人们的目光去探索和解读。此新中式女装采用的豆染蓝

图 3-21 "Mithridate" 蓝色
新中式女装

色设计，展现东方韵味，还通过清冷与疏离的特质，赋予女装独特的魅力和文化内涵。

在中国传统文化中，绿色在中国古代被赋予多重意义，象征着生命和春天的希望，代表着繁荣和茂盛。绿色也寓意青春和成长，常用于新中式女装设计。绿色也有身份地位的含义。在古代绿色服饰的地位比较低。如在唐代，六品、七品的官员穿绿服，体现其官职等级，而到了元代和明代，绿色是社会底层人士服装的颜色。在新中式女装设计中绿色适合应用于不是特别正式的女装，更适合应用于休闲随意的服装。如图3-22为"M essential"橄榄绿新中式女装，橄榄绿是一种富有自然感和沉稳特质的颜色。它不像

图3-22 "M essential"橄榄绿
新中式女装

图3-23 "ZHUCHONGYUN"黑色
新中式女装

鲜艳的绿色那般张扬夺目，又区别于墨绿色的深沉厚重，橄榄绿处于两者之间，给人一种温和、平衡的视觉效果。橄榄绿常常与大自然、生机和宁静相联系。在新中式女装中运用这一色彩，巧妙地融合传统与现代的审美。它既体现东方文化中对自然和谐的追求，又符合现代时尚对于低调、内敛风格的青睐。

在中国传统文化中，黑色具有丰富的内涵和象征意义，黑色常常代表庄重、严肃和神秘。在古代，黑色在一些正式、严肃的场合被广泛使用，如官员的朝服、祭祀的礼服等，以显示庄重和威严。在哲学和文化观念中，黑色与阴、夜、北方等元素相关联，被视为深沉、内敛和蕴含着无尽奥秘的象征；在审美方面，黑色具有独特的魅力。它能够凸显其他色彩的鲜艳和明亮，形成强烈的对比。同时黑色自身也给人一种简洁、大气的美感；在传统的五行学说中，黑色对应水，象征着智慧和灵活。如图3-23为"ZHUCHONGYUN"黑色新中式套装传达出一种稳重和内敛的气质，这种气质与新中式设计所追求的"大美不言，极简东方"的哲学理念相契合，使得穿着者在各种场合下都能展现出一种从容不迫、自信大方的姿态。

在中国传统文化中，白色在中国古代被视为纯洁和高雅的象征。在古代文人雅士的服饰中，白色常常被使用，以体现他们的清高和脱俗。白色也常用于丧葬仪式中，代表着对逝者的尊重和悼念。白色虽然在古代某些时期有禁忌含义，但随着时代发展，其纯洁的寓意也被人们广泛接受和喜爱。如图3-24所示为"ZHUCHONGYUN"白色新中式女装，该设计注重简约的设计理念，摒弃烦琐的装

饰，追求线条的流畅和造型的简洁，白色的运用正好契合了
这一理念，使服装呈现出一种宁静、平和的氛围，让穿着者
在喧嚣的现代生活中感受到一份宁静与安逸，白色的运用使
其既具有传统的文化底蕴，又符合现代的审美标准。

图 3-24 "ZHUCHONGYUN"
白色新中式女装

（2）传统图案文化内涵

中式传统图案在新中式女装中的文化内涵体现得极为深
刻，往往蕴含着丰富的文化寓意和象征意义。这些传统图案不
仅是服饰的装饰元素，更是传承和弘扬中华民族优秀文化的重
要载体。新中式女装中的中式传统图案不是对传统文化的简单
复制和堆砌，而是在传承的基础上进行创新和发展。设计师通
过深入研究传统文化的精髓和内涵，结合现代设计理念和审美
趋势，对传统图案进行重新诠释和演绎。这种创新不仅保留了
传统图案的精髓和特色，更赋予它们新的时代感和生命力，也
促进传统文化的传承和发展，让更多的人了解和认同中华民族的优秀传统文化。

中式传统图案作为一种文化符号和载体，具有广泛的文化传播和交流价值，在国内市
场上受到消费者的喜爱和追捧，更在国际市场上展现出独特的魅力和影响力。通过新中式
女装的展示和推广，中式传统图案得以向全世界展示中华优秀传统文化的魅力和风采，
促进不同文化之间的交流和融合。

龙纹代表着祥瑞、尊贵和力量，它能为人们带来好运、福气和庇佑，象征着吉祥如
意。龙被视为吉祥的图腾符号，寄托着人们美好的愿望，寓意富贵平安、兴旺发达。龙
是中华民族的精神象征，代表着中华民族的凝聚力和自豪感。它蕴含着中华民族的智慧、
勇气、坚韧等品质，是中华民族文化中最具代表性的符号之
一，我们常称自己为"龙的传人"，体现人们对龙文化的高
度认同和传承。如图 3-25 为 "Vivienne Tam" 2024 年新中
式女装采用龙纹图案，展现品牌对中国传统文化的尊重和传
承。龙纹元素以印花形式呈现，在胸前装饰龙纹的礼服非常
抢眼，龙纹所承载的吉祥、祥瑞等寓意，被赋予到新中式女
装中。设计师将古老的龙纹图案与现代女装设计相结合，使
传统文化在时尚领域得以延续和发展，让人们能够感受到传
统文化的魅力。此款龙纹的运用体现了东方美学中对线条、
图案、寓意的独特追求，营造出一种含蓄、优雅、神秘的美
感，展现出东方女性的独特韵味。

图 3-25 "Vivienne Tam" 龙纹
新中式女装

图 3-26 "Vivienne Tam"凤纹
新中式女装

风纹在中国传统文化中有丰富的寓意，在新中式女装中也蕴含着独特的文化内涵。凤在古代被视为百鸟之王，象征着高贵和尊荣。它的出现往往被认为是祥瑞之兆，预示着和平、繁荣与幸福，代表着美好、美满的事物，寓意吉祥如意、喜事临门，在一定程度上体现了女性的地位和魅力，具有女性美的象征意义。如图3-26为"Vivienne Tam"2024年新中式女装采用凤纹装饰，凤纹的优美线条和华丽姿态，能充分展现女性的优雅与魅力，使穿着者更具吸引力和自信，强调女性的柔美、智慧和坚韧等品质，寓意吉祥和美好的凤纹，传达了女性对幸福生活、美满婚姻和和谐家庭的向往。

竹子在中国文化中常被视为君子的象征，代表着正直、坚韧、谦逊、高洁等品质。竹叶纹也就相应地喻为君子的气节和风范，体现人们对高尚品德的追求和崇尚。竹子具有顽强的生命力，能在各种环境中生长，四季常青，竹叶纹传递出一种高雅、纯洁、悠然自得的精神境界，鼓励人们在面对生活中的困难和挑战时保持积极向上的态度。竹子外形清秀俊逸，给人一种清雅淡泊的感觉，竹叶纹象征着一种宁静、平和、超脱世俗的心境，表达人们对简单、纯粹生活的向往。如图3-27为"M essential"2023年竹叶纹在新中式女装中应用，表达了女性的独立和坚强，鼓励女性在追求自己的事业和生活目标时，应保持坚韧的精神。

图 3-27 "M essential"竹叶纹
新中式女装

竹叶纹是具有典型东方特色的图案元素，能营造出独特的东方美学氛围，此新中式女装展现出东方女性的含蓄之美、内敛之美，以及对传统文化的独特理解和演绎。

桃子自古以来被视作长寿的象征。如西汉东方朔《神异经》中记载"东方有树，高五十丈，叶长八尺，名曰桃。其子径三尺二寸，和核羹食之，令人益寿"。传说桃子是神仙吃的水果，西天王母娘娘的蟠桃食之能让人长生不老。所以桃子纹样常常寓意"与天地同寿，与日月同庚"，代表着对长寿的追求和祈愿。桃子在一些文化中也与幸福、吉祥相关联。它的圆润外形和甜美口感，给人一种美好的感觉，象征着生活的甜蜜和幸福。桃子的出现往往被视为吉祥的征兆，寓意好运和福气的到来。由于桃子多籽，在传统文化中也常被用来象征生殖力和繁衍后代。它代表着人们对家族兴旺、子孙满堂的期望。桃子纹样的形态通常比较圆润、柔和，线条流畅，如图3-28为"M essential"2023年桃

子纹在新中式女装运用，为服装增添一分女性的柔美与优
雅气质，与女性的身体曲线相呼应，展现出女性的温婉和
细腻。该女装桃子纹样的运用不仅是一种时尚表达，更是
对美好未来的期许，希望自己能够拥有健康、幸福、美满
的生活，表达了人们对美好生活的向往和追求。

传统图案在新中式女装中的运用，赋予服饰以独特的
审美价值，更让穿着者在无形中感受到传统文化的熏陶和
滋养。设计师善于运用中国传统纹样，如牡丹、梅花、祥
云等，通过巧妙的色彩搭配和图案组合，使新中式女装在
视觉上呈现出美观大方，更寓意吉祥、富贵和幸福，表现
出一种独特的民族风情和文化韵味。

图 3-28　"M essential"桃子纹
新中式女装

（3）传统材质文化内涵

传统面料在新中式女装中的文化内涵体现得尤为深远，
是服饰的基础材料，更是传承和弘扬中华优秀传统文化的
重要载体。传统面料如棉、麻、丝、绸等，在中国有着悠
久的历史和深厚的文化底蕴。这些面料在中国传统服饰中
占据着举足轻重的地位，它们不仅承载着中华民族的历史
记忆，还蕴含着丰富的文化象征意义。如丝绸被誉为"软
黄金"，不仅触感柔软、光泽度高，自古以来就被视为高
贵、典雅的象征，承载着古代丝绸之路的辉煌历史和东西
方文化交流的深刻印记。丝绸面料常被用于设计高贵典雅
的礼服或旗袍，如图 3-29 为"La Maison Jade"新中式女
装，服装采用丝绸面料，展现出穿着者的优雅气质和文化
底蕴。

图 3-29　"La Maison Jade"丝绸
新中式女装

中国传统棉麻服饰发展与古代文人隐士的心理状态
及儒释道等文化审美相关。它代表着一种"清其意而洁
其身"的境界，承载着道法自然的内在精神，记录着古
代文人的着衣风尚，彰显着他们淡泊、清高的美德和不同
流合污的气节。"布衣精神"还包含着心怀天下的责任感、
安贫乐道的操守以及不趋炎附势的品格。如图 3-30 为
"Uma Wang"新中式女装，采用棉麻面料，继承传统棉麻
文化中由外在美转向内敛美的特点，不追求夸张的装饰和

图 3-30　"Uma Wang"棉麻
新中式女装

外在的华丽，而是通过细节和整体设计，展现出一种含蓄、低调的美感，符合中国传统文化中对谦逊、内敛品质的推崇。

丝绸、棉、麻等面料服装，也深刻体现出中国传统"天人合一"的生态美学文化理念，展现出穿着者的自然随性和文化底蕴，符合环保特性及可持续发展理念，正确引导现代人的生活方式和价值观。

新中式女装是一种服饰风格，更是一种文化传承和弘扬的载体，通过服饰这一媒介，将中国传统文化的精髓和魅力传递给更多的人，无论是从服饰的设计、制作还是穿着体验上，都注重与民族文化的紧密结合，深刻体现民族文化内涵。这种对民族文化内涵的注重，让新中式女装成为传承和弘扬中华文化的重要载体，为时尚界带来了别具一格的风采。

3.1.3 与国际时尚元素融合

西方时尚文化以其独特的魅力和影响力，吸引全球范围的关注，并成为世界主要的流行时尚形式。因此新中式女装在设计中保持传统文化韵味的同时，也需与国际时尚元素融入，适应时代发展的需求。这样才能使得新中式女装设计在保持民族独特性的同时，更加符合国际审美趋势标准，从而在国际舞台上更具竞争力。新中式女装与国际时尚元素的融合，是当代时尚界的一种重要趋势，它展现传统与现代的完美结合，以及文化多样性的独特魅力。

图 3-31 "Uma Wang"棉麻
新中式女装

（1）中式传统美学与国际时尚潮流的交融

新中式女装在设计理念上追求"和而不同"，即在尊重中国传统文化精髓的基础上，融入西方的时尚元素和设计思维。如图 3-31 为"Uma Wang"2023—2024 年秋冬棉麻新中式女装，该设计不拘泥于传统服饰的固有形态，而是通过现代设计手法重新诠释和演绎中国传统美学中的意境美、和谐美及含蓄美。借鉴西方时尚美学中的简约、结构感和个性化等理念，使服装既具有东方的韵味，又不失现代时尚感，这种创新设计使新中式女装既具有浓厚的文化底蕴，又符合现代人的审美需求。

（2）图案的国际时尚化表达

新中式女装在图案方面展现中国传统美学与西方时尚

美学的交融，通过运用国际时尚现代设计手法，将中国传统图案如龙凤呈祥、牡丹富贵、祥云图案等，进行提炼和重构，使其更加简洁、抽象或具有现代感。这种处理方式保留传统图案的文化寓意，又赋予其新的时尚生命力。新中式女装还尝试将中国传统图案与西方流行图案相结合，如将传统的梅花、兰花图案与波点、条纹等西方元素相融合，创造出独特的视觉效果。这种跨文化的图案组合体现设计的创新性，也满足现代人对多元化审美的需求，如图 3-32 为"ZHUCHONGYUN"抽象仙鹤图案新中式女装，仙鹤纹样设计抽象简约，不仅传递中式文化内涵，又时尚个性，符合国际流行审美。

图 3-32 "ZHUCHONGYUN"春夏新中式女装采用抽象仙鹤图案

（3）色彩的国际时尚化表达

新中式女装设计注重中国传统色彩与现代色彩理论的结合，不再局限于传统的红色、绿色、蓝色等传统色彩，而是借鉴国际时尚界的色彩搭配原则，运用更加丰富和多样化的色彩来打造现代感十足的服饰。新中式女装色彩使传统色彩元素被赋予新的生命，被巧妙地融入现代设计中，以国际化的形式展现出来。如红色作为中国传统中最具代表性的色彩之一，在新中式女装中常以现代感的色调出现，如图 3-33 中左图为"ZHUCHONGYUN"2023 年春夏新中式女装，服装采用国际流行色玫红色，既保留红色的喜庆与热烈，又增加白色的清新与高雅。绿色、黄色等中国传统色彩也被广泛运用，通过现代色彩搭配，使其更加符合现代审美需求。新中式女装还善于从自然中汲取色彩灵感，如将自然界的绿色、蓝色等清新色彩融入服装设计中，与西方时尚美学中的自然、简约理念相契合，如图 3-33 中右图为"ZHUCHONGYUN"2023 年春夏新中式女装，服装采用绿色，契合自然、简约的国际配色方法。

（4）面料与材质国际时尚化表达

新中式女装在面料和材质的选择方面也同样体现国际化时尚的特点，设计师除了常采用传统的丝绸、棉、麻等材质外，还融入现代科技面料，如高科技纤维、大豆材料等，展现出独特的文化韵味与现代时尚感。这些国际时尚流行的新型面料具有优良的穿着体验，能提升

图 3-33 "ZHUCHONGYUN"新中式女装国际化配色

图3-34 "ZHUCHONGYUN"
采用国外面料

图3-35 "ZHUCHONGYUN"
采用立体结构

服饰的时尚感和品质感。如聚酯纤维、氨纶等面料具有良好的弹性、耐磨性和抗皱性，适合快节奏的现代生活方式。如图3-34为"ZHUCHONGYUN"新中式女装，服装采用国际流行的科技感面料，巧妙地将高科技面料与传统元素相结合。又如利用聚酯纤维的挺括性能制作改良版旗袍，或利用氨纶的弹性增加服饰舒适度与运动感等。

（5）结构板型的国际化融合

新中式女装结构板型与国际时尚流行廓型接轨，廓型设计积极借鉴国际流行的A型、H型等廓型，这些廓型以其简约、大气的特点受到消费者喜爱。新中式女装注重板型的中西融合，借鉴西式服装的立体剪裁技术，强调女性身体曲线的剪裁、省道和肩线的设计，使服装更加贴合身形，展现女性曼妙的身姿，也保留中式服饰的平面剪裁特色，宽松的衣身、对襟、盘扣等元素，营造出一种既现代又不失古典的美感。如图3-35为"ZHUCHONGYUN"新中式女装，服装采用立体裁剪褶裥造型，在剪裁上巧妙地将中国传统服饰的平面裁剪与现代国际流行的立体裁剪技术相结合，平面裁剪保留传统服饰的流畅线条和宽松舒适的特点，而立体裁剪则通过对面料的立体塑造，使服饰更加贴合人体曲线，展现出女性的柔美身姿，并在细节处理上注重精致与考究，使服饰在简约中不失细节之美。新中式女装注重对传统元素的提炼与升华，如盘扣、绲边、刺绣等传统工艺的应用，这些细节处理也经过国际化设计语言的转化，使其更加符合现代审美。

（6）配饰与整体造型的国际化搭配

除了服饰本身外，新中式女装还注重配饰与整体造型的国际化搭配。传统中式配饰如发簪、耳环等与现代时尚的项链、手链等相结合，能够创造出既传统又时尚的独特风格。鞋履、包等配饰的选择也更加注重与国际时尚潮流的接轨，以提升整体造型的时尚感。现代国际时尚流行的金属质感和几何形状的配饰设计备受推崇，新中式女装常借鉴这些元素，将金属扣、链条、几何形状的耳环等融入配饰设计中，为整体造型增添现代感和时尚感。如图3-36为作品"枯荣·秋境"新中式珍珠配饰系列设计，以枯木为主题元素，设计主张"天人合一、自然质朴"的东方美学文化，造型上采用国际流行的抽象造型法，以简洁抽象的形态表达枯木的形态美，打破传统思维束缚，以开放、包容的心态进行创新，向消费者传递自然和谐的美学体验。

图 3-36 "枯荣·秋境"新中式珍珠首饰国际化设计

（7）文化内涵的国际化传播

新中式女装在国际时尚界的流行，展示中国传统文化的独特魅力，促进文化的国际化传播。通过新中式女装的展示和推广，越来越多的人开始了解和关注中国传统文化，从而促进文化的交流和互鉴。如图 3-37 为"夏姿·陈"2023 年秋冬巴黎时装周发布的新中式女装作品，引起国际时尚界的广泛关注。这次发布会作品不仅是一场时尚盛宴，更是中华文化内涵的一次国际传播，众多国际媒体和时尚界人士对作品给予了高度评

图 3-37 "夏姿·陈"2023 年秋冬巴黎时装周发布新中式女装作品

价，认为其成功地将中华文化内涵与现代时尚元素相结合，展现独特的"新中式优雅"风格。此次作品的发布不仅提升"夏姿·陈"品牌的国际知名度，还促进中华文化的国际传播。通过时尚这一国际通用语言，中华文化的独特魅力和深厚底蕴得以被更多人所了解和欣赏，这对于提升国家文化软实力、增强民族文化自信具有重要意义。

新中式女装与国际时尚元素的融合是一种必然趋势，展现传统与现代的完美结合以及文化多样性的独特魅力。在未来的发展中新中式女装将继续保持其独特的风格和文化内涵，并不断创新和发展以适应国际时尚潮流的变化。

3.1.4　注重文化自信体现

新中式女装的流行，也体现当代中国人对于自身文化的认同和自信。通过穿着具有中式元素的服饰，人们可以更加直观地感受到中华文化的魅力和价值，从而增强文化自

信和民族自豪感。

新中式女装品牌注重品牌故事的打造和传播，通过品牌故事来传递品牌的文化内涵和价值观念。这些品牌故事与中国传统文化紧密相连，讲述着中国设计师在传统文化与现代时尚之间不断探索和融合的故事。品牌故事的打造和传播不仅增强品牌的吸引力和影响力，也进一步弘扬中国传统文化和民族精神，提升新中式女装的文化自信。

新中式女装在设计上深入挖掘中国传统文化元素，如传统图案、色彩、面料以及剪裁手法等，并将其与现代审美和时尚趋势相结合，实现对传统文化的创造性转化和创新性发展。这种设计理念体现对传统文化的尊重和传承，也展现中国设计师在国际时尚舞台上的文化自信和创新能力。设计师通过现代化的设计手法和时尚元素，将传统文化元素以全新的面貌呈现在世人面前。传统图案如牡丹、莲花等被赋予新的色彩搭配和形态设计，使其更加符合现代审美；传统面料如丝绸、棉、麻等则与现代科技面料相结合，提升服饰的穿着体验和时尚感。这种现代时尚化表达方式让传统文化元素焕发出新的生机，也展示新中式女装在文化自信方面的独特魅力。

新中式女装在国内市场上受到广泛的关注和喜爱，其市场接受度不断提高。在国际时尚界，新中式女装也逐渐崭露头角，赢得越来越多的关注和赞誉。这种市场接受度和影响力的提升，反映新中式女装在设计、品质和文化内涵等方面的优势，也体现国际社会对中国传统文化的认可和尊重。这种认可和尊重也将进一步增强中国在新中式女装领域的文化自信。

新中式女装的兴起和发展也促进国际时尚界交流与合作，越来越多的中国设计师带着新中式女装作品走向国际舞台，与各国设计师进行交流与合作，提升中国设计师的国际视野和创作能力，也促进中国传统文化与世界各国文化的相互理解和尊重。这种国际时尚交流的促进增强新中式女装的文化自信，也为中国时尚产业的发展注入新的动力和活力。

3.2　新中式女装设计"真善美"

设计艺术的"真善美"是一个深刻而丰富的概念，它融合了设计领域的哲学思考、美学追求以及社会功能的体现。在新中式女装设计中，"真""善""美"具有独特而深刻的内涵。

3.2.1　设计"真"实性

"真"在艺术设计中代表着真实和准确，设计作品应当真实地反映其设计目的、理念以及所针对的目标群体。这种真实性体现在对设计对象的准确理解和表达上，还包括设计过程中对材料、工艺、技术的真实选择和运用。设计师需要深入了解设计对象的需求和特性，通过设计语言准确地传达出这些信息，使设计作品具有可信度和说服力。

（1）文化传承的"真"实性

新中式女装设计主要体现在对传统文化真实性的尊重与传承，强调对传统服饰元素的真实再现与创新演绎，设计师们深入挖掘中国传统服饰文化的精髓，如旗袍的剪裁、盘扣的工艺、刺绣的图案等，通过现代设计手法进行改良和创新，使传统元素在现代女装中得以延续和展现。这种设计不仅保留传统文化的真实性，还赋予其新的生命力和时代感。

如图 3-38 为"JUNYANG"2024 年秋冬新中式女装系列，通过刺绣、印花等方式，将具有象征意义的传统花卉图案融入服装之中，这些图案具有装饰作用，更承载着深厚的文化底蕴和历史内涵。廓型从古代汉服、旗袍等传统服饰中汲取灵感和精髓，通过改良传统服饰的剪裁、款式和面料，使其更加符合现代审美和穿着需求，同时保留传统服饰的优雅气质和文化韵味，该系列在文化传承的真实性方面表现出色。

图 3-38 "JUNYANG"新中式女装设计

（2）材质与工艺的"真"实性

在材质选择方面新中式女装注重使用天然、环保、舒适的面料，如丝绸、棉、麻等，这些材质符合现代人的穿着需求，也体现对传统材质的真实传承。在工艺方面，新中式女装强调手工制作的精细和独特，如手工刺绣、盘扣等，这些工艺的真实展现，让每一件作品都充满了匠心和温度。材质与工艺的真实性是新中式女装设计之"真"的重要方面。

从材料工艺及功能真实性角度分析，"JUNYANG"2024 年秋冬新中式女装系列在面料选择、剪裁设计、穿着体验以及环保可持续性等方面都展现出较高的水平。考虑到秋冬季节的气候特点，该系列女装选用了具有良好保暖性能的羊毛、羊绒面料，为穿着者提供温暖舒适的穿着体验。采用了科学合理的剪裁技术，使服装更好地贴合人体曲线，提升服饰的穿着舒适度和功能性，展现女性的身材美感。注重实用性与美观性的结合，无论是日常出行、商务活动还是休闲聚会，穿着者都能找到适合自己的款式和搭配方式。

（3）功能性的"真"实性

新中式女装具有传统服饰的文化韵味，还注重实用性，适合现代女性日常穿着。通过合理的剪裁、面料选择和细节设计，新中式女装既展现古典美，又满足现代女性的生活需求，根据不同季节的特点，采用相应的面料和设计元素，如夏季采用轻薄透气的棉麻材质，冬季选用保暖性好羊绒等面料，以确保服装在不同季节都能发挥最佳的功能性。设计过程中新中式女装充分考虑人体工学原理，确保服装板型符合人体曲线，使人穿着舒适自然。这种对穿着体验真实的关注是新中式女装设计之"真"的重要体现。

3.2.2　设计"善"的表现

"善"侧重于道德和人文关怀。好的艺术设计应当有益于人类和社会，关注人们的身心健康和福祉。设计艺术中"善"体现在设计的伦理性和可持续性上。设计作品应当符合社会道德和伦理标准，尊重人的尊严和价值，设计师需要在设计过程中充分考虑人的需求、权益和安全，避免对他人造成不必要的伤害或负面影响。设计师还应当关注社会公平和正义，通过设计作品传递积极向上的价值观和社会责任感。

（1）人文关怀之"善"

新中式女装设计在"善"的方面，体现在其设计理念和人文关怀。设计师不仅关注服装的美观性，更注重其穿着的舒适性和实用性。新中式女装在设计时注重穿着者的健康与舒适感受，在选材上注重环保和可持续性，选用天然、无害的面料和染料，减少对皮肤的刺激和伤害，体现对社会和环境的责任与关怀。新中式女装不仅要美观，还要考虑穿着者的舒适度和活动便利性，通过科学的板型设计、合理的细节处理，提高服装的穿着舒适度，使服装更加符合人们日常穿着，更加舒适自如。新中式女装还注重服装的百搭性和多场合穿着性，满足不同消费者的穿着需求。新中式女装通过独特的设计语言和符号系统，传达出深厚的文化内涵和情感价值，穿着这样的服装，不仅能够展现个人的审美品位，还能在潜移默化中感受到传统文化的魅力与温暖。

（2）提升气质之"善"

修饰身体之"善"，提升女性气质。新中式女装以其独特的剪裁和设计，能够巧妙地凸显女性的身材优势。无论是流畅的线条、恰到好处的收腰设计，还是适度的裙摆开衩，都能使女性身体的自然曲线得到更好的展现，从而达到修饰身材的效果。针对不同女性的身材特点，新中式女装通过设计上的巧妙安排，能够有效修饰身材上的不足。如对于肩部较宽的女性，可以通过宽松的上衣或具有装饰性的肩部设计来平衡视觉效果；对于腿部较短的女性，则可以选择高腰设计的裙装或裤装，拉长腿部线条，显得更为修长等，新中式女装不仅是修饰身体之"善"，也是设计之"善"的表现。

新中式女装是对中国传统文化的现代表达和传承。新中装将传统元素如刺绣、盘扣、国画图案等融入服装中，使女性在穿着过程中能够感受到传统文化的魅力与内涵，自然流露出一种温婉、内敛而又不失力量的气质，进而提升自己的文化素养和审美品位，彰显东方韵味。新中式女装不仅提升女性文化气质之"善"，也是新中式女装所追求的境界。

（3）可持续之"善"

随着全球环境问题的日益严峻，设计的可持续性成为越来越重要的议题。设计师需关注设计作品对环境的影响，采用环保材料、节能技术等手段减少环境污染和资源浪费。设计师还需要考虑设计作品的长期使用寿命和可循环利用性，推动循环经济的发展。在环保和可持续方面，新中式女装设计也体现"善"的理念。新中式女装设计倡导使用环保材料，设计师会优先选择棉、麻、丝、毛等可降解、可回收或有机种植的面料和辅料，以降低生产过程中碳排放和资源消耗；设计中也注重简约、实用的设计风格，避免过度装饰和浪费资源，减少对环境的影响。这种设计理念不仅符合现代社会的环保要求，也体现设计师们对社会的责任感和担当，这是"善"的表现。新中式女装设计符合现代消费者的价值观和社会责任感，能对后续的设计行为起到积极作用，实现可持续发展设计。

时尚设计领域"善"的追求——通过服装设计促进文化认同，推动社会正向价值的传播。过去十年亚洲时装秀（CFW）的数据揭示了一个明显趋势，约有半数品牌展示的女装明显受到中式风格影响，形成了新中式设计的主流方向。这一现象说明了在全球化背景下国内多家知名女装品牌，如"例外""曾凤飞""致品生活"等，在推动新中式女装设计方面的不懈努力与显著贡献。这些品牌通过创作大量富含中式美学精髓的新时代女装，在时尚界内引发了一股旨在复兴、创新中国式女装设计的潮流。这不仅是对中国传统文化的一种现代表达，也体现中国服装品牌在国际时尚舞台上的文化自信与创新能力。

3.2.3　设计之"美"

设计作品应当具有独特的审美价值，能够引发人们审美愉悦和情感共鸣。设计艺术中"美"是设计的核心追求之一。它包括形式美、色彩美、构图美等多个方面。设计师需要通过设计作品表达自己的艺术观念和审美追求，将艺术元素融入设计中，使设计作品具有独特的艺术风格和魅力。他们需要关注审美文化的多样性和包容性，需要具备深厚的艺术素养和创造力，尊重不同文化背景下的审美观念和偏好，通过色彩、形状、材质等多种元素的巧妙设计手法，创造出令人赏心悦目、具有视觉冲击力和艺术感染力的设计作品。新中式女装设计本身就是艺术一种表现形式，设计师不断努力表现出与众不同的设计之"美"。

新中式女装的"美"主要表现以下几个方面。

（1）形态之"美"

中式传统形态美主张半遮半掩的含蓄美，如《琵琶行》所言，"千呼万唤始出来，犹抱琵琶半遮面"。在中国传统服饰文化中"藏"体现内敛、含蓄和谦逊的品质，在服饰上表现为对身体的适度遮掩，以及对服饰细节的精心设计和巧妙隐藏。"露"并不是指裸露过多，而是指通过合理的剪裁和设计，展现穿着者身材曲线和气质风采。如图3-39为"La Maison Jade"2024年春夏形态之"美"表达，"露"与"藏"的巧妙结合，既体现穿着者的自信与优雅，又保留"露"与"藏"的巧妙结合，体现中式服装的含蓄与内敛。新中式女装是基于中式传统服饰基础之上创新形成，并具现代时尚性，也是强调半遮半藏的形态之"美"，少露多藏，以露显藏，符合中国本土文化的审美意蕴，含蓄、内敛的美，露是基于藏的基础之上，表现含蓄美学和服饰深层次内在美学表达，与西方国家的服饰大胆裸露肌肤表达方式相比，更强调高层次之感。

图3-39 "La Maison Jade"新中式女装形态之"美"

（2）符号之"美"

①款式符号之"美"

款式结构符号美是表现新中式女装设计关键，新中式女装在保留传统服饰元素的基础上进行现代化诠释与改造。例如传统旗袍的立领、盘扣等元素被巧妙地融入现代女装设计中，不仅保留旗袍的优雅与韵味，还通过剪裁、面料等现代设计手法的运用，使其更加符合现代人的穿着需求和审美标准。如图3-40为"Uma Wang"款式符号之"美"的表达，对传统袍式廓型进行现代诠

图3-40 "Uma Wang"款式符号之"美"

释，在剪裁上追求精准与流畅，强调线条的简洁与优美，使得新中式女装在结构款式上呈现出一种既传统又时尚的美感，流畅的线条设计也赋予新中式女装一种动态的美感，让穿着者在行走间展现出优雅与自信。设计师通过对传统服饰文化的深入理解和挖掘，将传统服饰文化元素融入现代女装设计中，通过结构款式的独特设计来营造出一种具有浓郁中式风情和文化底蕴的氛围。这种文化意境的营造，使得新中式女装在结构款式上不仅仅是一种物质层面的存在，更是一种精神层面的追求和表达。

②图案符号之"美"

新中式女装常采用中国传统图案，如龙凤呈祥、牡丹富贵、祥云瑞鹤、梅花傲雪等。这些图案寓意吉祥，通过现代设计手法进行抽象、变形或重组，使其更加符合现代审美，同时保留其深厚的文化底蕴。设计师巧妙地将传统图案与现代元素相结合，创造出新颖独特的图案设计。如图 3-41 所示为新中式水墨绿图案符号之"美"的表达，将传统的水墨图案进行现代抽象图形表现，形成既有古典韵味又不失时尚感的图案，并利用现代数码印花技术，将色彩层次变化丰富、富有视觉艺术性的图

图 3-41 新中式水墨绿图案符号之"美"

案印制在面料上，展现出精致细腻的图案美。设计师根据材质的特点和图案的风格，选择适合的工艺手法进行制作。如在丝绸面料上采用刺绣工艺，将精美的图案绣制在面料上；或者在棉麻面料上运用印花工艺，将生动的图案印制在面料上。这些工艺手法的运用，使得图案与材质完美结合，展现出独特的图案美。设计师根据图案的特点和整体风格，选择适合的色彩进行搭配。通过色彩的明暗对比、冷暖对比等手法，使图案更加鲜明突出；通过色彩的和谐搭配，营造出统一协调的整体美感。

③色彩符号之"美"

新中式女装色彩运用独具匠心，在传承中华传统文化的基础上，进行现代化的运用与创新。传统色彩如红色、金色、蓝色等，在新中式设计中被赋予新的生命。红色代表喜庆与热情，金色象征尊贵与辉煌，蓝色则寓意宁静与深远。这些色彩在新中式女装中通过巧妙地搭配与运用，营造出既传统又时尚的氛围，展现出独特的色彩美感。新中式色彩之美还体现在色彩搭配的和谐上。设计师通过对色彩明度、纯度、色相等因素的精准把控，将不同色彩进行巧妙搭配，使整体色彩效果既丰富又统一。色彩搭配的和谐之美，使得新中式女装在视觉上更加舒适与愉悦。在新中式女装中，设计师通过对传统色彩观念的理解与运用，将其与当代色彩审美文化进行深度融合，创造出既具有民族特色又符合现代审美趋势的色彩搭配方案。如图 3-42 为新中式绛红色彩符号之"美"的表

图 3-42　新中式绛红色彩符号之"美"

达，"绛，大赤也"，是代表明艳与福泽的色彩。在古代绛红色被视为文化和政治地位的象征，是正统与高贵的代名词。它常被用来表彰身份，彰显尊贵，融入岁时节令，成为中国传统文化与色彩美学的代表。绛红色象征着平安、喜庆、福禄、康寿、尊贵、和谐和团圆。这一色彩的运用无需繁复的面料肌理，就能营造出大气端庄的中式氛围和引人注目的视觉效果。

④材质符号之"美"

作为中国传统服饰的经典面料，丝绸以其光滑柔软、轻盈飘逸的质感，为新中式女装赋予独特的优雅与高贵。其天然的光泽感和垂坠性，提升服装的整体质感，使得穿着者更加柔美动人。棉麻面料已成为新中式女装中不可或缺的材质，带着天然的纹理和质朴气息，体现新中式女装对自然与纯粹的追求。其天然的舒适感和透气性能，契合现代人对健康与环保的关注，传达出一种简约而宁静的美感。随着科技的进步，新中式女装也融入了越来越多的科技面料，如合成纤维、植物纤维等。设计师对不同材质的深入研究和实践，使新中式女装在展现传统韵味的同时，也符合现代人的审美需求。如图 3-43 为新中式材质符号之"美"的表达，材质上使用天然的苎麻，自然淳朴而又吸湿透气，独特的绿色系设计，演绎清冷氛围感，显现高级感东方美学，将自由格调融入清新淡雅中，恰到好处地展现了新中式风格的雅致之美。

图 3-43　新中式材质符号之"美"

⑤工艺与细节符号之"美"

新中式女装在工艺制作上追求精湛细腻。刺绣作为中国传统服饰的重要工艺之一，在新中式女装中得到广泛应用和精致展现。设计师将传统的刺绣技艺与现代审美相结合，创作出具有独特风格的花卉、鸟兽、山水等图案，使服装在细节上更加精致和富有文化底蕴。这些刺绣图案不仅起到装饰作用，还增强服装的质感和层次感。如图 3-44 为"ZHUCHONGYUN"高定"苗"作品，体现了工艺

图 3-44　"ZHUCHONGYUN"高定"苗"
作品体现了工艺与细节符号之"美"

与细节符号之"美"，无论是手工刺绣还是机器缝制都力求完美无瑕，通过精细工艺处理和独特装饰手法，使服装呈现出高级感和艺术感。盘扣作为中式服装的典型元素，在新中式女装中也占据重要地位。现代新中式女装中盘扣设计应用更加注重创意和变化，不仅在材质、颜色、形状上有所创新，还结合现代设计理念，使盘扣在保留传统韵味的同时，更具时尚美和实用美。运用精湛的技艺对面料进行剪裁、缝合、压褶等处理，使服装更加贴合人体曲线，展现出流畅的线条和优雅的身姿。还会对面料进行热定型、洗水等后处理工艺，使服装更加平整、耐用。工艺与细节的精致与考究，提升新中式女装的整体品质感，赋予其独特的文化内涵和审美价值，呈现出一种细腻入微、精致典雅的美感。

（3）和谐与纯净之"美"

新中式女装在美学上追求和谐与纯净之美。在色彩选择上倾向于使用纯净的颜色，在视觉上给人以整洁、舒适的感觉，符合现代女性的审美喜好。这些纯净的色彩并非传统色彩中高纯度的"正色"，而是指纯度和明度不高的色彩，或者高明度的颜色，使得整体色彩搭配更加和谐自然，给人含蓄、舒适、清新、简洁、高雅的色彩印象。这种纯净色彩暗喻人的品德和性情，通过色彩彰显穿衣者内心的精神世界。新中式女装基于这样的色彩观显得和谐与纯净。在此种色彩观的影响下很多新中式女装常采用平静素雅的色彩，表现和谐与纯净之"美"。如图3-45为2024年秋冬"盖娅传说"新中式女装，服装采用素雅的中国传统色调青色、白色、灰色等，给人一种宁静、平和的感觉。而淡雅山水纹样的运用，则增添一份诗意与浪漫，仿佛将人带入如诗如画的山水之间。这种设计表现出和谐纯净之"美"，体现中国传统文化的韵味，又融入现代时尚的元素，让服装在传统与现代之间找到完美的平衡。它不仅是一种时尚的表达，更是对中国传统文化的传承与创新，展现和谐与纯净之"美"。

图 3-45　"盖娅传说"作品展现
和谐与纯净之"美"

新中式女装在色彩搭配上追求和谐统一，避免过于突兀或强烈的对比色组合，常采用相似或相邻的色彩进行搭配，营造出一种和谐、统一、舒适、稳定的视觉效果，如米灰色与灰色常会组合搭配，显得温润、清韵的色彩感觉，被广泛应用于新中式女装中。这些色彩不仅具有中国传统文化的韵味，还融入现代审美趋势，使得整体造型传统又时尚。设计师根据面料的特性和质感来选择合适的色彩进行搭配，使得色彩与面料相得益彰，和谐统一。如丝绸等光泽度高的面料适合搭配柔和淡雅的色彩，以凸显出女性温婉的风情；而棉麻等天然材质则适合搭配清新自然的色彩，表现自然朴素的清新美感，表现新中式女装的和谐与纯净之"美"。

（4）情与境的统一之"美"

新中式女装情与境的统一之"美"展现出独特的韵味与魅力，这种美体现在服装的设计上，更体现在穿着者所处的环境与心境的和谐共鸣中。新中式女装巧妙地融合传统元素，如色彩、盘扣、立领、对襟等，这些元素不仅是装饰，更是情感的载体，寄托穿衣者对中国传统文化的尊重和传承之情，更表达她们的审美观念。

新中式女装图案采用花卉、山水、诗词等具有象征意义的元素，这些图案不仅美观，还能激发人们的情感共鸣，引发人们对美好事物的联想和向往。

新中式女装所蕴含的情感与哲理是相辅相成的。情感是人们对美好生活的向往和追求，而哲理则是对生活本质的深刻思考和领悟。新中式女装通过其独特的设计理念和穿着体验，将情感与哲理融为一体，使人们在欣赏和穿着的过程中感受到传统文化的博大精深和现代生活的美好。

情与境的统一之"美"还体现在穿着者与环境的互动中。无论是晨曦微光的公园，还是夕阳余晖的河畔，身着新中式女装的女性都能与周围环境形成和谐的画面，仿佛一幅流动的水墨画卷。这种情与境的和谐共鸣，使得新中式女装不仅仅是一件衣物，更是一种生活态度和情感表达。如图3-46为新中式女装情与境的统一之"美"的表达，整体色调以暖色调为主，采用木纹材质，为空间注入自然的气息，搭配简约的线条和几何形状，营造出一种低调的奢华感。低饱和度的配色，轻盈舒缓的空间氛围，输出空间温润的质感，也正好呼应品牌新中式女装的朴素优雅、平易近人的亲切感。

图3-46　新中式女装情与境的统一之"美"

设计艺术中的"真善美"是相互关联、相互影响、相互融合、相互促进的整体。设计作品的"真"实性为设计作品提供坚实的基础和实用价值；设计作品"善"体现正确的伦理性，体现设计师的社会责任感和担当；设计作品"美"所体现的审美性和艺术性是设计作品核心追求和魅力所在。设计师需要在设计过程中全面考虑这三个方面，创造出既实用又美观，既符合伦理价值，又体现社会责任的优秀设计作品。只有在追求

"真"和"善"的基础上，才能创造出真正具有"美"感和价值的艺术设计作品。新中式女装设计是设计艺术中一个独特设计领域，在"真善美"这三个方面都有深刻的体现和追求。它不仅是对传统文化的真实反映和尊重，更是对现代审美和穿着需求的积极回应和满足。在未来的发展中，新中式女装设计应继续秉承"真善美"的理念，不断创新和发展，为现代女性带来更多具有文化内涵和审美价值的服装作品。

3.3 新中式女装设计美学特征

3.3.1 文化传承与自信的美学特征

新中式女装承载了丰富的中华传统文化内涵，通过服装的形式将历史文化、哲学理念、艺术形式等展现出来，让人们在穿着中感受到传统文化的魅力和价值，是对民族文化的传承和弘扬。这种传承与创新并重的做法，使得新中式女装既具有深厚的历史文化底蕴，又符合现代人的穿着需求。

如图 3-47 为 "M essential" 新中式女装传承宋韵美学特征，在设计上注重宋代传统服饰元素与现代的融合，展现出较好的时尚感和舒适度，表达女性的柔美和优雅。不同于盛唐的丰盈多彩，也有别于明清的端庄奢华，宋代的服饰设计融合前代的传统与当时的社会风尚，反映宋代社会的含蓄、温婉与自成风雅意境。与唐代的宽袍大袖不同，宋代服饰倾向于窄袖设计，整体造型更为紧凑简练，体现宋代服饰的实用主义倾向。宋代服饰色彩偏向淡雅，以青色、蓝色、灰色、白色等自然色系为主，体现宋代的清雅之风。纹样上则偏好简约的植物图案、几何图形或是寓意吉祥的图案，如莲花、竹子、云纹等，较少使用过于华丽的装饰。宋代服饰中，腰带不仅是实用的束衣工具，也是重要的装饰品。此款 "M Essential" 女装在款式造型、色彩应用、图案表达方面都传承了宋韵服饰文化的美学特征。

新中式女装兴起也是国民文化自信不断提升的表现。在现代社会中，随着国际交流的增多和文化自信的增强，越来越多的中国女性开始关注和喜爱具有传统文

图 3-47 "M essential" 新中式女装
传承宋韵美学特征

化特色的服装。新中式女装美学特征是对中国传统文化的自信表达，通过创新设计、色彩图案运用、材质选择和文化融合等方面，展现出独特的时尚魅力和文化价值。

3.3.2 现代古典美的美学特征

新中式女装融合传统中国元素与现代设计理念，展现东方古典美学与现代时尚的和谐共生、完美融合。传统的盘扣、对襟、立领等元素，在新中式女装中得到全新的呈现，这些元素不再局限于传统的款式和色彩，而是通过现代设计手法进行创新和重塑，如传统的盘扣在新中式女装中，保留其精致细腻的特点，融入更多的时尚元素，如金属光泽、不规则形状等，使其更加符合现代审美需求。传统轮廓的改良保留，如旗袍的修身曲线、汉服的宽袍大袖等经典轮廓，但在尺寸和比例上进行了适度调整，以适应现代生活的便利性和时尚需求。旗袍的裙摆略微加长或缩短，使其更适合日常活动。这些都是新中式女装现代古典的美学特征。如图3-48为"M essential"女装，肩部垫肩采用现代样式，立领、腰等部位用解构手法进行现代创新，造型独特，表达现代古典的美学特征。盘扣设计则采用夸张手法，改变传统盘扣的实用功能，成为整套服装的视觉中心，同样表达出现代与古典美的美学特征。新中式女装以其独特的现代古典美学特征成为时尚界的一股清流，不仅传承中华文化的精髓，还融入现代设计的理念和技术，展现东方古典美学与现代时尚的完美融合。

图3-48 "M essential"女装表达现代古典美的美学特征

3.3.3 中西合璧的美学特征

新中式女装打破传统中式服装的固定结构，借鉴西式服装的分割和拼接手法，将西方服装结构与中式服装的平面结构相结合，创造出既有中式韵味又符合人体工程学的款式。如在中式上衣中融入西装的垫肩设计，增加立体感和时尚感；在旗袍的设计中，采用西式的腰部省道结构，增强收腰效果；在中式长衫的基础上，增加西式的开衩设计，增加服装的灵动性。

中西图案元素的融合，将中式图案与西式几何图案、花卉图案等相结合。如在一件服装中既有精美的中式刺绣牡丹，又有简约的西式线条装饰，营造出丰富多元的视觉效果。

突破中式传统色彩搭配的规则，借鉴西式色彩理论中的互补色、邻近色搭配等方法。如将中式的金色与西式的紫色相搭配，展现出独特而大胆的色彩组合。

传统中式面料与西式新型面料的结合，丝绸、锦缎、棉等中式传统面料与西式蕾丝、雪纺、牛仔布等新型面料相互搭配使用。如在中式上衣的领口和袖口处使用蕾丝装饰，增加女性的柔美；或者在中式长裙中融入牛仔布的拼接，展现出时尚与休闲的气息。

3.3.4 个性创新的美学特征

新中式女装不再局限于对传统中式女装形制和元素的简单复制，而是以一种批判性的思维重新审视和解读传统，打破固有的设计模式和规则。将多元的文化元素融入设计中，不仅有中国传统文化，还引入现代流行文化、异域文化等，创造出独特的文化碰撞与融合效果。

款式结构个性创新的美学特征，新中式女装常采用不规则的裙摆、领口、袖口设计，打破对称和平衡的传统观念，展现出一种灵动和不羁的个性。对传统中式服装结构进行拆解和重新组合，创造出新颖的款式，如将汉服服饰的交领与西式露肩设计融合。

图案与装饰个性创新的美学特征，新中式女装运用现代数码印花技术，将个性化的图案，如抽象艺术、动漫卡通形象、现代插画等与传统中式元素相结合，创造出独特的视觉效果。

色彩个性创新的美学特征，摒弃传统中式服装中常见的色彩搭配，表达个性创新性。有时大胆采用对比强烈的色彩搭配，如荧光色与中国传统古典色彩的搭配，展现出强烈的个性和时尚感；有时运用色彩的渐变和晕染效果，营造出梦幻、浪漫的氛围，使服装更具艺术感染力。

材质个性创新的美学特征，尝试使用高科技材料、环保材料或特殊材质，如反光面料、透明材质、金属质感的织物等，为新中式女装增添未来感和科技感。或将不同质感和特性的材质进行混搭，如柔软丝绸与硬朗皮革、粗糙麻质与光滑绸缎相结合，创造出丰富的触觉和视觉感受，使新中式女装表现出与众不同的个性创新美学特征。

3.3.5　含蓄婉约的美学特征

新中式女装继承传统中式女装的含蓄婉约风格，不过分张扬和暴露，通过巧妙的剪裁和设计展现女性的优雅身姿和内在气质，给人以遐想和回味的空间。

新中式女装更加注重色彩的柔和与协调。这种色彩运用方式营造出一种温婉、内敛的氛围，使服装在视觉上呈现出一种含蓄的美感。新中式女装也善于运用渐变色的时尚手法，使色彩更加丰富多变，赋予服装更多的层次感，增强其含蓄婉约的美学特征。

在面料选择上新中式女装更倾向于使用天然、透气、亲肤的材质，如棉、麻、丝等。这些材质确保穿着的舒适度，还与服装的整体风格相协调，进一步提升其含蓄婉约的美学特征。

在细节处理上展现出极高的精致度，新中式女装既保留传统元素的韵味，又赋予服装新的生命力。注重流畅与和谐，避免过多的装饰和繁复的线条。在配饰的选择上，也偏爱没有棱角的款式，如珍珠手镯、翡翠手镯等，这些配饰的加入不仅提升服装整体质感，更让穿着者在细节中感受到传统含蓄婉约的魅力。

3.3.6　自然朴素的美学特征

在审美意蕴上，新中式女装追求"自然"与"朴素"之美。这种审美观念源自中国传统哲学思想中"天人合一"和"和谐共生"的理念。新中式女装营造出一种清新脱俗、淡泊宁静的整体氛围。穿着者仿佛与自然融为一体，展现出一种不随波逐流、追求内心宁静与真实的生活态度，图3-49为"Uma Wang"2022年新中式女装，体现了"天人合一"的自然朴素美学特征。

在设计中新中式女装注重自然材质的运用，使服装散发出一种自然、朴素的美感，常采用天然的面料如棉、麻、真丝等。这些材质本身就源自大自然，具有原始的质感和纹理，未经过多化学处理，保留了其天然的特性，给人以亲近自然、质朴无华的感觉。

新中式女装色彩上偏向于自然色系，如大地色、草木色、天空色等。这些色彩温和而不张扬，仿佛是从大自然中直接提取而来，传递出一种宁静、平和、与自然相融的氛围。

自然元素如山川、河流、花卉、草木等常

图3-49　"Uma Wang"新中式女装体现自然朴素的美学特征

被应用于新中式女装设计中。这些自然元素图案的表现形式往往简洁而生动，不刻意追求繁复的细节，而是以一种朴素的方式展现自然之美，仿佛将大自然的美景融入衣物之中。

新中式女装注重廓型的舒适性和流畅性，剪裁简约大方，不过多追求复杂的结构和夸张的造型，宽松的板型、自然下垂的裙摆和衣袖，让人的身体能够自由活动，体现出一种顺应自然、不刻意束缚的态度。新中式女装避免过多的华丽装饰，而是采用一些自然材质的配饰，如木质的扣子、竹饰品等，或者运用简单的手工缝线等处理方式来增加细节。这些装饰手法简约而不失韵味，强调了自然朴素的美感。

3.3.7　中和为主的美学特征

在设计上追求整体的和谐与统一，无论是款式、色彩还是材质的搭配，都注重相互协调，营造出一种平衡、稳定的美感。这种和谐统一体现东方哲学中"天人合一"的思想。新中式女装以"中和为主"的美学特征，体现一种和谐、平衡、适度的审美追求，展现中国传统文化在现代时尚领域中的独特魅力和智慧。

传统与现代的中和。新中式女装将传统的中式元素，如旗袍的立领、盘扣、刺绣等与现代的时尚设计理念和制作工艺相结合，保留传统文化的韵味，融入现代的审美和需求，实现传统与现代的平衡共生。

形式与功能的中和。新中式女装在设计上注重形式美感与功能实用性达到和谐统一。既有优美的线条、精致的剪裁和独特的装饰，又充分考虑到穿着的舒适与便利，不偏倚任何一方，使服装既美观又实用。

色彩搭配的中和。在色彩运用上，新中式女装通常选取相互协调、不冲突的颜色组合，可能是素雅的单色搭配，也可能是几种柔和色彩的巧妙组合，营造出一种和谐、舒适的视觉效果，避免了过于强烈的色彩对比带来的突兀感。

新中式女装在静态时展现出端庄、优雅的气质，在动态时保持流畅、自然，不会显得过于拘谨或过于随意，达到动静皆宜的中和状态。且其装饰元素运用得精准而适度，不过分堆砌，也不显得单调。恰到好处的绣花、镶边或点缀的配饰，为服装增添亮点的同时，又不会破坏整体的和谐感。

如图 3-50 为 "M essential" 新中式女装，该服装体现 "中和为主" 的美学特征，图中的女装融合了传统中式元

图 3-50 "M essential" 新中式女装 "中和为主" 的美学特征

素与现代时尚的剪裁，不过于保守，也不过分张扬，在传统与现代之间找到了一个恰到好处的平衡点。在色彩运用方面，避免过于鲜艳或对比强烈的色彩组合，而是选择柔和咖啡色、素雅白色组合，色调协调统一，体现"中和为主"的美学特征。材质的选择上，选用中式传统纹样的丝绸和西式的佩兹利纹样的蕾丝面料，既展现出品质感，又能让人感受到一种华丽与浪漫，中西式的材质和纹样协调统一表现出的"中和"之美恰到好处。这款新中式女装通过各方面的设计元素和表现手法，展现出以"中和为主"的美学特征，传承了中式美学的精髓，又适应现代时尚的审美需求。

3.3.8　内外统一的美学特征

新中式女装象征当今社会我国民族服饰文化发展状态，也是当今社会文化、政治、经济发展现状的直接反映。新中式女装所蕴含的民族传统文化，不只是华美的形式，而是通过外在的服饰设计形式表达内在的民族精神本质特点。新中式女装在继承传统中式服装的基础上，讲究内外统一的美学观和审美观，不仅在外观上展现出独特的魅力，更在内涵上承载着中国传统文化的价值观和审美观念，外在的形式美与内在的文化底蕴相互呼应，共同构成了一种中和、平衡的美学特质。

服装或饰品是一种人格美学的象征，与人格相匹配的新中式女装美也如同内外兼修、温文儒雅的女子，其服饰与着衣者的礼仪规范相衬。现今的新中式女装依然注重服装外在形式美与穿着者内在气质美的和谐统一，展现出一种含蓄而内敛的美感。

3.4　新中式女装设计美学评价体系

新中式女装设计美学评价体系是一个涉及多个方面的综合性评估体系，它要求设计者在设计理念的融合与创新、面料的选择与运用、色彩与图案的搭配、结构板型的设计、细节与工艺的处理以及文化内涵的体现等方面进行全面考虑和创新，以实现新中式女装设计的卓越美学价值。

（1）设计理念的融合与创新

新中式女装设计美学评价体系首先关注设计理念的融合与创新，作为传统中式美学与现代时尚元素相结合的产物，其设计理念必须体现出对传统文化的尊重与传承，同时融入现代审美趋势，实现传统与现代的和谐统一。评价时应考察服饰设计是否成功地将中式元素与现代剪裁、色彩、图案等相结合，创造出既具有传统韵味又不失时尚感的女装作品。

（2）面料的选择与运用

面料是新中式女装设计的基础，其选择与运用直接影响到服饰的质感和穿着体验，评价体系应关注面料是否具有传统文化特色，如丝绸、棉、麻等传统面料的运用；也要考虑面料的现代感，如采用新型纺织技术提高面料的透气性和舒适度；面料的图案、色彩等也应与整体设计风格相协调，共同营造出独特的美学效果。

（3）色彩与图案的搭配

色彩与图案是新中式女装设计中不可或缺的元素，评价体系应关注色彩搭配是否和谐统一，能否体现出中式色彩的独特韵味；图案设计是否精巧细腻，能否与整体设计风格相得益彰；新中式女装常采用传统图案如花鸟鱼虫、山水云雾等进行装饰，这些图案的运用是否富有创意和变化，以展现出新中式女装的独特魅力。

（4）结构板型的设计

结构板型是新中式女装设计中的关键环节，评价体系应关注剪裁是否精准合理，能否充分展现女性的身材曲线；板型设计是否符合人体工学原理又具有现代感；在剪裁与板型设计上是否借鉴西式服装的剪裁技术，并结合中式服饰的宽松特点进行创新，以实现传统与现代的完美结合。

（5）细节与工艺的处理

细节与工艺的处理是新中式女装设计美学评价体系中的重要组成部分，评价体系应关注细节设计是否精致巧妙，能否为整体设计增添亮点；工艺处理是否精湛细腻，能否体现出传统工艺的魅力；在细节处理上能否运用盘扣、刺绣等传统工艺手法进行装饰，这些工艺的运用能否提升服饰的质感和增强服饰的文化内涵。

（6）文化内涵的体现

新中式女装设计美学评价体系还应关注文化内涵的体现，服饰作为中华优秀传统文化的载体之一，其设计是否深入挖掘传统文化的精髓并将其巧妙地融入现代设计之中；评价时应考察其设计是否成功地将传统文化元素与现代审美趋势相结合以展现出新中式女装的独特文化魅力。

第 4 章

新中式女装
廓型创新

4

中西方服饰各有其独特的文化背景和审美标准，中国传统服饰廓型以流畅的线条、宽松的剪裁和丰富的装饰元素著称，而西方服饰廓型则强调立体剪裁、合身舒适和简约大方的设计风格，中西方服饰廓型设计上存在显著差异，这种差异也为中西方服饰的创意融合提供了无限可能。新中式女装的中西方服饰廓型创意融合是一种充满挑战和机遇的设计，设计师可以巧妙地运用中西方服饰廓型的互补性，在创意融合过程中将中国传统廓型元素与西方现代廓型审美相结合，通过调整结构的比例关系、解构与重组设计传统服饰廓型、创新部件细节设计、增减细节装饰等方法创造出全新的设计效果，达到中西方服饰廓型设计的互补与共生。

符合现代审美又不失本民族传统文化韵味的新中式服装，通过廓型的创新将传统文化与现代时尚审美相结合，使新中式女装更符合当代生活方式和潮流趋势，为传统文化注入新的活力。新中式女装创新的廓型能吸引更多消费者，满足个性化需求，扩大新中式女装的受众群体。在激烈的服装市场竞争中，独特创新的服饰廓型设计使品牌在众多同类产品中脱颖而出，有助于品牌树立独特的形象，提高市场辨识度和占有率，提升品牌竞争力。在当今时尚消费市场中，消费者对于服装的审美和需求日益多样化，新中式女装更需要在现代社会中展现出与时俱进的魅力。

4.1　新中式女装廓型的传统基础

4.1.1　各代女性传统服饰的主要类型

古代女子服装种类有很多，不同时期和不同阶层女子所穿的服装都有其特色。从深衣、曲裾袍、衫、袄、霞帔等，这些服饰展现了古代女性的美丽与智慧，也反映不同时期的文化和审美观念的演变。

先秦时期女子的服装主要是深衣，这也是当时的流行服饰。深衣分为直裾和曲裾，不仅男性穿，女性也穿。襦裙也是当时女性的常见服饰，襦指短衣，裙指下裳。到了汉代，女子服饰出现显著的改变。

汉代女子的主要服装大致分为曲裾和直裾深衣、襦裙。西汉初年，贵族妇女的礼服开始使用深衣制。曲裾深衣是汉朝女子最常见的服装之一，比较紧身且窄，长可曳地，并且不露足，下摆一般呈喇叭状。直裾深衣在西汉时期便已出现。但是直裾深衣在当时并不能作为官方的礼服，因为古代裤子大多没有裤裆，如果这种裤子穿在里面，不用外衣遮挡的话，很容易露出来，这在当时规矩森严的封建社会，被认为不雅、不敬的表现。直到后来出现有裆裤子，才开始变得流行[8]。虽然到了汉朝时期，当时深衣已普遍流行，但襦裙仍是汉朝女子主要的服装之一。

两晋时期女子服饰仍然承袭秦汉旧制，上衣下裳是主流，但衣裳更加宽大和宽松。女服承袭秦汉的遗俗，在传统基础上有所改进，一般上身穿衫、袄、襦，下身穿裙子，款式多为上俭下丰，衣身部分紧身合体，袖口肥大，裙为褶裥裙，裙长曳地，下摆宽松，从而达到俊俏、潇洒的效果。

唐代女子服饰风格华丽多彩。其中襦裙装是主流，这种款式将短襦和高腰长裙结合在一起，展现了唐代女性的优雅风姿。唐代女性还喜爱穿着桂衣和半袖，这些服饰都具有鲜明的唐代特色。

宋代女子服饰又发生了显著的变化。宋代女子常穿衫裙，这是一种将上衣和裙子分开穿着的款式。宋代女性喜爱穿着褙子，这是一种长及脚踝的外衣，通常搭配裙子穿着。

元代蒙古族传统服饰对汉族女子服饰产生影响。元代女性服饰种类繁多，常见的有襦裙、对襟褙子、小衣等。元代女性常穿襦裙，通常是一种长衣服，中腰设计，下摆呈宽松的 A 字型，多用丝绸或纱绸等轻薄面料制成。襦裙在袖口和领口处有细节装饰，如褶边、珠子、金线等，彰显元代女性柔美和细腻的特点。襦裙的长度和颜色也根据不同场合和不同阶层的需求而有所区别。

明清时期女性服饰更加丰富多样。明清女子常穿的是衫、袄、霞帔、裙子等，这些服饰的款式和面料都有一定的规定和等级区分。明清女子还喜爱穿着长袍和马甲等具有时尚感的款式。

4.1.2 中国传统女装款式分析

历史悠久的中国传统女装款式造型丰富多样，是组成我国民族传统文化不可缺少的部分，也是中华民族乃至人类社会创造的宝贵财富。中式传统女装具有中国传统文化特色，是一种具有深厚文化底蕴和历史积淀的服装样式，其特点鲜明、风格独特，虽各民族各个时期的服饰样式都不相同，但从整体上观察，中国传统服饰还是有很多相同的地方。中式传统服装的造型融合了中国历代经典款式特点，包括宽袍大袖、斜襟、立领、对开襟、连肩袖等，这些设计元素都源自中国传统服饰，设计理念强调自然与和谐，注重服装与人的身体和内心感受。我国传统女性服饰造型绝大多数是平面型结构设计与直线型结构设计的结合，工艺方式采用比较少的拼接，与西方追求服装立体效果不同，中国传统女装内部结构没有省的结构设计，服装造型呈现宽大平直感，穿着效果追求自然、内敛、含蓄的感觉，领、袖、底摆等部位造型细节精致富有设计变化，服装整体表现为宽衣博带的样貌，富有层次变化和飘逸美感。如图4-1所示为各朝代古画中的女子服饰表现"宽衣"样貌（从左至右为唐宋明清），虽然我国每个朝代、每个民族的服饰形制和表达服饰蕴含的意义都有区别，但通过各对比图可以看出我国的传统女性服饰主要以"宽衣"文化为核心，讲究洒脱飘逸的气质。

《簪花仕女图》唐　《盥手观花图》宋　《千秋绝艳图》明　《红楼梦图》清　《皇清职贡图》清

图4-1　各朝代古画中的女子服饰表现"宽衣"样貌

4.1.3　主要中式传统女装廓型类型及特点

（1）深衣

深衣上衣下裳相连，分为直裾与曲裾，两者区别在于布幅的裁剪、衣裾的直曲和交掩的方式。各地汉墓出土的直裾和曲裾，为深衣的形制提供了依据。直裾衣襟直行剪裁，裾在身侧，以腰带固定，图4-2中右图为直裾深衣。曲裾是秦汉时期常见的服饰，也是中国古代女装的重要款式之一，以其婉约的风格受到赞誉，图4-2中左图为曲裾深衣。

图4-2　曲裾深衣（左）、直裾深衣（右）

直裾和曲裾最初来源于东周，也就是春秋战国时期，可以算得上是早期的汉服。曲裾和直裾造型符合中国人不张扬、含蓄、内敛的传统审美情趣。

曲裾上衣长而窄，下裳紧身，以带子系于腰间，续衽钩边即衣襟接长斜线缠绕，后片接长形成三角，腰部缚以大带可遮住三角衽片的末梢，袖型为宽窄两式，分为广袖和垂胡袖也称胡袖（图4-3中左图为深衣广袖、右图为深衣胡袖），袖口大多镶边，垂胡袖的袖型如黄牛喉下垂着的肉皱，引申之凡物皆称胡。[8] 曲裾领口很低，以便露出里衣，如穿几件衣服，每层领子必露于外，最多的达三层以上，时称为三重衣。曲裾下摆一般呈喇叭状，行不露足，通常呈弧形续衽，长度不固定，根据下摆绕的圈数，一般分为双绕曲裾和三绕曲裾，如图 4-4 中左图为双绕曲襟、右图为三绕曲襟，女式深衣通身紧窄，长可曳地，行不露足，有上下均匀的直筒型，如图 4-5 中左图为曲裾直筒下摆深衣、右图为先紧

图 4-3　深衣广袖（左）、深衣胡袖（右）

后宽的鱼尾型。它的出现与最初没有连裆裤有关，通过下摆缠绕的多重保护，以掩蔽身体，故在未发明袴和裈（合裆裤）的秦汉时期较为流行。当后期袴的出现，曲裾绕襟已属多余。贵族的曲裾一般使用华丽昂贵的丝质材料，而普通百姓则使用较为普通的棉麻材质。在秦汉时期，曲裾的颜色通常比较素雅，以深色为主，如黑色、深蓝色、深绿色等。曲裾的图案也具有浓郁的文化特色，常见的图案有龙、凤、鸟、兽、云、水等，这些图案寓吉祥和美好。曲裾不仅具有历史、文化、艺术等多方面的价值，也在现代社会中得到应用和发展。东汉时期曲裾被普及，成为深衣的主要模式，魏晋时期女子襦裙开始兴起，曲裾深衣退出历史舞台。

图 4-4　双绕曲襟（左）、三绕曲襟（右）　　图 4-5　曲裾直筒下摆（左）、曲裾鱼尾摆（右）

　　直裾深衣如图 4-6 所示，是汉服的款式，华夏衣冠体系中的一种，流行于先秦至秦汉时期，通常为交领，衣长可曳地，下摆部分可缘边。衣襟裾为方直，区别于曲裾，直裾下摆部分多采用垂直裁剪，衣裾在身侧或者侧后方，没有缝在衣服上的系带，由布制或皮革腰带固定，腰带系带方式多种多样。直裾袖口可缘边，其袖子造型分为宽窄两种，大部分衣袖比较宽大，《礼记》中记载的深衣下裳为十二片缝合，代表一年十二个月，衣服前后四片缝合，代表一年四季，圆袖方领，象征天圆地方，后背有一条垂直中缝，表示做人要正直，衣服下摆是水平的，表示处事要公平[9]。在汉代以后由于内衣的改进，

图 4-6　直裾深衣

盛行于先秦及西汉前期的绕襟曲裾已属多余，本着服饰经济实用胜过美观的历史发展规则，至东汉以后直裾逐渐普及，成为深衣的主要款式，后期发展而成的直裾深衣，为道袍、圆领袍服等服饰发展起到很大的影响。直裾深衣是中国传统服饰文化中的重要组成部分，体现中华民族对美的追求和对自然的崇敬。

（2）襦裙

裙襦也称衫裙，是汉服古老的形制和汉服常用的服装形制之一，也是中国古代女装的主要款式。襦裙由短上衣和下裙组成，上衣多为交领或直领，下裙多为褶裙或片裙。襦裙的款式多样，可分为齐腰襦裙、高腰襦裙和齐胸襦裙等。上衣下裳的服制据传黄帝时期便已出现，而上襦下裙的女服样式在战国时代已经出现，兴起于魏晋南北朝时期，盛行于唐代，距今已有两千多年历史，尽管长短宽窄时有变化，但基本保持最初的样式。一直持续到清末民初"剃发易服"受到旗人服饰影响，襦裙衣领由传统的交领演变成"厂字领"，但在汉族体系的传统形式中妇女仍保留汉式衫裙衣制。

①交领襦裙

交领右衽样式如图 4-7 所示，即左襟压于右襟之上，外观呈 Y 字型，是汉服的基本原则和典型特征，具有独特的中正气韵。

②直领对襟襦裙

如图 4-8 所示，上襦为直领，衣襟左右对称，故也称直领襦裙，上襦内穿抹胸，束于下裙之内，领口处肌肤隐隐若现。

图 4-7　交领襦裙　　　　　　　　　　图 4-8　直领对襟襦裙

③齐腰襦裙

如图 4-9 所示，齐腰襦裙也称中腰襦裙，即裙际线与腰部齐平，在汉代和魏晋南北朝较为盛行，上襦袖型有直袖、宽袖和广袖等。

④高腰襦裙

如图 4-10 所示，隋唐五代时期裙子的裙腰束得更高，很多都在胸上，一些服装史将其多称为高腰襦裙。裙际线介于胸下与腰上之间，束带系扎于胸部以下，是隋唐五代时期特有的形制，巧妙地提升了女性的腰线。

图 4-9　齐腰襦裙　　　　　　　　　　　　图 4-10　高腰襦裙

⑤齐胸襦裙

如图 4-11 所示齐胸襦裙是隋唐五代时期特有的一种女子襦裙装的称呼。裙际线在胸部以上，束带系于腋下，绕胸口一圈，在开放包容的唐代非常盛行，唐朝仕女讲究以丰腴为美，齐胸襦裙更好地凸显了当时女性的丰腴美感。

⑥半臂襦裙

如图 4-12 所示半臂襦裙的搭配在古代较为常见。尤其在唐宋时期颇为流行。这种服饰组合体现古代女性的柔美婉约，又展现出一定的时尚感和文化内涵。在现代半臂儒裙的搭配也常被用于古装摄影、传统节日活动等场合，成为人们感受传统文化魅力的一种方式。

图 4-11　齐胸襦裙　　　　　　　　　　　　图 4-12　半臂襦裙

无论是交领右衽还是齐胸高腰，各种类型的襦裙都是古代汉族的日常衣着之一，表现了汉服的美学内涵，以其独特的魅力吸引众多人的关注。

（3）袄

袄衣长较长，能遮住裙腰的上装，且有里衬，古代女性服饰的代表之一，袄从唐代开始大量出现在女性的衣物中，替代早期襦裙，成为日常冬季御寒衣物，从宋、明、清等时期看，袄的制作一般保留了长袖通裁、开衩的特征，开衩处多在两侧，唐代到金代有单独开衩在身后的，则称为开后袄子，而相对的开衩在两侧称为缺胯袄子，也有壁画中显示两侧和后面都开衩的袄。女子用于搭配裙子搭配的多是两侧开衩的袄子。

袄，按长短可分为袄子（又称短袄）、长袄两类，一般，不过膝盖为袄，过膝为长袄。袄的款式多样，袖型有广袖、直袖、琵琶袖等，袖口、衣襟等部位有各种图案装饰[10]。

图4-13　清代汉族女袄

图4-14　传统袄裙的搭配

图4-15　单层无里料长衫

袄的衣领有方领、圆领、立领等，而襦裙是没有这些领型的。袄的颜色、图案和配饰根据穿着者的身份、地位、身份有所不同，如图4-13为清中期大红提花绸花鸟如意古式大袄，为年轻贵妇日常服装。小立领，右衽，开衩，小绲边接白缎绣花鸟、山石、如意宽缘，织彩绦，前后四角挖蝴蝶花。白缎花鸟挽袖，腋下兜回仿古式。大红缎团双龙戏珠暗纹，秀美明艳，俏丽典雅。袄经常搭配百褶裙、马面裙等，展现清新婉约、古典优雅的女性美。如图4-14为袄裙整体搭配，袄裙在多个朝代曾非常流行，其中唐代最为华丽，明代最为简洁，袄裙搭配在清代逐渐被旗装所取代，但在汉族民间还是十分流行。如今袄裙作为传统文化的象征，仍然受到很多人的喜爱，在婚礼、庆典等场合人们常常穿着华丽的袄裙展现出古典之美。

（4）衫

衫通常指单层、通裁的上衣，如图4-15所示为单层无里料长衫，以轻薄的衣料制成，单层不用里衬，一般多做成对襟，可穿于衣外，也可穿在衣内，有长短衫之分，是一种比较轻盈的女装款式，根据不同的领型有不同的叫法，如直领对襟衫、交领衫、圆领衫、方领衫、立领衫等，常用于夏季、春秋季节服饰。衫裙的上衣多为对襟或直领，下裳多为褶裙或片裙。短衫有直领短衫和大襟短衫，它们的特点和功用性也有一些很大的区别。例如宋代直领衫的出现受前朝影响很大，有流行风尚和气候的影响，上身交叉后能隐隐露出抹胸，而明代的大襟短衫的领型就比较温和，在特定的场合和秋冬季上身特别适合。长衫是一种宽松的长袍，通常由轻质的面料制成。它的设计简洁大方，适合不同年龄和身材的女性穿着。

（5）半臂

半臂是一种起源于先秦，流行于隋唐的古代服饰，男女均可穿着。它形似短袖，袖长及肘，袖口宽大，通常穿在长袖衣物之外或单独穿着。在古代"半臂"通常用丝绸、麻等制成，上面绣有各种花纹和图案。隋唐时期"半臂"在女性中广受欢迎，不仅可日常穿着，也可在正式场合穿着。唐代"半臂"样式和花纹丰富多彩，成为唐代服饰文化的重要组成部分。随着时间的推移，"半臂"的样式和穿着方式也发生了变化。宋代时，它逐渐演变成一种短袖外衣，成为时尚潮流。明清时期，"半臂"逐渐消失。"半臂"是中国古代服饰文化的重要组成部分，反映了当时的时尚潮流和社会文化，如图 4-16 为唐代花卉纹锦半臂，面料为花卉纹斜纹纬锦，款式为偏衽、盘领、短袖，衣长及腰，下接复原的腰，并以两根系带结系。如图 4-17 为唐代紫红罗地蹙金绣半臂，衣面为紫红色小花罗，衣里是红色细绢，衣式为典型的唐代仕女短袖"半臂"，长仅过胸，短款半袖，宽袖口，对襟并镶有宽领边，用丝芯缠金钱绣如意云头状纹饰，满饰蹙金折枝花，整体活泼艳丽。

图 4-16　唐代花卉纹锦半臂
（甘肃省博物馆藏）

图 4-17　唐代紫红罗地蹙金绣半
臂（法门寺博物馆藏）

（6）云肩

云肩是中国古代女性的一种传统服饰，因其常用四方四合云纹装饰，通常以丝织物制成，上面绣有精美的图案和花纹，亦如雨后云霞映日，故称为云肩。云肩最初只用于保护领口和肩部的清洁，后逐渐演变为一种装饰物，多以彩锦绣制而成，是古代女子整体服装搭配的灵魂。中国古代建筑讲究四方四合，天圆地方的造景观念也直接影响了云肩的外形轮廓造型。大多数云肩采用四个云纹组成，叫四合如意式，如图 4-18 所示，还有柳叶式、荷花式等，上面都有吉祥命题，例如富贵牡丹、多福多寿、连年有余等。中国传统服饰一

117

图4-18 四合如意式云肩

一般均为平面裁剪，唯有云肩是因人而异，制作时根据女性身体的体形进行立体式摆设，再进行裁制，力求穿在肩头得体而有分寸。云肩最早见于敦煌唐代壁画中的贵族妇女形象，隋代观音像亦有披云肩者，五代开始有云肩使用的记载，元代则更为普及，明代妇女多把云肩作为礼服上的装饰，到了清代云肩已普及到社会的各个阶层，特别是婚嫁时成为青年妇女不可或缺的衣饰，民国之后云肩逐步消失并转化为戏曲女性服饰造型的一大行头。

（7）马面裙

马面裙在宋代被称为旋裙，原本是宋代为方便女子骑驴而设计的一款功能性的"开胯之裙"。到明代旋裙逐渐演变成马面裙，是当时常见的裙式之一。上至王公贵族，下至普通百姓，人人都可以穿马面裙。至清代一条"男从女不从"法令，马面裙原本由男、女通用的下装变为只有女子才穿的裙子。马面裙样式主要分为四种，有百褶式、襕干式、凤尾式、月华裙四种。将马面裙两侧的裙幅打褶后所形成的样式称为侧裥式，这是明清马面裙共同的特点。清代马面裙的褶裥更加细而密，故而得名"百褶裙"，其褶裥对称分布在两侧裙胁，单侧褶向裙胁中心线对称倒伏，褶裥排列整齐有序。清晚期流行一种独特的装饰方法，即用数条或数十条深色的细缎带镶绲分隔两侧的裙幅，将其分割成平均、有序的几个部分，穿着起来裙身两侧的褶裥形成自然对称的形态，体现出庄重、沉稳、严谨的效果。凤尾裙是马面裙中比较特殊的一种，其两侧裙幅和前、后马面都不再是连续的面料，转而由细长的布条从形式上代之，由于布条间间隙较大，已不足以蔽体，故不单独穿着，通常围系在马面裙之外作为装饰。清代在扬州、苏州等地流行"月华"裙，其特点是马面两侧每一个裙幅的用色不同，在明亮色之间会掺杂深色或者复色，甚至还有对比色配对。月华裙为多裙幅、多配色的马面裙，如图4-19为八色花绸百褶月华式马面裙。如图4-20为清代红色刺绣马面裙，色彩艳丽，以红为贵，采用刺绣工艺表现不同的纹饰图案，象征不同寓意。

图4-19 八色花绸百褶月华式马面裙

图4-20 清代马面裙

（8）褶子

褶子是从隋唐时期的"半臂"

演变来的，是宋、明时期女子的常用服饰，样式以直领对襟为主，腋下开胯，衣长过膝。因使用场合和时间的不同，其形制变化甚多，从皇后、嫔妃、公主到一般妇女都穿。宋朝褙子直领对襟，两腋开衩，衣裾短者及腰，长者过膝。宋朝女性穿褙子，内多搭配抹胸。宋朝女子褙子上下的服色搭配表现出两种特点，一是多喜爱邻近色的搭配，不强调对比；二是偏爱有颜色的褙子与白色长裙的对比搭配，其在南宋时期的女子中尤为流行。宋代女褙子往往通过其内的衣襟边缘或垂带的颜色彰显服饰层次感，使得人物着装更为丰富，纹样主要是通过衣襟、袖口、侧缝处的缘饰加以表现，也有来自面料本身的织物图案，但大多为暗纹织成，从而使褙子整体素雅，以此突显缘饰的精致华丽。如图 4-21 所示，褙子的纹样种类以植物花卉纹最多，还有鸟兽纹、几何纹、吉祥纹，人物纹、花鸟纹、楼阁纹、山水纹等。

图 4-21 宋代褙子

（9）霞帔

霞帔也称"霞披"，是宋明以来重要的冠服之一，特指用两条丝绸带制作，穿着时佩挂于肩上，绕过颈部，披在胸前，尾端缀有帔坠的饰品。霞帔最初是皇帝的妃嫔所穿着的，最早由南北朝时期的帔子演变而来，发展到隋唐时期叫作霞帔，造型类似于现代常见的披肩，发展至宋代时霞帔被划入命妇礼服的行列中，正式成为一种身份等级的象征，如图 4-22 为宋代霞帔。至清代，改制为背心式服装。霞帔的制作工艺非常精细，常使用绣花、刺绣等技艺进行装饰，以凸显其高贵的身份。

霞帔

帔坠

图 4-22 宋代霞帔

（10）比甲

比甲起源于宋代背心，盛行于明代，是一种无袖、无领、对襟、两侧开衩、长至膝下的马甲[11]。它的样式比后来流行的马甲要长，一般长至臀部或膝部，有些更长，离地不到一尺。这种衣服最初是宋朝的一种汉服款式，即无袖长罩衫。一般比甲穿在大袖衫、袄子之外，下面穿裙，所以比甲与衫、袄、裙的色彩搭配能显出层次感来。比甲是外穿衣物，和披风、褙子等属于罩衫的一种。比甲属罩衣，有长短之分，领子可做成方领、圆领、直领等样式，为半袖或者无袖的对襟开衩上衣，一般与长衫、袄裙等搭配叠穿，

图 4-23　明制圆领对襟长比甲

凸显女子身形，更显窈窕纤细。比甲在汉服中是一种独特的服装款式，其设计和风格在不同的历史时期都有所变化。如图 4-23 所示为明制圆领对襟长比甲。

（11）披风

披风是明代非常流行的一种服饰，是一款挡风的服装。在明末的《云间据目抄》里就提到了"披风便服"，在小说《红楼梦》中也反复出现披风服饰，但值得注意的是《红楼梦》中既有披风也有斗篷，两者最大的区别是披风有袖子，斗篷无袖，明代王圻《三才图会》中写道："褙子即今之披风也"，由此说明，明代的披风是由宋元的褙子演变而来的。明初时，明朝与中亚和西亚的游牧民族交流很频繁，受其影响才有了披风的诞生。与褙子相比，其变化主要体现在收腰大摆和领子上，女式披风较为艳丽，多有花鸟锦绣，从《大明会典》的规定上来看，披风一般是命妇的服饰，但到了明朝末期，服饰僭越成为普遍现象，普通妇女也开始穿着，在披风里配一件立领衫，加上收腰大摆的形制，这就是典型的明清女子端庄而贤淑的形象。如图 4-24 明制披风为直领、对襟，领的长度为一尺左右，敞口大袖，衣身两侧开裾，衣襟用系带固定或用花形玉纽固定。

图 4-24　明制披风

（12）马褂

马褂是一种穿于袍服外的短衣，衣长至脐，袖仅遮肘，满语叫"鄂多赫"，因穿着马褂便于骑马而得名，亦称"短褂"或"马墩子"，流行于清代及民国时期[12]。清朝马褂起源于满族的传统服饰，具有浓郁的民族特色（图 4-25）。马褂的款式多样，常见的有对襟、琵琶襟、大襟等。马褂的领口、袖口和下摆处常装饰有精美的绲边或纹样，既美观又富有层次感。马褂上常常绣有吉祥图案或文字，寓意富贵、吉祥幸福，这些图案和文字不仅展示当时人们的审美观念，也寄托了他们对美好生活的向往和追求。马褂后来逐渐演变为一种礼仪性的服装，无论身份高

图 4-25　清代女用马褂

低都以马褂套在长袍之外，显得文雅大方。民国年间曾被列为礼服之一。中华人民共和国成立后，马褂逐步被摒弃，后经改良又以"唐装"的名称重新回到人们的视野中。

（13）坎肩

清代的坎肩又称背心、马甲，是一种无袖服装。清代坎肩经过长时间的历史演变及人们对服饰喜好的设计，其款式已与现代坎肩极为相近，可分为大襟、对襟、琵琶襟、一字襟和人字襟等。根据衣长，坎肩可分为大坎肩和小坎肩两种，大坎肩衣长过膝，小坎肩衣长及腰。大坎肩又名比甲、长坎肩、褂襕等。清代坎肩又称为"褂襕"，是清代后妃春秋季节穿着在衬衣外面的便服，多对襟或大襟样式，无袖，前后左右开裾，衣长至膝以下，直身式。如图4-26为清代女短坎肩。

图 4-26　清代女短坎肩

（14）氅衣

氅衣是传统的汉族服饰，清代道光以后始见于清宫内廷，是清代内廷后妃穿在衬衣外面的日常服饰之一。其形制为直身，圆领，右衽，左右开裾至腋下，衣长到脚背，只露出旗人鞋的高底。衣袖分为单袖、双袖，袖端在日常穿用时呈折叠状，袖长及肘，也可以拆下钉线穿用。袖口内加饰绣工精美的可替换袖头，既方便拆换，又像是穿着多层讲究的内衣。四季穿用，棉、夹、缎、纱材质随季节变化而变化。与其他服饰不同的是氅衣在两侧腋下的开裾顶端都有用绦带、绣花边的如意云头装饰，形成左右对称的形式。衣边、袖端则装饰多重各色华美的绣边、绦边、绳边、狗牙边等。尤其是清代同治、光绪以后，这种繁缛的镶边装饰更是多达数层。氅衣是满族服饰与汉族服饰文化融合的产物，它的出现和大量使用反映了满族和汉族文化的相互融合以及西方服饰对清代宫廷的影响。清末氅衣与满族服饰袍服的结构相融合，并逐渐演变成旗袍，成为中华民族服饰中的瑰宝，如图4-27为清代海棠纹单氅衣。

图 4-27　清代海棠纹单氅衣

（15）旗袍

近代流行的旗袍是在清代袍服的基础上发展起来的，旗袍是中国女性的传统服装，是满族服饰与西方文化碰撞后的产物，经过不断地演变和发展，形成了具有浓郁中国特色的服饰文化，被誉为中国国粹和女性国服。它的特点是保守和传统相结合，紧身、高领、短袖或无袖、衣领紧扣、斜襟、盘花纽扣、高开衩、曲线鲜明地衬托出端庄、典雅大方、雍容华贵的民族风格[13]。它的图案和装饰也非常精美，常采用刺绣、蕾丝、绸缎等材料，展现出中国传统工艺的精湛技艺。旗袍的发展演变过程中，受到西方文化的影响比较大，民国时期随着西方文化的影响以及上海等地中西文化交流的加速，旗袍在上海等地流行起来。在20世纪20年代西式旗袍变得非常合体，中国人第一次拥有了自己的曲线美，这种美闪耀了整个上海滩。在1929年旗袍成为中华民国的法定制服。中华人民共和国成立后，随着社会经济文化和科学技术的发展，旗袍又有了新的发展和变化。在改革开放后，旗袍又被赋予了新的含义。无论是在日常生活中还是在重要场合中，旗袍都被当成中国女性日常服饰和礼服而存在。

旗袍作为中国传统服饰的代表之一，已经有近百年的历史。在这段历史中，由于地域、思想观念、生活环境等方面的差异，旗袍逐渐形成了多个流派，每个流派都有其独特的风格和特点，其中京派、海派和苏派旗袍是最具代表性的三个流派。

京派旗袍起源于北京，展现的是具有中国文化的美，它矜持、凝练、华美、端庄、典雅、大方。如图4-28所示，京派旗袍讲究的是舒适和大家风范，造型比较保守，款式多以直身为主，采用直线裁制，胸、肩、腰、臀完全平直，款型通常平直宽肥，有大襟、领口、袖口等部位较为简洁，宽绲边设计，女性身体的曲线毫不外露[14]。京派旗袍色彩浓郁、颜色以黑色、红色、深蓝色等为主，装饰丰富，常使用传统京绣工艺绣出富有北京特色的图案，如凤凰、牡丹等，绣花图案工艺繁复。京派旗袍选择偏厚重面料，可单可夹，花色也未受到西方的影响，纯真质朴，不追随大流，有自身所带的宫廷风格，是旗袍家族中的大家闺秀，充分展示其独特的魅力，也更好地体现中国的文化传统。

海派旗袍起源于上海，在20世纪上半叶由民国时汉族女性参考满族女性传统旗服和西方服饰文化基础上设计的一种时装，它是一种东西方文化糅合的具象化表现。在20世纪20年代的上海，这类服装不断融入西方服装元素并得到强化。款式逐渐趋于修身，面料与国际

图4-28　京派旗袍

接轨，并逐渐添加拉链等实用配饰，形成了独特的
"海派旗袍"，如图 4-29 所示。由于款式时尚、穿
着方便，在 20 世纪 30~40 年代迎来了海派旗袍的
黄金时代。从电影明星、海报女郎到校园学生、家
庭主妇，当时在上海穿着旗袍的女性随处可见。海
派旗袍是中国传统文化"求变"的体现，具有中西
融合的特点，海派旗袍的裁剪方式和造型特点则受
西方服装立体造型的影响，使衣身在造型上由平面
构成形式转变为立体构成形式。从正面看，肩宽、
收腰和宽下摆，构成"X"形；从侧面看，强调曲
线美，高胸翘臀的造型，形成"S"形，东方女性

图 4-29　海派旗袍

细腰削肩的特点在不经意中以天然的方式体现出来。20 世纪 30 年代，海派旗袍在结构
上开始采用了收拢腋下省和胸省的结构处理方式，用收省的方法，使胸部造型更加丰满，
腰部收窄以致贴体，使其更接近人体曲线，整体廓型简练流畅。20 世纪 40 年代的旗袍
继续朝西化方向发展，传统旗袍是一个平面结构，前、后片及袖片连接在一起，当衣袖
下垂时，肩与袖口处面料堆积过多，针对这一问题，设计师将前、后片分离，前片、后
片各自形成符合人体自然站立时双肩下垂的肩斜线。同时袖子与衣身分离，连袖变为装
袖。垫肩、拉链也逐渐被广泛地使用。中西合璧的款式与制作技术既保留中国女性温婉
含蓄的传统气韵，又增加简洁干练的现代风采。海派旗袍款式多样，有直身款、A 字款、
鱼尾款等，领口、袖口等部位的设计也较为丰富，为了从外观上区别于京派旗袍，一律
采用窄边进行包边。海派旗袍颜色以淡雅为主，如粉色、浅蓝色等，还常常运用上海特
色的面料和图案，如丝绸、蕾丝等。海派旗袍率先思考了中
国社会特定发展阶段的变化，它"与时俱进"，改造固有的
服装体系，以适应新的社会需求；它"因势利导"，以开放
的心态接受不同文化的审美观。最终"变则通，通则长久"，
发展成为中国最具代表性的时尚"国服"。

　　苏派旗袍起源于苏州，其特点是温婉、精致、含蓄，如
图 4-30 所示。吴地文化源远流长，苏式旗袍在诞生之初就
带着秀丽雅洁的品格 [15]。虽然精美绝伦的苏派旗袍不像海派
旗袍那样时髦大胆，也没有京派旗袍的固守作风，但它却有
自己的鲜明个性。苏派旗袍中重点是吴文化、精致典雅的苏
绣，其在继承传统的基础上又有创新，从款式看苏派旗袍在
继承传统基础上加以创新，除了大襟还有斜襟、琵琶襟、双

图 4-30　苏派旗袍

开襟等，款式以直身为主，领口、袖口等部位的设计较为简约。苏派旗袍和京派旗袍的矜持保守不一样，多了几分活泼灵动，和开放的海派创新的旗袍也不一样，多一份含蓄优雅的韵味。苏派旗袍的面料主要是各种丝织品，刺绣图案尤为丰富，以水乡的景色、荷花、莲叶、缠绕的枝蔓、梅兰竹菊等为主，多绣于前胸、领口、袖边等处，针法多样、绣工细腻、颜色雅洁。在工艺上，京派旗袍和苏派旗袍都有繁复的刺绣，但风格却大不一样，这得益于吴文化的熏陶，苏派旗袍配色更素雅清新，最特别之处是苏派旗袍善于将手绘、书画艺术与旗袍结合，融合吴门画派的手绘艺术、书画之美的苏派旗袍从骨子里透出优雅气息。独具韵味的苏派旗袍虽不似海派旗袍的时髦与大胆，但精美繁复的刺绣令它与海派旗袍有鲜明的区别。

以上这些传统女性服饰只是中国传统女装款式的一部分，每种款式都反映了不同历史时期和地域文化的特点，是中国丰富多彩的服装文化的重要组成部分。中国传统女装款式多样，各具特色，不仅体现了古代女性的审美观念，也反映了当时社会的文化背景和风俗习惯，这些传统女装款式为现代女装设计提供了丰富的灵感来源，具有很高的参考价值，也是新中式女装廓型进行创新的基础。

4.2 中式传统廓型对新中式女装创新影响

4.2.1 中式女装造型审美价值的传承

每一种中式女装造型都有其历史渊源和发展脉络，传承这些造型和审美价值，也是在传承中华民族的历史记忆和文化基因，让人们在穿着过程中感受到文化的厚重与传承。旗袍的修身合体、汉服的宽袍大袖等中式传统廓型为现代新中式女装提供独特的审美视角。这些传统廓型展现出优雅、庄重、古典等特质，丰富现代女装的审美内涵。新中式女装可以从中汲取灵感，将传统的审美观念与现代时尚元素相结合，创造出具有传统文化韵味又符合现代审美需求的服装款式。如传统长袍具有宽袍大袖的廓型特点，给人一种洒脱、自在的感觉，现代新中式女装借鉴这种廓型，设计出宽松的长袍款式。材质上选择天然纤维面料，如棉、麻等，体现环保和自然的理念。整体设计简洁大方，去除传统汉服的烦琐装饰，只保留一些关键的元素，如交领、盘扣等。此种新中式女装创新为现代女性提供一种舒适、随性的着装选择，满足人们在快节奏生活中对放松和自在的追求，同时也传播中国传统文化中的简约之美。如图 4-31 为 "Uma Wang" 新中式女装传承中式长袍造型审美，将传统与现代相结合。其整体造型借鉴传统中式长袍轮廓，线条流畅，呈现出优雅的垂坠感，营造出女性端庄大气的气质。

4.2.2 中式女装造型文化的延续

从历史传承角度来看，中式女装造型承载着悠久的中华
文化。自古以来，中式服饰以其独特的设计、精湛的工艺和
丰富的象征意义而闻名。从古代的长袍马褂到近代的旗袍，
再到现代的新中式女装，这些造型在不同的历史时期都展现
中华民族的审美观念和文化内涵。传统廓型往往是特定历史
时期文化的象征，汉服的交领右衽、宽袍广袖等代表着古代
服饰礼仪文化和民族精神[16]。中式女装造型文化的延续体现
在对传统元素的运用，比如立领、盘扣、刺绣、绲边等元素
经常出现在现代中式女装中。这些元素不仅具有装饰性，还
能传达出一种文化认同感和民族自豪感。设计师也在不断创
新，将传统元素与现代时尚相结合，创造出更具时代感的中

图 4-31 "Uma Wang"新中式
女装传承中式长袍造型审美

式女装造型，不断延续中式女装造型文化。如图 4-32 为"SARA WONG"品牌 2024 年新
中式女装，服装延续中式旗袍造型文化，在保留旗袍修身廓型的基础上进行新中式女装
创新设计，材质上采用具有现代感的弹性面料，增加穿着的舒适度；在色彩方面大胆运
用明亮的流行色，打破传统旗袍的色彩局限；在领口、袖口等细节处加入时尚的装饰元
素，如蝴蝶结、荷叶边等，使旗袍更甜美且具现代感。这种创新不仅是旗袍造型文化符

图 4-32 "SARA WONG"品牌新中式女装延续旗袍造型文化

号的延续，而且传承了中式传统旗袍廓型的优雅气质，满足现代女性对时尚和舒适的需求，吸引年轻消费者的关注，让传统的旗袍在现代时尚舞台上焕发出新的活力。现代新中式女装通过对这些传统廓型的运用和创新，传承中华文化符号，增强民族文化认同感，也为世界时尚舞台带来了具有中国特色的设计元素。

4.2.3　新中式女装造型创新的源泉

中式传统服饰的廓型为新中式女装创新提供丰富的设计素材和灵感来源。这些传统服饰的廓型设计，具有独特的审美价值和文化内涵，拓宽设计师的设计思路，为新中式女装款式创新提供重要参考。设计师可以从传统服饰中汲取灵感，在保留传统廓型的基本特征基础上，结合现代设计手法进行材质、色彩、细节等方面的创新设计，使新中式服饰更具个性和特色。如将传统丝绸面料与现代科技面料相结合，或者在传统廓型上添加现代装饰元素，使新中式女装更具时尚感和个性化。这种创新打破了传统与现代的界限，创造出独特的新中式风格，展示中式传统廓型的可塑性和适应性，为现代新中式女装的设计提供更多可能性。

4.2.4　传统女装造型满足消费者文化需求

随着人们对传统文化的重视和对个性化时尚的追求，新中式女装市场逐渐兴起。中式传统廓型的运用满足了消费者对传统文化的情感需求，也为市场提供具有差异化竞争优势的产品。这种创新不仅能吸引国内消费者，还能拓展国际市场，提升中国时尚产业的影响力。中式传统廓型对现代新中式女装创新有着重要的影响，通过对传统廓型的传承和创新，设计师们创造出既具有传统文化底蕴又符合现代时尚潮流的女装作品，满足消费者对文化的认同和对个性美的追求。

4.3　新中式女装廓型的创新方法

4.3.1　中西服饰廓型创意融合

中西服饰廓型创意融合的造型方法丰富了新中式女装廓型设计语言，融合中式传统服饰的精髓，借鉴西方服饰的剪裁技术与设计理念，创造出兼具东西方美学特色的服饰廓型，使新中式女装廓型设计充满创意与魅力，并赋予其独特的文化内涵与时尚风貌。

（1）借鉴中式女装传统廓型

图 4-33 "MEETWARM"品牌
2024 年秋冬新中式旗袍

中式女装传统廓型丰富多样，有独特的视觉美感，蕴含着深厚的文化内涵。例如，旗袍的修身设计展现女性的婀娜身姿，凸显优雅气质；汉服的宽袍大袖则给人一种庄重、大气之感，体现中华民族的传统审美观念。新中式女装造型设计提炼中式传统女装的核心廓型特征。这些廓型特征是中式服饰的标志性元素，具有独特的东方韵味，符合东方人的体型特点，还蕴含深厚的文化内涵。设计师巧妙地借鉴传统廓型，通过现代手法进行再创造，使其焕发新的生命力。在保留传统廓型特征的基础上，进行再创造和变形，以适应现代审美和穿着需求。如图 4-33 为"MEETWARM"品牌 2024 年秋冬新中式旗袍，该旗袍借鉴中式旗袍传统廓型，将传统与现代相结合，既展现中国传统文化的魅力，又符合当代人的审美需求和生活方式，这种创新的设计方式为中式女装注入新的活力，也为时尚界带来独特的东方风情。新中式女装造型设计借鉴传统廓型是对传统文化的传承，更是一种时尚的表达。

（2）与西方现代服饰造型理念融合

新中式女装可以借鉴西式服装中的直线、曲线等简洁线形，如西装外套的挺括肩线、直筒裤的流畅线条等，打破传统中式女装主导的设计模式。将简洁线条应用于新中式女装设计中，使服装呈现出更加利落、干练的形象，同时又不失东方女性的温婉气质。西方现代造型常运用简洁的几何形状，如长方形、圆形、三角形等。新中式女装设计在借鉴西式简洁几何轮廓时，保留中式服饰的文化底蕴与审美特色，巧妙地融入西式的现代感与简洁美学，创造出一种全新的时尚风格。新中式女装使用频率最多的几何廓型是长方形，如图 4-34 为新中式矩形外套，借鉴长方形轮廓来打造独特的廓型，设计方的肩部线条，增加服装的立体感和现代感。如图 4-35 为新中式圆形外套，服装采用西式圆形轮廓，营造出现代简洁、柔和、流畅的视觉效果。

图 4-34　新中式矩形外套　　　　　图 4-35　新中式圆形外套

①运用不对称设计

不对称设计是西方现代造型的一个重要特点，能够打破传统的对称格局，增加服装时尚感和个性。新中式女装在廓型设计中采用不对称手法，如采用非对称的裙摆、斜肩的上衣等，可以为新中式女装带来新颖的视觉效果，同时也符合现代时尚的审美趋势，增强了服装的时尚和个性表达。如图 4-36 为非对称衣摆新中式女装外套系列，融合传统中式服饰韵味与现代设计创新元素，采用非对称底摆设计，打破了传统服饰对称美感的结构束缚，展现出新中式女装独特的现代气息与个性时尚魅力，该系列外套旨在适应现代女性对于独特风格、穿着舒适度及文化自信的追求。

图 4-36　非对称衣摆新中式女装外套系列

②借鉴西式女装字母型轮廓

西式女装的廓型丰富多样，有 A 型、H 型、X 型、T 型等。如图 4-37 为新中式 A 型裙装，上窄下宽，凸显女性的活泼与俏皮。如图 4-38 为新中式 H 型服装，呈直筒状，简洁利落，适合各种场合。

图 4-37　新中式 A 型裙装　　　　　图 4-38　新中式 H 型裙装

③宽松与修身的结合设计

西方现代时尚中既有宽松的休闲风格，也有修身的精致款式。新中式女装将两者结合起来，根据不同的场合和需求进行设计。如图 4-39 为外宽松新中式长衫与内修身改良旗袍搭配的套装系列，旗袍的收腰设计使其造型产生修身合体的造型效果，外套则采用简约化传统长衫的宽松造型。整套服饰是中式宽松外套廓型与西式改良旗袍修身的廓型相结合，不仅现代时尚又非常好地传承长衫与旗袍的造型特点，既体现中式优雅随性，又展现西式时尚性感。

④融合立体裁剪技术

借鉴西方服饰的立体剪裁技术，使中式服装廓型更贴合人体曲线，展现女性身材美感。如图 4-40 为旗袍修身剪裁与西式立体褶饰造型相结合，在保留旗袍的传统韵味和文化

图 4-39　外宽松新中式长衫与内修身改良旗袍　　　图 4-40　旗袍修身剪裁与
搭配的套装系列　　　　　　　　　　　　　西式立体褶饰相结合

内涵的基础上，融入现代时尚元素和立体剪裁技术，使新中式旗袍在保持传统美感的同时，更加符合现代人的审美需求。这是一种中西合璧的造型设计理念，也是一种创新性的设计尝试。

（3）中式造型细节在西式廓型中融合

在新中式女装设计中，将中式的立领、绲边、盘扣等细节设计融入西式服饰造型中，打破传统与现代、东方与西方的界限，为作品增添深厚的文化底蕴和独特的艺术感。在中西方服饰廓型融合过程中，设计师应注重细节的处理，如领口、袖口、下摆等部位的造型设计以及纽扣、拉链等辅料的选用。通过精细的细节处理，使服饰更加完美地展现出中西服饰文化的融合之美。

①立领融入西式廓型

中式立领作为中国传统服饰的重要组成部分，以其独特的造型和深厚的文化底蕴，一直以来都备受设计师们的青睐。中式立领以其挺拔、优雅的特点，为西式女装增添了一抹独特的东方风情。它不仅能修饰颈部线条，还能提升女性整体的气质和格调。如

图4-41　中式立领与西式女装廓型融合

图4-41为中式立领直接应用于西式女装廓型中的服装作品，创造出新颖的领型设计，使服装既具有中式韵味又不失西式风情，形成独特的视觉效果。这是对中国传统服饰文化的传承，也是对现代时尚潮流的探索。又如将中式立领与西式礼服相结合，既展现出中式服装的端庄大气，又融入西式礼服的优雅华贵。

②绲边融入西式廓型

绲边是中式服饰中常用的装饰手法之一，其细腻的工艺和丰富的色彩为服装增添不少亮点。绲边融入西式女装廓型，是一种将传统工艺与现代设计巧妙结合的手法，能够增添服装的精致感和细节美，还能在视觉上强化服装的轮廓与线条，强调结构感，并融合传统文化与现代时尚。

在西式女装中绲边常被用于强化服装的轮廓线条，如在直筒裙或A字裙的裙摆边缘加入绲边，能够清晰地勾勒出裙子的形状，使其看起来更加立体和挺括。同样在西装外套的袖口、下摆以及领口处使用绲边，也能增强外套的结构感，使其显得更加干练和正式。

绲边作为一种装饰元素，其色彩可以根据设计需求进行调整，从而为西式女装增添装饰细节。当设计师选择亮色绲边点缀深色服装时，这种鲜明的对比能够立即吸引人们的注意，还能在视觉上打破深色服装的沉闷感，为整体造型增添一抹活力和亮点。细腻的同色系绲边则更注重于提升服装的质感和细节感。同色系绲边往往选择与服装主体颜

色相近或相同的色彩，通过微妙的色彩差异和细腻的绲边工艺，使得服装在视觉上更加和谐统一，同时也突出服装的精致感和品质感。

绲边的宽度在新中式女装设计中扮演着至关重要的角色，它们能够显著影响服装的整体风格和视觉效果。细绲边通常呈现出精致、细腻的外观，适合用于打造优雅、知性的服装风格。细绲边巧妙地融入服装的细节之中，不易引起过多的视觉干扰，使得服装整体看起来更加和谐统一。在正式场合或需要展现低调奢华感的服装中，细绲边往往是设计师的首选。宽绲边则具有更加鲜明的视觉效果，能够立即吸引人们的注意。宽绲边通常用于打造休闲、随性的服装风格，或者用于强调服装的某个特定部位。在需要展现个性、张扬风格的服装设计中，宽绲边往往能够发挥出色的作用。

在新中式女装中，绲边材质的选择和搭配对于展现服装的风格和质感至关重要。不同材质搭配产生不同的视觉效果和穿着体验。丝绸绲边常用于领口、袖口、裙摆等关键部位，通过细腻的光泽和柔软的触感，增强服装的华丽感和质感；棉麻绲边常用于日常穿着的款式，其质朴的质感和自然的色彩，能够与新中式女装的简约风格相得益彰，展现出一种返璞归真的美感；蕾丝绲边的加入，使服装在保持中式传统韵味的同时，又增添了一份浪漫和优雅。蕾丝绲边的细腻花纹和精致质感，为服装增添了一份柔美与细腻；合成纤维绲边常用于休闲装、运动装等需要频繁清洗和保养的款式。合成纤维绲边的耐磨性和易打理特性，使服装更加耐用且易于维护；皮质绲边常用于需要强调硬朗感和时尚感的部位，如袖口、领口等。皮质绲边的加入，使服装在保持中式传统韵味的同时，又增添了一份现代感和时尚感。不同材质的绲边在新中式女装中具有广泛的应用和独特的魅力。通过选择合适的绲边材质，可以展现新中式女装的多样性和独特性，为穿着者提供丰富的穿着体验和视觉享受。

西式女装注重结构感和剪裁技巧，而绲边则可以在一定程度上强调服装的结构特点。在需要突出结构转折或层次变化的部位，如腰部、肩部或袖口等处加入绲边，可以使服装的结构更加清晰明了，同时也增强服装的立体感和层次感。

绲边作为一种传统工艺，其融入西式女装廓型是对传统文化的传承，也是对现代时尚的一种创新和发展。在新中式女装中将绲边设计巧妙地融入西式服饰的袖口、下摆、口袋边缘等部位，通过对比鲜明的色彩搭配，使绲边成为服装的点睛之笔。绲边的宽度和形状也可以进行多样化尝试，以满足不同风格西式女装的需求。如图 4-42 所示的新中式女装作品中，西式女装廓型与中式绲边元素的完美融合，保留了西式女装的简约干练，巧

图 4-42　中式绲边与西式女装
廓型融合

妙地融入中式包边元素，体现深厚的民族文化特色。这种设计符合现代女性的审美需求和生活方式，也为传统服饰文化传承和发展注入新的活力。

③盘扣融入西式廓型

盘扣作为细节设计元素。新中式女装设计中可以将盘扣作为装饰元素点缀在西式服装的关键部位，如门襟、领口、袖口等部位，为服饰增添一抹独特的东方风情，既保留西式女装的简约大方，又融入中式盘扣的精致细腻，如图4-43所示的中式盘扣与西式女装廓型融合，盘扣设计成为整件外套的视觉中心，起到连接和装饰外套门襟的作用。

盘扣造型的创新。新中式女装在设计时保留传统盘扣的基本结构，并对其进行造型创新设计，比如改变盘扣的形状、材质、颜色等，使盘扣造型更符合现代时尚审美。如盘扣图案设计成现代抽象图案，或采用金属材质进行装饰等，保留传统盘扣的韵味和装饰性，为服装增添现代感和时尚气息，创新后的盘扣与西式女装相结合，呈现全新的时尚风貌。

④中式宽袖融入西式廓型

中式宽袖作为中国传统文化的重要元素，其宽博、飘逸的特质与西式女装的简约、干练形成鲜明对比，将两者结合是对传统文化的传承，也是对西式女装的现代创新。

在西式女装中运用中式宽袖，创造出独特而迷人的时尚风格，中式宽袖宽大而飘逸，为西式女装增添一份优雅与灵动。当手臂摆动时，宽袖随之舞动，展现出女性的柔美与风情。与西式服装的简约线条形成对比，中式宽袖的夸张造型能够吸引眼球，成为整套服装造型的焦点，还可以起到修饰手臂线条的作用，让女性的手臂看起来更加纤细。

图4-43　中式盘扣与西式女装廓型融合

在新中式女装中，中式宽袖根据不同的设计需求进行变化，可以是宽松的喇叭袖，增加浪漫氛围；可以是收口的灯笼袖，展现俏皮可爱；可以把中式宽袖袖口用抽绳抽缩，形成简洁利落的收口袖，适合现代生活的需求；还可以在袖口处加入中式元素，如盘扣、刺绣等，使其既具有实用性又具有中式特色。

图4-44　中式宽袖与简约西式A字裙融合设计

为了突出中式宽袖的特色，可选择简约的西式服装款式进行组合设计，避免与过于复杂的西式服装造型组合，以免让整体造型显得过于烦琐。一件修身连衣裙或上衣搭配中式宽袖，能够营造出简洁而大气的时尚感。如图 4-44 为中式宽袖与简约西式 A 字裙融合设计，展现出别样的魅力。简约舒适的款式，打造出时尚又舒适的日常造型，将传统中式元素与现代西式剪裁相结合，创造出既具有文化底蕴又不失时尚感的服装款式。

⑤中式斜襟融入西式廓型

中式斜襟与西式女装的融合是一种富有创意和文化底蕴的时尚设计趋势。它不仅展现中式传统美学的精髓，还巧妙地融合西式女装的剪裁、面料和风格，创造出既具古典韵味又不失现代感的新中式女装款式。如图 4-45 为中式斜襟与女西装融合，是一种将中式传统元素与西式剪裁技巧结合的创新设计，保留西装的干练与优雅，突破传统西装领型固有的对称结构，融入中式的温婉与柔美，创造出别具一格的时尚风格，为女西装增添一抹独特的东方韵味。

⑥中式开衩融入西式廓型

中式开衩作为旗袍的重要设计元素，具有悠久的历史和深厚的文化底蕴，常见于旗袍、袄、长衫等传统服饰侧缝处。在新中式女装的设计创新中，巧妙运用剪裁和缝制工艺创造开衩造型，能够展现出传统服饰的韵味，还能融入现代时尚感，使服装更加灵动、优雅且富有层次感。

中式开衩的高度、位置可以根据服装款式和穿着需求进行调整，具有极高的灵活性和实用性。根据西式女装的穿着习惯和审美需求，对开衩的高度、位置进行适当调整，以达到既美观又实用的效果。随着时尚潮流的不断变化和发展，中式开衩在西式女装中的应用也在不断地创新和拓展。如图 4-46 所示为中式开衩与西式连衣裙的融合设计。设计师把中式开衩和西式裙摆结合起来，将开衩位置置于裙摆前侧，并提高开衩高度，以此展现裙装的时尚美感，同时提升穿着舒适度。通过立体剪裁、省道设计等手法，使裙装更贴合人体曲线，创造出既典雅又时尚的新中式女裙样式。中式开衩在西式连衣裙中的运用是一种富有创意的设计手法，为西式连衣裙增添独特的东方韵味和美感。

图 4-45 中式斜襟与女西装融合设计

图 4-46 中式开衩与西式连衣裙的融合设计

图4-47 中式对襟与西式风衣
的融合设计

⑦中式对襟融入西式廓型

中式对襟强调左右对称，布局均衡，给人一种和谐统一的美感，对襟上常装饰有盘扣、刺绣等传统工艺元素，增添了服饰的艺术性和文化内涵。中式对襟融入西式廓型是一种将中国传统服饰元素与西式服装剪裁技术相结合的创新设计手法，保留中式对襟的独特韵味，融入西式廓型的立体感和时尚感，使服装作品在传承与创新的碰撞中展现出独特的魅力，满足现代人对于时尚和个性的追求。如图4-47所示为中式对襟与西式风衣的融合设计。把中式对襟的结构特点融入西式风衣整体设计中，保留西式风衣精准剪裁和挺括板型，呈现中式对襟的对称美感、独特韵味与文化内涵，赋予西式风衣更多时尚感和个性美。穿着此类服装，既能展现穿着者的优雅气质和独特品位，也能让人们在日常生活中感受到传统文化魅力和现代时尚活力。

⑧中式系带融入西式廓型

中式系带作为中国传统服饰的重要特征之一，不仅具有装饰性，更重要的是其实用性功能。根据穿着者身形需求可以自由调节中式系带松紧，确保服装的合身度和舒适度。中式系带在西式女装造型中应用，可以起到画龙点睛的作用，为服装增添独特的魅力。根据西式服装的轮廓特点，合理选择系带的位置，如在X廓型的西式服装腰部加入中式系带设计，以强调身体的曲线美。中式系带在西式女装中的应用灵活多变。设计师将中式系带元素与现代各类西式女装廓型相结合，并不再局限于传统的搭配方式，在保留中式系带基本功能的基础上，对中式系带进行样式上的创新，借鉴现代时尚元素，设计出更加简洁、时尚的系带样式，使其与西式服装的剪裁和风格相协调。在细节处理上注重中式系带与西式廓型的协调与统一，整体搭配上也注重与西式服饰单品的组合与协调，以展现出多元化的穿着风格。

中式系带的材质、颜色和样式多样，根据款式风格的需要选择所需材料，如丝绸类服装采用蕾丝、皮革等中式系带，进行大胆碰撞与融合，创造出既复古又时尚的服装造型，满足消费者对个性化和多样化的追求。

如图4-48为中式系带与西式印花女外套的融合设计，展现出独特的时尚魅力。中式系带的温婉柔美与印花图案相互映衬，形成整体的视觉冲击力。服装整体结构设计中保留西式外套的剪裁轮廓，腰部融入中式系带的细节设计，使得整件服装既具有现代时尚感，又不失中式传统文化的韵味，展现出一种东西方文化的和谐共生与独特美感。不仅适合日常穿着，还能作为晚宴、派对等正式场合的着装选择，展现出穿着者的优雅气质

图 4-48　中式系带与西式印花女外套的融合设计

和独特品位。

⑨中式百褶融入西式廓型

中国传统服饰中的百褶元素融入现代西式女裙设计中，创造出既具有东方韵味又不失时尚感的新颖裙装。不同于传统中式百褶裙的单一褶裥方式，在西式女裙中采用多层次、不规则的褶裥设计，增加裙子的立体感和动态美。

在传统百褶裙的基础上，调整褶裥的宽度，使裙摆呈现出更丰富的层次感，宽窄相间的褶裥设计打破了传统褶裥的单调，使裙子更加灵动、富有变化。中式百褶元素与西式女裙结合后，既保留了西式女裙的时尚外观，又融入了东方的韵味，使裙装更加独特、富有个性。如图 4-49 为中式百褶融入西式裙装的设计，展现独特的魅力，彰显东西方文化的交融和时尚的无限可能。打破西式裙装单一的平面感，为西式裙装带来丰富的立体层次感，使裙子在视觉上更加立体饱满。在裙摆处采用传统的中式百褶设计，通过细腻的褶皱营造出丰富的层次感和动感，随着身体的摆动而摇曳生姿，仿佛舞动的旋律。

图 4-49　中式的百褶融入西式裙装的设计

（4）西式造型细节融合中式传统女装

在中式女装中融合西式造型细节是一种创新的尝试，可在中式女装的袖口、领口、下摆等部位加入西式的造型元素，如泡泡袖、翻领、西装领、蝴蝶结、荷叶边等，使服装更加精致浪漫，为传统服饰注入新的活力与时尚感，既保留中式服装的文化内涵，又结合西方时尚元素，创造出更加精美、浪漫的新中式女装。

①西式袖子造型融入中式女装

西式袖子造型多样，常见的包括原装袖、插肩袖、荷叶袖、泡泡袖、花瓣袖等，这些袖子造型各有特色，如原装袖简洁大方，适合商务和正式场合；插肩袖宽松舒适，便于自由活动；荷叶袖浪漫婉约，适合轻松休闲场合；泡泡袖个性独特，复古又浪漫；花瓣袖则充满生机，富有造型变化。将西式袖子造型融入中式女装设计中是一次跨越文化界限的创意碰撞，既保留中式服装的典雅韵味，又赋予其现代、时尚的气息。

在新中式女装设计中可以用西式圆装袖替换中式连袖，使袖子的形态更加贴合人体曲线，增强穿着的舒适度和美感；可以通过立体剪裁实现泡泡袖、羊腿袖、荷叶袖等西式袖型与中式女装融合；可以借鉴西式服装中常见的"宽肩窄袖"或"窄肩宽袖"对比设计，在中式女装袖子上尝试这样的对比效果，既能展现中式的含蓄美，又能融入西式的利落感；还可以在中式袖子的基础上融入西式开衩设计，添加可调节的绑带元素，增

图4-50　西式泡泡袖融入中式旗袍的设计

加蝴蝶结装饰及层层叠叠的荷叶边等，让袖子造型变化更加丰富，灵活多样，适应不同场合和穿着需求。如图4-50所示为西式泡泡袖融入中式旗袍的设计，泡泡袖以其蓬松、立体的形态被视为浪漫与梦幻的象征，而中式旗袍则以其修身的剪裁、流畅的线条和独特的开衩设计，展现中国女性的温婉与雅致，将泡泡袖元素融入旗袍中，不仅打破传统界限，还创造出既古典、浪漫、前卫的新中式着装风格。

②西式领型融入中式女装

西式领型丰富多样，包括平驳领、戗驳领、青果领等多种类型。每种领型都有独特的形态和风格，能够展现出不同的气质和氛围。平驳领是西装领型中最为常见和经典的一种，风格稳重、低调，给人一种成熟、内敛的感觉，适用于各种场合，尤其是商务活动和日常穿着。戗驳领的下领片领角向上翘起，与上领片领角形成锐角，形状较为尖锐，更具时尚感和个性，能够提升穿着者的气场和威严感，适合重要的社交场合和需要展现自信、权威的场合。青果领又称大刀领，没有驳头，整个领口线条流畅，呈弧形，具有优雅、柔和的特点，给人一种高贵、浪漫的感觉，更适合正式和隆重的场合。西式无领结构通过领口线条的变化来塑造不同的造型如V形领、U形领、一字领等，无领结构设计最大的特点在于其简约性和流畅性，能够完美展现穿着者的颈部线条。西式翻领造型以其独特的设计和广泛的适应性，成为许多正式和半正式场合中不可或缺的服装元素，

提升穿着者的整体形象，展现出一种优雅、自信和专业的气质。

西式领子造型自然地融入中式女装之中，创造出既符合现代审美又蕴含深厚文化底蕴的时尚单品，这种设计手法在新中式女装的高端定制、成衣系列以及时尚配饰等领域都有广泛的应用。在选择西式领型时，需要确保其与中式女装的整体风格相协调。如果中式女装以温婉、柔美为主打风格，则可以选择圆形翻领或青果领等较为柔和的领型；如果追求时尚感和个性表达，则可以考虑戗驳领等更为张扬的领型。西式无领结构中 V 领或 U 形领的设计能够展现颈部线条，增加服装的轻盈感，可以将这些领型与中式女装相结合，创造出既现代又不失中式风情的女装，如图 4-51 为西式 V 领和 U 形领融入中式旗袍的设计，这种设计体现了中西服饰文化的巧妙融合，为传统旗袍注入新的时尚元素。V 字领拉长了女性颈部线条，使穿着者看起来更加修长和优雅，在旗袍中融入 V 领设计，保留旗袍的传统韵味，增添现代感和时尚气息。V 领旗袍展露出穿着者的颈部和锁骨线条，展现女性高雅而自信的气质，适合日常穿着和出席正式场合。U 形领与 V 领类似，领口更宽，呈现出一种柔和而温婉的曲线美，在旗袍中融入 U 形领设计，能够增添一份柔美和浪漫气息。V 领设计相比传统旗袍更为开放，展露出更多的肌肤面积，展现出穿着者的肌肤之美和性感魅力。U 形领旗袍的穿着效果优雅大方，能够展现出穿着者的独特魅力和高雅气质。

将西装领或戗驳领、青果领等西式经典领型与中式对襟衫巧妙设计融合，是一种极具创意与文化交融的设计思路。不仅保持了中式女装整体的传统韵味和正式感，还融入了西式领的现代感，这种设计适合用于正式场合的礼服或套装，为穿着者增添独特的文化韵味和个性风采，同时展现穿着者的优雅与自信。如图 4-52 为青果领融入中式对襟衫，使得整件衣物在视觉上更加新颖独特，青果领的圆润线条与对襟衫的平直线条相互映衬，形成一种和谐而富有层次感的视觉效果，既保留传统服饰的精髓，又赋予传统中式对襟衫新的生命力，通过现代设计手法使中式对襟衫焕发出新的光彩，使其更加符合现代审美需求。

图 4-51　V 领、U 形领融入中式旗袍

图 4-52　青果领融入中式对襟衫

图 4-53　西式荷叶领融入中式旗袍

在保持中式基本款式的基础上，对领口进行细节上的创新设计，如在领口边缘添加蕾丝、荷叶边、蝴蝶结等西式元素，或是采用拼接、镂空等手法，使领部成为整件衣服的亮点。如图 4-53 为西式荷叶领融入中式旗袍，能够创造出古典浪漫、传统现代的独特美感，荷叶造型以其轻盈飘逸的视觉效果为旗袍这一经典中式服饰增添新的活力与风采。

③西式口袋造型融入中式女装

这是新中式女装创新设计手法之一，展现出中式传统服饰的韵味与西式服饰实用性、时尚感。西式口袋为中式女装增添实用性，方便穿着者放置一些小物品，如手机、钥匙等。同时西式口袋的设计也可以成为中式传统服装的装饰元素，增加整体的美观度。中式女装通常以其精美的刺绣、传统的剪裁和优雅的气质而著称，而西式口袋造型则代表着现代时尚的简约与实用，将两者结合创造出一种独特的时尚风格，既保留中式的韵味，又融入现代元素，符合当下人们对多元文化的追求和喜爱，展现时尚的包容性和开放性。

挖袋是一种简洁大气的口袋设计，常见于女式外装。如在中式长袍中融入挖袋设计，是一种将传统与现代实用功能相结合的创新尝试。将挖袋元素巧妙地融入中式长袍中，既保留了长袍的古典韵味，又赋予了其更多的实用性和现代感，能够展现出穿着者的文化底蕴与时尚品位。如在棉麻质地的中式宽松上衣或连衣裙上加入明贴袋设计，贴袋作为装饰性元素，增添了一份随性与自在感。在中式女装设计隐形口袋，如手机袋、零钱袋等，可以满足现代女性的日常需求。以上这些西式口袋造型融入中式女装的设计，不仅能提升服装的实用性和功能性，还能通过不同的口袋设计展现出不同的风格特点，保留中式传统服饰的韵味与特色，融入西式服饰的时尚元素与实用功能，使中式女装更加符合现代审美和穿着需求。如图 4-54 为西式贴袋造型融入中式女装的设计，精美的贴袋成为设计亮点，提升服装整体的美观度，为传统中式服饰注入新的活力与时尚感，也为中式女装增添实用性。

图 4-54　西式贴袋造型融入中式女装

不同形状和大小的西式口袋为中式女装带来不同的风格，方形口袋简洁大方，圆形口袋可爱俏皮。口袋的位置可根据中式女装的款式和穿着需求来确定，一般放在上衣的两侧、裙摆处或者腰间等位置。口袋的大小要适中，不能太大影响整体美观，也不能太小失去实用性，对于一些修身的中式女装，可以选择小巧的口袋，以保持整体的线条流畅；而对于宽松的款式，可以适当加大口袋的尺寸，增加实用性。

新中式女装的西式口袋上可以添加一些装饰元素，如刺绣、珠片、纽扣等，增加口袋的美观和趣味度。口袋的边缘可以采用花边等设计细节，展现设计的独特性；或者在口袋上绣上一些传统的中式图案，如花鸟、山水等，体现中式文化的魅力。

④西式下摆造型融入中式女装

西式下摆造型多样，有 A 字裙、伞裙、鱼尾裙等，将这些下摆造型融入中式女装，打破传统中式服装较为平直的轮廓，丰富中式服装的样式，为传统服饰注入新的活力和现代感。

设计师可以在旗袍的裙摆部分采用 A 字型设计，同时保留旗袍的立领、盘扣等经典元素，使服装不仅保留中式韵味，还融入西式裙装的灵动，展现出优雅的女性气质。

鱼尾裙摆是典型的西式礼服元素，以其优雅的轮廓和精致剪裁著称。将鱼尾裙摆与中式旗袍相结合，设计出既典雅又时尚的新中式风格女裙，选用具有中式图案或刺绣的面料，更能凸显东方美学。

不对称设计是现代时尚中的常见元素，也是西式服装中常见的创新手法。将不对称下摆融入中式女装中，打破传统中式服装的对称美感，增添服装时尚感和前卫气息，还可以巧妙运用中式图案和装饰细节，使服装在创新中不失传统韵味。

西式下摆造型的融入也使中式女装更加适应现代生活的各种场合。比如短款的中式上衣搭配西式迷你裙下摆，既时尚又方便活动，适合日常穿着；而长款的中式礼服搭配华丽的西式拖尾裙摆，则能在重要场合展现出高贵大气的风范。如图 4-55 为波浪造型下摆融入中式旗袍的设计，将传统与现代、古典与浪漫巧妙结合，不仅能够保留旗袍的古典韵味，还为其增添一份现代时尚感与浪漫活力，也更适应现代生活环境的需求。

图 4-55 西式波浪造型融入中式旗袍

⑤西式门襟造型融入中式女装

西式门襟通常具有简洁、直线型的设计特点，注重功能性和实用性，常见的有单排扣、双排扣、非对称等形式，材质多样，可使用金属纽扣、塑料纽扣或拉链等。在中式女装中引入西式门襟造型，突破传统设计框架，赋予其时尚新元素，增强穿着的便利与实用程度。这种创新设计融合了东西方的美学特点，西式门襟的加入不仅使中式女装更具现代感，还能在穿着过程中，让女性感受到便捷，为传统服饰在现代生活中的传承与发展开辟了新路径。把现代拉链融入新中式女装设计，能碰撞出传统与现代交织的混搭视觉感，为新中式女装注入新活力。它既保留了中式韵味，又因拉链的现代感增添了时尚气息，使服装更贴合现代生活节奏和审美。

非对称西式门襟应用于中式女装中，能展现新中式女装的简洁与利落，达到中西合璧的效果。非对称西式门襟的设计打破了传统中式服装的对称美，为中式女装注入了新的活力和动感。它不仅能够突出穿着者的个性与时尚感，还能够通过不对称的视觉效果，使整体造型更加富有层次感和立体感。同时这种设计也符合新中式女装追求简洁与利落的设计理念。非对称西式门襟的线条流畅而简洁，与中式女装的剪裁工艺相结合，能够展现出一种既优雅又干练的气质。这种气质既符合现代女性的审美需求，又能够彰显出中式文化的深厚底蕴。

在融合过程中，要注意保持中式女装的整体风格和韵味，避免西式门襟造型过于突兀。如图4-56所示的服装采用简洁的西式门襟款式与中式女装的简约风格相呼应，表现出中式女装优雅线条，又增添现代时尚感。

图4-56　西式门襟造型融入中式女装

西式门襟融入中式女装后，可以根据不同的场合进行调整，对于日常穿着可以选择简洁的西式门襟设计，方便舒适；而在正式场合可以选择更加华丽的西式门襟，如镶嵌宝石、水晶等装饰，提升服装的档次，这样的设计使新中式女装更加多元化，满足人们在不同场合的穿着需求。

（5）中式配饰造型融入西式女装

中式配饰有发簪、耳环、项链、手镯等，这些配饰通常具有精美的工艺和独特的造型，可以为西式女装增添文化内涵，增添不同的混搭风格和独特韵味。中式配饰的款式和造型与西式女装进行巧妙的搭配，可以选择一些简约的中式配饰，如小巧的玉坠、木质的手串等，既能起到点缀作用，又不会过于张扬。如一条长长的中式丝巾可以作为西式连衣裙的披肩，增加优雅的气质；一个中式的手包可以搭配西式的晚礼服，展现出高贵的品位。如图4-57为中式玉坠项链与女式西服相搭配的设计，整体搭配表达了西服的现代感和职业感，玉坠项链的加入增添了一抹古典韵味和柔美气息。这种搭配打破传统与现代的界限，使整体造型更加丰富多彩、层次

图4-57　中式玉坠搭配西式女装

分明，融合东方古典美与西方现代简约风，创造出一种独特
而高雅的时尚风格。

（6）西式配饰造型融入中式女装

　　将西式配饰融入中式女装是一种创新且富有文化底蕴的
时尚尝试，不仅展现出独特的东方韵味，还能融入西方的现
代感与时尚感，创造出别具一格的新中式女装穿搭风格。西
式配饰种类包括帽子、围巾、手套、包袋、鞋子等，这些配
饰款式多样，可以为服装增添时尚感。在搭配中式服装时可
以选择一些具有现代感的西式配饰，如时尚的墨镜、个性的
包袋等，使服装更加时尚潮流。

　　西式珍珠首饰与中式旗袍的搭配是一种将古典与现代、
东方与西方美学完美融合的方式。珍珠首饰具有圆润、光泽
的质感，象征着纯洁、高贵的寓意，与旗袍的典雅、柔美相
得益彰，能够展现出穿着者独特的气质与韵味。传统旗袍往
往具有古典、优雅的特点，简约、经典的珍珠首饰更为合适，
避免选择过于繁复或现代感过强的款式，以免破坏旗袍的整
体氛围。如图 4-58 为西式珍珠项链、耳环搭配中式旗袍的设
计，采用简约而精致的珍珠首饰搭配传统旗袍，可以平衡整
体造型，增添一抹高贵优雅的气息。

　　汉服以其宽袍大袖、飘逸灵动著称，搭配具有复古风格
的西式耳环，如宝石镶嵌或金属雕花款式，彰显出汉服的古
典美，为整体造型增添一抹现代感，如图 4-59 为西式复古金
属雕花项链搭配汉服的设计。

　　宽檐帽是西方时尚中常见的配饰，其优雅与遮阳功能并
存，将宽檐帽与中式长裙相结合，能够为夏日新中式女装带
来清凉感，还能展现出独特的东方风情与西方时尚的碰撞，
如图 4-60 为西式宽檐帽搭配中式改良旗袍的设计。

　　中式交领衫，以其独特的造型和舒适的穿着感，受到许
多人的喜爱。例如在中式交领衫的腰部搭配一条简约而时尚
的西式皮质腰带，不仅可以勾勒出腰部线条，还能增添一份
帅气与干练，使整体造型更加有层次感，如图 4-61 为皮质腰
带搭配中式交领衫的设计。

图 4-58　西式珍珠项链
搭配旗袍

图 4-59　西式复古金属雕花
项链搭配汉服

图 4-60　西式宽檐帽搭配
中式旗袍

图 4-61　皮质腰带搭配
中式交领衫

马丁靴搭配灵活，备受年轻女性的喜爱，是时尚界的常青树。它的百搭性与实用性备受推崇，将马丁靴与中式改良旗袍搭配，中和了旗袍裙装的柔美与马丁靴的硬朗，创造出一种既复古又前卫的时尚风格，如图4-62为马丁靴搭配中式改良旗袍的设计，古典性感美中透出现代时尚感。

4.3.2　传统廓型简约化表达

简约化设计倾向于使用直线和几何形状来构建服装的廓型。而传统女装简约化设计是一种将传统女装元素与现代审美及简约设计理念相结合的艺术创作过程。这种表达方式旨在保留传统服饰的文化精髓和独特韵味，同时去除繁复的装饰和不必要的细节，使其更加符合现代人的审美和生活方式。

图4-62　马丁靴与中式改良旗袍搭配

（1）简洁线条与几何形的设计

直线设计能够赋予服装清晰、利落的外观造型，给人一种简洁、干练的感觉，能够营造出简洁大气的风格。在传统女装廓型中，通过减少曲线和增加直线造型来简化设计，去除多余曲线。传统女装中存在复杂的曲线设计，如弧形的裙摆、弯曲的领口等，在简约化设计中，这些多余的曲线会被去除或简化，使服装的线条更加简洁流畅，如中式传统女装的衣摆设计成直筒型或A字型，领口改为简洁的方形或圆形，使整体廓型更简洁流畅。如图4-63为直线简约化设计的中式旗袍，将腰部的曲线剪裁改为直线剪裁，门襟等细节部位采用直线简约造型设计，使服装整体看起来更加现代简约。对称和平衡是直线设计中的重要原则，通过确保服装左右两侧的设计元素相等或相似，可以营造出稳定和谐的视觉效果，这种对称性简化设计，增强服装的正式感和庄重感，如图4-64为采用对称型直线简约化设计的新中式女装。

图4-63　直线简约化设计的中式旗袍

图4-64　对称型直线简约化设计的新中式女装

将几何图形如矩形、圆形、三角形等融入服装设计中，可以创造出简约而富有结构感的廓型，避免过多复杂的组合和层次，以保持整体的简约风格[17]。几何形状设计可以为传统女装增添现代感和设计感。在使用几何形设计手法时，要注重对传统元素的简化和提炼，将传统女装中繁复的装饰、褶皱等简化为简洁的几何形状或线条，以突出服装的结构美和形式感。如图 4-65 为圆形简约化设计的新中式女装，采用宽松而流畅的剪裁，强调服装的舒适性与包容性，整体廓型以圆形为主，营造出柔和而优雅的视觉效果。

图 4-65 圆形简约化设计新中式女装

传统女装廓型的简约化设计，通过直线和几何形设计手法来实现，赋予新中式女装以现代感，还能使其更加简洁、利落。直线和几何形设计手法在简约化设计中具有互补优势，直线能够强调服装的简约化，几何形增添服装结构感和形式美，将两者结合运用，可以创造出既简约又富有廓型感的新中式女装造型。

在设计过程中要注重服装整体与局部的统一，通过直线和几何形的有机结合，使服装的各个部分相互协调、相互呼应，保持整体的简洁性，避免过多的装饰和点缀。简约化设计并不意味着完全摒弃传统元素，相反应该在传统与现代之间找到平衡点，将传统女装的经典元素与直线和几何形设计手法相结合，创造出既具有传统韵味又符合现代审美需求的服装廓型。

（2）简约化传统廓型优化比例关系

传统中式女装廓型简约化的表达过程中应优化比例关系，通过调整与优化传统中式女装各部分的比例关系，重新定义服装的比例关系，使其更符合现代审美。传统中式女装的某些部分比例比较宽大不太能适应当下日常生活，如袖子、裙摆等，在简约化的表达中应适当缩小这些部分的尺寸，使整体造型更加合体，例如将宽袖改为窄袖，长裙摆改为中长裙摆等。

传统女装有复杂的比例关系，在简约化设计中这些比例会被简化，使服装的各个部分之间的比例更加简洁明了。传统女装比例关系不适合现代审美需求，可以通过适当缩短上衣的长度、拉长下装的比例、调整袖口、领口部位的大小等手段，使整体服装造型更加协调，创造出更加和谐的视觉效果；还可以提高腰线位置，拉长腿部线条，使身材更加修长；调整上衣和下装的长度比例，创造出更加时尚的穿搭效果，使整体造型更加和谐。如图 4-66 为一款经过简约化处理并优化比例关系的新中式女装，上下半身的比

图4-66　简约化传统廓型优化上下装比例关系

例被精心调整为现代感十足的 6∶4 比例，这种设计既保留传统服饰的韵味，又通过比例调整赋予服装更加时尚、修身的视觉效果，使穿着者看起来更加高挑、纤瘦，更符合现代审美需求。

（3）简约化传统廓型结构

将现代简约设计理念融入传统服饰中应注重整体造型的简洁、明快，避免过度装饰和堆砌元素，使服饰呈现出一种清新脱俗的美感。中式传统服饰造型的简约化设计需要在保留中式传统服饰特色的基础上，融入现代设计理念，采用简化廓型结构处理方式，使中式传统服饰更加符合现代审美和生活需求。如传统服装会有较多的拼接结构，在简约化设计中这些拼接会被减少或去除，使服装的结构更加简洁，并采用简洁的缝合方式，减少多余的拼接，使服装更加整洁美观。

（4）简约化传统装饰细节造型

在细节处理时注重简洁和精致，去除传统中式女服中过多的装饰，如刺绣、盘扣、镶边等。保留必要的装饰元素，使其更加简洁精致，如保留传统盘扣元素的同时，对其进行简约化处理，可以减少盘扣的数量、简化盘扣的形状等，也可以尝试将传统盘扣与现代纽扣相结合，创造新的视觉效果。

传统中式女装常会有大量的装饰，这些元素在简约化的表达中可以适当减少或去除，以突出服装的简洁感。传统女装的边缘处理往往采用一些非常精细的拼接工艺，在简约化的表达中可以适当地减少边缘缝制工艺，使边缘更加简洁明了。

4.3.3　加强功能性设计

引入现代服装人体工学原理，使传统女装更加贴合人体曲线，增强穿着的舒适度和美观度。根据现代人的穿着习惯和审美偏好，通过三维立体裁剪，对肩宽、胸围、腰围、臀围等关键部位进行精细调整，使传统中式女装更符合现代女性日常穿着的功能，更具现代感。也可以调整传统服装的局部造型，如袖口的宽松度、裙摆的长短等，加强服装使用的功能性设计。例如，将传统的宽袍大袖改为更为合体的袖型，既加强女性日常使用功能，也保留传统韵味，又符合现代审美，如图4-67为三维尺寸优化的长衫设计，更具现代功能性。

引入省道和分割线设计以优化传统女装的板型结构和穿着效果，通过省道的设计使新中式女装的关键部位更加贴合人体曲线，如图 4-68 所示将省道和分割线相结合进行腰部设计，既能够收紧腰部、凸显曲线美，又能够拉长身形、提升穿着者的整体气质。

传统中式女装多为连体式结构，而现代服装则更注重分体组合。为加强新中式女装功能性设计，可以尝试将中式女装改成分体结构，创造出既具有传统韵味又符合现代审美的服装样式。如图 4-69 为旗袍融合西式抽褶半身裙的设计，将传统旗袍与现代西式半身抽褶裙进行组合设计，裙装表现既现代俏皮又东方古典韵味，大大提高服装实用性与舒适度。

图 4-67　三维尺寸优化的长衫更具现代功能性

新中式女装设计强调服装功能性，注重结构的合理性和实用性。在中式传统服饰中采用简洁的口袋设计，方便穿着者携带物品；设置易于穿脱的拉链或纽扣等，增加服装的实用性和时尚感；保留传统服装中的开衩元素，并对其进行位置和大小的调整，以适应现代审美和穿着者活动需求。如图 4-70 所示的拉链款新中式女卫衣，其具有独特的东方美感、便捷的拉链设计，精致的面料与剪裁，符合现代消费者对传统文化与现代时尚相结合的追求，强化服装的功能性表达，适合当代生活方式。

图 4-68　引入省道和分割线的新中式女装

新中式女装设计过程中可以考虑服饰多功能性设计，如可拆卸的配件、可调节的款式等，也可以考虑在服装的领口、袖口等部位加入可调节的设计，以增加服装的实用性和多功

图 4-69　传统旗袍融合西式抽褶半身裙

图 4-70　拉链款新中式女卫衣

图4-71　腰部可拆卸的新中式女装

能性，适应不同场合和穿着需求，这种设计方式满足现代人对服装不同功能性的需求，为新中式女装的设计提供更多的可能性，增加服饰的实用性，符合现代人追求便捷和高效的生活态度。如图4-71为腰部可拆卸的新中式女装，其腰部拉链可拆卸结构设计提供服装多种穿着方式，为服装增添多功能性，可以是长款休闲外套，去掉衣摆后也可以是短款夹克，展现出新中式女装独特的魅力。

4.3.4　解构与重组传统女装廓型

解构与重组传统女装廓型是一个将传统美学与现代设计理念相结合的过程，是对传统中式女装结构形式进行分解和重组，打破常规的设计模式，创造出独特而富有新意的女装廓型，形成独特的视觉效果和穿着体验[17]。这一过程旨在保留传统女装廓型的精髓，同时赋予其新的形态和生命力，以适应现代审美和穿着需求。理解中国传统服饰元素，深入研究和理解传统女装元素，包括其廓型特点、细部结构造型要素、面辅料运用、图案装饰手法、工艺制作技法等。这些都是新中式女装设计创新的基础，通过解构与重组这些元素，理解其背后的文化内涵，并与当代时尚趋势相融合，设计出既富有传统服饰文化韵味，又符合当下审美需求的新中式女装。

（1）解构与重组传统女装廓型

解构与重组传统女装廓型是新中式女装设计的一种重要手法，通过对传统女装廓型的深入分析，结合现代审美和设计理念，创造出具有传统韵味又符合现代审美的新颖服装。

解构与重组传统女装廓型，首先要对传统女装的典型廓型有深入的了解。传统女装的廓型多种多样，每种廓型都有其独特的造型特点和审美价值。解构就是对这些传统廓型进行深入分析，拆解其结构元素的过程。

在解构传统服饰过程中设计师需要思考——如何打破传统廓型的束缚，将其结构元素进行拆分、重组或变形，以创造出新的设计造型的可能性。例如可以将传统旗袍的立领、盘扣、开衩等元素进行解构，重新组合到现代西式女装设计中，形成具有传统韵味的新颖廓型。

重组传统女装廓型是在解构的基础上进行。设计师通过重新组合、拼接或变形传统廓型的结构元素，以及引入现代设计理念和技术手段，创造出既符合现代审美又具有传统韵味的新廓型。设计师可以将传统廓型中的肩部、腰部、臀部、下摆等关键部位进行重新组合，创造出新的比例关系和造型特点。例如将 H 型廓型的上半身与 A 型廓型的下半身相结合，形成新的服装廓型。

解构与重组传统女装廓型是对传统服饰文化的传承和发展，更是对现代审美和设计理念的探索和创新。通过解构与重组的手法，设计师打破传统与现代的界限，将传统元素与现代设计相结合，创造出具有独特魅力和时代感的新作品。这种创新丰富了服装设计的表现形式和内涵，也为消费者提供更多元化的选择空间。

解构与重组传统女装廓型是一种具有深远意义的设计手法，要求设计师具备深厚的传统文化底蕴和敏锐的现代审美眼光，能够在传承与创新之间找到完美的平衡点。只有这样设计师才能创造出既具有传统韵味又符合现代审美的新颖服装作品。

在解构与重组传统女装廓型的基础上，结合现代审美和穿着需求，进行创新设计构思。将传统女装的造型拆解为基本的几何线条，这些拆解后的线条更加简洁、流畅，也更具张力和动感。如图 4-72 为解构与重组设计的新中式女装，利用解构与重组后的线条元素，通过重组、变形等手法，创造出新的线条走势和轮廓形状，打破传统中式女装的结构，并采用不对称的门襟设计、不规则裙摆等，增加服装的动态感和时尚感。

图 4-72 解构与重组设计的新中式女装

（2）解构重组传统女装比例关系

解构重组传统女装比例关系是新中式女装设计中的一个重要环节，涉及对传统女装中各部位尺寸、形状及相互关系的深入分析和重新构造。在新中式女装创新设计中解构、重组传统女装比例关系，通过拉长、缩短、加宽、收窄等手法，探索新的比例美感，根据现代人的身材特点和审美偏好，调整服装的比例关系，使新中式女装更加符合现代人的穿着需求。

传统女装比例往往遵循一定的美学原则，如腰围与臀围的比例、上下身的比例等。这些比例关系在传统服饰中经过长时间的沉淀，形成独特的审美特征。设计师需要深入研究传统女装的比例关系，理解其背后的美学原理和文化内涵。

将传统女装的比例关系拆解为具体的尺寸和形状元素，如肩宽、胸围、腰围、臀围、衣长、袖长等。分析这些元素之间的比例关系，以及它们如何共同构成传统女装的整体比例特征。在解构的基础上，设计师根据现代审美和穿着需求，对传统女装的比例关系进行创新。例如可以调整传统女装上下身的比例，使其更加符合现代人的身材特点；或者改变肩宽与胸围的比例，使其更加符合现代时尚趋势。

在重组传统女装比例关系时，设计师需要关注各部位尺寸和形状的优化。通过调整尺寸和形状，使服装更加贴合人体曲线，提高穿着的舒适度和美观度，通过改变衣摆的形状、袖子的长度等细节设计，使服装更加符合现代日常生活需求。

在解构重组传统女装比例关系时，设计师需要保持服装整体的平衡与和谐。避免过于突兀或不协调的设计元素破坏整体美感。服装设计的最终目的是满足人们的穿着需求。因此在解构重组传统女装比例关系时，设计师需要充分考虑穿着者的需求和喜好，使新中式女装作品更加符合市场需求和消费者心理需求。

如图4-73所示的解构与重组旗袍下摆比例，其最显著的特点在于裙摆的比例被重新构思和塑造，传统旗袍裙摆遵循一定的自然下垂和对称分布的比例关系，但这款新中式旗袍通过改变裙摆的长度、宽度及形状，重组了新的比例关系，打破了常规比例，创造出独特的视觉效果，更具层次感和节奏韵律感。

解构重组传统女装比例关系中还可以引入现代剪裁技术，如立体剪裁、省道设计等，使新中式女装在保持传统韵味的同时，更加贴合现代人的身材特点。

图4-73 重组旗袍下摆比例关系

（3）非对称解构中式女装结构板型

在新中式女装设计过程中，保持传统韵味的基础上，采用非对称手段解构中式女装结构板型，创新传统女装结构设计。传统中式女装往往注重对称美学，强调线条的流畅与和谐。然而，非对称设计则打破了这一传统，通过对中式女装结构板型的解构，创造出新的视觉效果，为新中式女装增添时尚感和个性魅力。如将原本前后对称的衣身改为前后不对称的设计，或者将裙摆的位置进行调整，创造出独特的视觉效果。如图4-74为对传统旗袍的裙摆板型进行非对称解构设计，变成了不规则的形状，并融入波浪的拼接造型，使整体造型更加富有变化，更具层次感和灵动感，赋予旗袍更多的时尚感和现代气息。同时，打破传统旗袍直线型裙摆造型的沉闷、单调的感觉。

（4）创新传统女装功能

图4-74 非对称设计旗袍下摆结构

新中式女装在保留传统中式服装元素的基础上，融入现代设计理念,实现传统与现代的完美结合。这种设计理念不仅注重对传统服饰的再创造与演绎,还通过巧妙的剪裁、面料选择以及现代设计手法的运用,使传统女装焕发出新的生机。这种创新不仅体现在服装的外观上,更体现在其穿着体验和功能性上。

对传统中式服装的解构重组,简化其复杂结构,创新比例关系,使功能进行变化,如减少不必要的重叠和层次,使服装更加轻便、易于穿脱。运用人体工学原理,对服装的结构板型进行优化设计,确保服装与人体轮廓的贴合度,提高穿着的舒适性和功能性。针对传统女装中一些烦琐的穿法和设计,新中式女装进行大量的改进。例如将原本功能性的盘扣改为装饰性更强的样式,同时引入现代服装开合方式,加入拉链、魔术贴、松紧带等现代元素,以替代传统的盘扣、系带等,提高穿着的便捷性。

新中式女装在设计时充分考虑现代女性的日常穿着需求。通过简洁的轮廓、优美的线条以及合理的尺寸调整,使服装更加适合现代女性的身材特点和审美需求。同时,在色彩搭配和图案设计上,新中式女装也更加注重与日常服饰的协调性和搭配性,使穿着者能够轻松应对各种场合。

一些新中式女装还具备多种功能性的设计。例如一些外套或连衣裙在设计上融入口袋、帽子等实用元素,既增加服装的层次感和趣味性,又满足穿着者在不同场合下的需求。新中式女装还采用可拆卸的设计,如可拆卸的腰带、袖口等,进一步增加服装的灵活性和实用性。

通过设计理念的创新、穿着体验的优化以及功能性的拓展等手段,新中式女装在保留传统女装的韵味和魅力的基础上,更加符合现代女性的审美需求和穿着习惯。这种创新推动女装设计的不断发展和进步,也为中国传统文化的传承与创新注入新的活力和动力。如图 4-75 所示的新中式女套装,内搭将原本长袍结构改造成非对称领形设计的连衣裙与外套组合,既可以单独穿着,也可以搭配在一起,增加服装的实用功能性和时尚感。

图 4-75 中式长袍改造成连衣裙与外套组合

（5）解构与重组传统女装局部廓型

在新中式女装创新中将传统女装局部造型进行解构设计,通过拆解、重组传统女装的某些局部细节,创造出更加现代、时尚且不失传统韵味的服装作品。根据女装的整体风格、设计目的以及穿着者的需求,明确哪些区域适合解构创新。常见的传统局部解构与重组区域主要包括中式领子、袖子、下摆、腰部以及背部等。

①传统中式女装领子的解构设计

创新领型将传统的立领、圆领等改为 V 领、U 形领或不规则领型，以展现颈部线条，增加时尚感。如图 4-76 为传统立领解构重组成 U 形领与立领组合的创意领型，U 形领的线条简洁大方，显出女性颈部线条和优雅气质，此领部细节设计使新中式女装更加开放，现代感十足，为女性带来独特的时尚魅力。在解构传统中式领子过程中可以增加装饰，如在领口处添加蕾丝、刺绣、荷叶边等装饰元素，丰富视觉效果，同时保持传统韵味。还可以将衣领放大并独立出来，作为一种装饰元素，可以搭配在不同的服装款式上。

②传统女装袖子解构设计

中式袖子解构设计，可以变化袖型，将宽袍大袖改为喇叭袖、泡泡袖、圆装袖等现代袖型，以适应不同场合和穿着需求。采用局部镂空设计，在袖口处根据整体服装造型需要进行各种形态的局部镂空设计，可使服装更加轻盈。放大中式衣袖的宽度或长度，可营造出夸张的视觉效果，体现出个性与时尚。把中式衣袖设计成可拆卸的模块，通过不同的组合方式，实现长袖、中袖、短袖甚至无袖的变化，增加服装的多功能性。如图 4-77 为"KENSUN"品牌一直以来致力于将传统文化与现代时尚巧妙融合，不断创新新中式女装样式，图中所示的袖子造型打破了传统中式袖子设计的束缚和局限性，采用解构设计手法，表达袖子的体量感，整体服装呈现非常规的国风韵味，展现女性个性优雅且不失力量感的形象。

图 4-76　U 形领与立领组合的新中式女装

图 4-77　"KENSUN" 品牌新中式女装袖子解构设计

③传统女装衣摆解构设计

传统中式女装衣摆通常呈现为规则直线形或微弧形，整体给人以端庄、稳重的印象。对传统衣摆结构进行分解、重组与创新，可以采用不规则的下摆剪裁方式，如斜切、锯齿形或波浪形等，打破传统对称性，以实现既保留传统韵味又融入现代审美的设计目标，增加服装的趣味性和时尚感。如传统中式长衫下摆部分没有过多的装饰，造型以简洁为主，设计师采用非对称、不规则造型的解构设计手法，创新衣摆形态，增加衣摆的动感和层次感，形成强烈的视觉冲击力，较好表现出服装的时尚个性和艺术美感，如图 4-78 所示。

④中式女装腰部造型的解构设计

将传统中式女装与现代设计理念相结合，通过对传统女装腰部结构进行分解与重构，创造出既符合现代审美又蕴含中式文化底蕴的服装作品。这种设计不仅注重形式上的创新，更强调文化内涵的传承与表达。将解构与重组设计后的腰部元素进行自由组合与重构，打破原有的固定结构，创造出新的腰部形态和穿着体验。如引入非对称设计手法，打破传统对称美学的束缚。通过不对称的腰部剪裁，使新中式女装在视觉上更加独特和有趣。如图 4-79 为新中式旗袍腰空的解构设计，将传统旗袍的优雅韵味与现代时尚元素相结合，通过腰部的镂空设计，突出女性的身材曲线，展现出穿着者的独特魅力和个性风采。这种设计不仅打破传统旗袍的保守与沉闷，更赋予旗袍新的生命力和时尚感，更加贴合现代审美。

图 4-78　解构与重组传统长衫下摆

⑤中式女装前胸造型的解构设计

将传统中式服饰造型与现代设计理念相融合，针对女性服装前胸部分进行创造性重构。根据现代审美趋势及穿着需求，对前胸部分进行大胆创新，如采用非对称剪裁，打破传统结构的固有样式。在进行前胸解构与重组设计时，需充分考虑服装的功能性需求，如穿着舒适度、活动自由度等。如图 4-80 为新中式旗袍前胸镂空的解构设计，是一种将传统旗袍元素与现代审美趋势相结合的创新设计方式，通过对旗袍前胸部分的镂空处理，展现穿着者的身材曲线与肌肤之美，赋予旗袍更加时尚、个性化的风貌。

⑥传统中式女装背部解构设计

在中式女装背部进行适度露肤的露背设计，如低背、V 字型背等，展现穿着者的背

图 4-79　新中式旗袍腰部镂空解构设计

图 4-80　新中式旗袍前胸镂空解构设计

部曲线和肌肤美感。在背部加入绑带或系带元素，不仅具有装饰作用，还能根据穿着者的身形进行灵活调整。

背部镂空设计需要对服装的整体结构进行解构，设计师需要考虑如何通过剪裁方式使背部局部解构造型与整体结构造型相融合，形成流畅的线条和优美的形态。在背部设计小面积的镂空图案，如圆形、三角形等几何形状，这种设计方式既保留中式服饰的保守与内敛，又增添现代时尚感。采用大面积镂空设计，充分展现穿着者的背部线条和肌肤之美，这种设计方式更加大胆、前卫，适合追求个性与时尚的年轻女性，可以与绑带、吊带等元素相结合，形成更加丰富的设计效果。如图4-81为一款新中式女装设计，背部镂空是其设计亮点。设计师将中式传统女装背部结构进行巧妙解构，女性优美的背部线条得以展现，不经意间流露出性感与妩媚，提升着装者气质。此设计冲破传统中式服装的保守束缚，契合现代女性审美，极具视觉冲击力，令人眼前一亮。

⑦传统女装肩部解构设计

融入现代审美观念和人体工学原理，通过创新性的解构手法，使中式肩部设计既符合现代女性的审美需求，又蕴含深厚的传统服饰文化内涵。对传统肩部结构进行解构分析，去除冗余部分，保留其精髓，根据现代审美趋势和穿着需求，对肩部形态进行重构设计，如采用非对称剪裁等手法，创造出独特的肩部造型。解构设计过程中要求设计师具备深厚的服饰文化底蕴和时尚洞察力，能够在传承与创新之间找到完美的平衡点，通过对传统肩部元素的解构，以及对现代设计理念和工艺技术的运用，新中式女装肩部设计将展现出更加独特、时尚和个性化的风貌。如图4-82为非对称新中式旗袍肩部的解构设计，使旗袍更加独特、时尚，展现出穿着者的个性和品位。

⑧中式盘扣的解构设计

中式盘扣的解构与重组设计是将传统盘扣元素与现代审美及设计手法相结合，通过

图4-81 传统中式女装背部解构设计

图4-82 解构设计的旗袍肩部
造型

对传统盘扣形态、结构等方面的解构与重构，创造出既保留中式韵味又融入现代时尚感的服饰细节设计。

盘扣形态创新可以结合几何图形或抽象图案，把传统盘扣造型进行变形，创造出不同形状和大小的全新盘扣造型，使盘扣造型更加现代且具有艺术感。盘扣作为装饰性极强的设计元素之一，也成为新中式女装个性化表达的重要载体。设计师根据不同的服装风格和穿着者的需求，设计出独具特色的盘扣样式和图案，使每件新中式女装都成为独一无二的个性作品，如图 4-83 所示的新中式女装的盘扣以装饰为主，成为整件服装设计的视觉中心。

现代简约风格的盘扣设计摒弃了原有的繁复的盘扣结构，以简洁线条和造型为基础，通过精致的工艺和现代材质选择，为新中式女装增添一抹独特的时尚韵味，如图 4-84 为新中式女装外套，其盘扣造型现代简约，时尚又个性。有时也可以解构传统盘扣结构，并与现代的按扣、拉链等结合使用。

图 4-83　装饰为主的中式盘扣　　　　图 4-84　中式盘扣造型现代简约

⑨中式女装斜襟的解构设计

中式女装斜襟的解构设计，是一种将传统中式斜襟元素与现代解构主义设计理念相结合的创新设计方式，保留中式斜襟的古典韵味，通过解构手法赋予其新的时代感和设计感，强调打破传统中式斜襟的固有结构形式和规则，通过分解、重组、变形等手法，创造出样式多样且具有独特视觉效果的新中式斜襟样式。如图 4-85 为新中式女装斜襟的解构设计，融合了传统与现代元素，通过创新的设计手法和细节处理，展现出中式服饰的独特韵味和时尚感。创新的斜襟造型表现出新颖、前卫的视觉效果，成为服装设计的视觉中心。服装整体简约现代又个性，符合现代消费者的审美需求。

⑩中式开衩解构设计

中式开衩的解构设计主要体现对传统开衩元素的重新诠释和与现代设计理念的融合，

图 4-85　新中式女装斜襟的解构设计

图 4-86　解构与重组设计的中式
旗袍开衩

保留中式开衩的古典韵味，通过解构和重构的方式，赋予其新的生命力和时尚感。中式开衩多位于裙装或衣装的两侧，在现代解构设计中，开衩的位置变得更加灵活多样。设计师根据服装的整体风格和穿着需求，将开衩设置在服装的前中、侧缝、后中等多个位置，打破传统布局，创造出新颖独特的视觉效果。传统中式开衩的高度受到穿着礼仪和审美观念的限制，在现代解构计中开衩的高度根据设计需要自由调整。从低的装饰性开衩到几乎贯穿整个下摆的高开衩，都能成为设计师创意表达的载体。除了传统的直线型开衩外，还可以引入曲线形、波浪形、弧线形等多种形状的开衩设计。这些新颖的开衩形状提升了服装整体设计感和艺术性，与服装的整体风格相呼应，形成和谐统一的整体效果。如图 4-86 为设计师将传统的开衩元素进行解构设计，结合现代设计理念和审美进行再设计，打破传统旗袍开衩的结构束缚，创造出具有独特个性和时尚感的新中式连衣裙。

通过解构设计方法，可以为新中式女装创造出独特而新颖的廓型，既传承中式传统服饰文化的精髓，又融入现代时尚元素，满足当代女性对时尚与个性的追求。在新中式女装设计中，需要注意解构廓型后的整体风格与搭配，确保解构后的造型与整体服装风格相协调，避免过于突兀或杂乱无章，在搭配时也要考虑配饰、鞋、包等细节元素的搭配，使整体造型更完整和谐。传统女装造型进行解构、变形、重组是一个既注重细节又关注整体的过程，通过巧妙的解构手法和工艺技巧，使传统女装焕发出新的生机和活力，成为时尚界的新宠。

4.3.5　中式女装造型要素创新

（1）中式立领创新

中式立领造型创新是新中式女装时尚设计不断探索和尝试的重要方向。如图 4-87 所示，在传统立领的基础上，通过调整立领的高度，以增加服装的正式感和庄重感；如图 4-88 所示调整立领的宽度，以凸显穿着者的颈部线条；如图 4-89 所示调整立领的边缘领线造型，体现服饰的创意时尚性；还有其他更多方式创造出不同的中式立领样式。

图 4-87　调整中式立领的高度　　　图 4-88　调整中式立领的宽度　　　图 4-89　调整中式立领的边缘

　　中式立领的创新设计，可以在传统中式立领基础上，加入荷叶边、镂空、翻领等造型设计元素，使中式立领造型更加丰富多彩，这些新颖的中式立领造型既保留了传统立领的元素，又给人现代时尚感。如图 4-90 为波浪领与中式立领组合的新中式女装立领，展现出独特的韵味与时尚感，这种结合保留中式立领的端庄与典雅，还融入波浪领的柔美与浪漫，形成别具一格的新中式女装立领风格。如图 4-91 为镂空设计的新中式女装立领，在领部进行镂空处理，打破传统立领的沉闷感，增加服装的轻盈度和透气性。同时领部的镂空设计还能展现出穿着者的颈部肌肤和配饰，增添一份性感与时尚感。如图 4-92 为翻领与中式立领组合设计，通过两种不同领型的巧妙结合，创造出具有中式传统韵味又不失现代时尚感的新中式女装领型，使服装在视觉上更加丰富和立体。新中式女装的立领边缘还可以加入一些装饰元素，如彩色的丝线绣边、小巧的珍珠或水晶点缀，使其更加精致美观。

图 4-90　波浪领与中式立领组合　　　图 4-91　镂空设计中式立领　　　图 4-92　翻领与中式立领组合

　　在与现代服饰的融合中，中式立领不再局限于传统服饰中，而是被广泛地应用于现代时装设计中。例如将中式立领与西装、衬衫、连衣裙等现代服饰相结合，创造出既具有传统文化韵味又不失现代时尚感的新中式女装。如图 4-93 为创意中式立领与衬衫结合的设计，衬衫作为基础单品，其领部通常较为简单，但在此设计中，引入创意中式立领。这种立领不仅保留中式传统的端庄与挺括，还融入现代造型设计元素，使整体设计既传统又不失时尚感。这样的设计使得衬衫不再单调乏味，而是充满中式风情与现代时尚感。

无论是日常穿着还是商务场合，都能展现出穿着者的独特品位与文化底蕴。如图 4-94 为创意中式立领与连衣裙结合的设计。在此设计中创意中式立领成为连衣裙的亮点之一。新中式立领的高度、宽度以及形状根据裙身的整体风格进行调整，以达到最佳视觉效果，展现中式文化的深邃与优雅，又融入现代时尚元素，使穿着者在任何场合下都能成为焦点。无论是参加晚宴、婚礼还是日常出行，都能展现出独特的魅力和风采。

图 4-93　创意中式立领与衬衫结合的设计　　图 4-94　创意中式立领与连衣裙结合的设计

（2）中式宽袖创新

中式宽袖广泛应用于古代各类服饰中，如汉服的大袖、唐装的阔袖等。它不仅体现古人的审美观念，也与当时人们的生活方式和礼仪文化密切相关。宽袖通常比较宽松，自然下垂时呈现出流畅的线条，给人一种优雅、大气、洒脱自在的感觉。

随着时代的进步和社会的发展，人们的审美观念不断发生变化。传统宽袖虽然具有独特的韵味和美感，但已难以满足现代人的审美需求。新中式宽袖在吸收西方服饰设计优点和特色元素的基础上，形成更加多元化和时尚化的设计造型。中式宽袖结构的创新设计是对传统汉服宽袖的一种现代化改造与创意融合，旨在保留其独特韵味的同时，融入新的设计理念与实用功能。如在传统广袖的基础上，设计出更多样化的袖型，如喇叭袖、荷叶袖、泡泡袖等，不仅丰富视觉效果，还能适应不同场合的穿着需求，而且体现了服饰文化的传承与发展，也反映了不同时代的审美观念与实用需求的变化。在未来的发展中，中式宽袖将继续保持其独特的魅力与韵味，并不断创新与发展以满足更多人的需求。

如图 4-95 所示的服装，设计师在保留中式服饰传统韵味的同时，不断吸收现代审美和时尚元素，设计师将经典的中式宽袖进行了创意性的演变，将其转化为轻盈飘逸的荷叶袖，不仅保留中式服饰原有的韵味与雅致，更通过荷叶袖的灵动与柔美，为穿着者带来一种全新的视觉与穿着体验。穿着这样一款融合了传统与现代元素的新中式服饰，人们在保持中式服饰独特韵味的同时，也能够体验到现代时尚带来的愉悦与自由。

如图 4-96 为中式宽袖演变为多层荷叶袖的设计，保留了中式宽袖的韵味与雅致，更通过层层叠叠的荷叶边装饰，营造出一种轻盈、飘逸的视觉效果，为服饰增添几分柔美与浪漫，使服饰在视觉上更加丰富多彩，也赋予穿着者更多的时尚活力。

图 4-95　中式宽袖演变为荷叶袖　　　　　图 4-96　中式宽袖演变为多层荷叶袖

如图 4-97 为中式宽袖演变为泡泡袖的设计，设计师通过调整袖子的剪裁方式，抽缩中式宽袖的大袖口，使扁平的中式宽袖转化为立体的泡泡袖。创新后的中式宽袖呈现为蓬松的泡泡袖，与中式造型的衣身融合，表现新中式女装的优雅与浪漫。泡泡袖的蓬松造型能较好地修饰手臂线条，使穿着者看起来更加纤细。泡泡袖的复古与浪漫也为新中式女装整体造型增添一份灵动与活力。穿着者在展现时尚感的同时，也能感受到传统文化的魅力。中式宽袖演变为泡泡袖，是对传统服饰的一种创新和发展，更是对中西文化融合的一次成功尝试，丰富了中式服饰的设计语言，还为其注入新的活力和时尚元素。在未来的时尚界中，这种融合传统与现代的设计将会受到更多人的喜爱和追捧。

采用现代立体剪裁技术使中式宽袖结构更加贴合人体曲线，减少拖沓感，提升穿着的舒适度和活动自由度。通过精确的剪裁和缝制工艺，确保宽袖在不同姿态下都能保持良好的形态。通过改变宽袖的长度和形状，可以设计出长短不一的宽袖，如七分袖、九分袖等，以适应不同的季节和场合。如图 4-98 所示的是改良后的中式宽袖，改良后的中式宽袖，在尺寸上更加适体，不再是过于夸张的宽大，而是恰到好处地贴合女性的手臂线条，既能展现出宽袖的独特美感，又不会影响日常活动的便利性。这种适体的设计，让女性在穿着时既能感受到中式传统的魅力，又能享受到现代时

图 4-97　中式宽袖演变为泡泡袖

图 4-98　改良后的中式宽袖

尚的舒适。

现代人对于服饰的实用需求越来越高，传统宽袖虽然飘逸美观，但在实际穿着中存在一定的不便。因此现代中式宽袖逐渐融入更多功能性的设计元素，考虑到现代生活的需求，在袖口或袖身部位加入一些可调节设计，如通过拉链、纽扣、调节扣、绑带设计等调节袖宽，使穿着者可以根据自身需求调整袖长或袖宽，以适应不同的活动需求。如图 4-99 为袖口抽绳设计的中式宽袖，如图 4-100 为袖口调节扣设计的中式宽袖，对传统袖子进行功能造型的改良，使其更符合当下人们日常生活方式。

图 4-99　袖口抽绳设计的中式宽袖

图 4-100　袖口调节扣设计的中式宽袖

将中式宽袖与西方时尚元素相结合，通过不同文化的碰撞与融合，创造出既具有传统文化底蕴又符合现代审美潮流的新中式女装。将中式宽袖与现代西式服装款式相结合，如与连衣裙、衬衫、外套等进行搭配，创造出新颖的时尚造型。如图 4-101 为中式宽袖与西式衬衫结合的设计，是一种创意十足的混搭风格，在一件简约的西式衬衫上加上中式宽袖，瞬间提升服装的品位和个性。这是一种将传统与现代、东方与西方美学融合的独特设计方式，保留了衬衫的干练与经典，融入了中式宽袖的优雅与端庄，创造出既时髦又富有个性的服饰风格。

如图 4-102 所示为中式宽袖与西式连衣裙结合的设计，时髦又个性，将中式宽袖与西式连衣裙巧妙融合，是一种极具创意与个性的时尚尝试，能够展现出东西方文化的独特魅力，还能在现代服饰设计中创造出新颖而时髦的风格。这种融合风格的服饰适合多种场合穿着，无论是日常出行、朋友聚会还是参加一些具有文化特色的活动，都能展现

图 4-101　中式宽袖与西式衬衫结合

图 4-102　中式宽袖与西式连衣裙结合

出穿着者的独特品位与个性风采。

　　如图 4-103 为中式宽袖与西装外套结合的设计，古典又现代。将中式宽袖与西装外套结合，是一种将传统东方美学与现代西方剪裁巧妙融合的设计方式，既保留西装外套的正式与干练，又融入中式宽袖的优雅与灵动，创造出独特而富有变化的新中式风格女装外套。

（3）中式对襟创新

　　中式对襟服饰在我国有着悠久的历史。早在古代对襟款式就广泛应用于各种传统服装中，如汉服中的对襟衫、马褂等。它不仅体现中国传统服饰的独特魅

图 4-103　中式宽袖与西装外套结合

力，也承载着丰富的历史文化内涵。对襟设计呈现出左右对称的形式，给人一种端庄、稳重的感觉。这种对称美符合中国传统文化中对均衡、和谐的追求。中式对襟实用性强，对襟的开合方式较为方便，易于穿脱，对襟款式也适合不同的身材和体型，具有较高的包容性，没有过多复杂的装饰，线条简洁流畅，展现出一种质朴、自然的美感。中式对襟创新设计是在传统对襟服饰基础上进行的现代化改造与提升，旨在保留其独特韵味的同时，又融入现代审美观念与时尚元素，使传统与现代相互呼应。

　　在传统对襟的开口方式上进行创新，如采用拉链、魔术贴等现代材料和技术，使门襟的开合更加便捷且不影响服饰的美观性。如图 4-104 为中式对襟拉链皮装的设计，与传统中式服饰中的盘扣或系带不同，这款皮装盘扣的设计主要起装饰作用，拉链是此外套的主要闭合方式。拉链元素加入使得这款新中式外套在保持传统风格的同时，更加符

合现代人的穿着习惯和审美需求。如图 4-105 所示的是一款独具魅力的魔术贴中式对襟皮装设计。其以魔术贴作为中式门襟设计的亮点，将传统中式对襟的韵味与现代时尚元素完美交织，不仅实用便捷，更使皮装在古今融合中散发出迷人的风采。

图 4-104　中式对襟拉链皮装

图 4-105　魔术贴中式对襟皮装

中式对襟线的创新设计变化，如采用斜襟、不对称对襟线造型等增加服饰动态美。将传统的直线对襟改为斜线设计，可以打破服饰的对称感，增添流动性和动感。斜襟的长度和倾斜角度可以根据不同的款式和风格进行调整，如短款上衣可采用小角度斜襟，长款外套则可选择更明显的斜线设计。如图 4-106 所示，斜向中式对襟皮装，对襟设计以斜线方式呈现，增加服装动感和特色。

（4）不对称中式对襟

图 4-106　斜向中式对襟皮装

打破传统中式对襟的对称格局，营造出独特的视觉效果。这种不对称性增加了服装的动态感和时尚感，避免了传统对称设计可能带来的单调感，使整个造型更加灵动活泼。同时保留中式对襟这一传统中式服饰元素，传承了中国传统文化内涵，让穿着者展现出典雅的东方气质，使服装具有浓厚的文化底蕴。新中式女装的不对称中式对襟设计更强调个性化。它不同于传统中式服装的普遍性，而是针对追求独特风格、有自我时尚表达需求的消费者，展现穿着者的个性魅力和独特品位。如图 4-107 所示的不对称中式对襟女皮装打破传统中式对襟的对称结构，为服装增添独特的视觉效果和时尚感。

改变中式对襟一字扣的长度和比例，可以设计出长短不同的一字扣对襟款式，如

图 4-108 所示，长短不同的扣子设计为整体造型增加层次感和时尚感。如图 4-109 所示的非对称式一字扣应用，突出新中式服装独特的设计，只保留左边中式门襟的一字扣造型，右边采用西式门襟扣位，打破了传统对称设计的规整感，呈现出一种独特的个性魅力，非对称的布局让皮装更具动态感和时尚感，能够瞬间吸引人们的目光，既可以展现出穿衣者的个性与时尚品位，又能为服饰整体造型增添一份别样的魅力。

图 4-107　不对称中式对襟女皮装　　　图 4-108　中式对襟长短不同的　　　图 4-109　非对称式一字扣中式
　　　　　　　　　　　　　　　　　　　　　　　　　一字扣皮装　　　　　　　　　　　　对襟皮装

　　结合现代审美趋势，可以将中式对襟与西式女装款式进行结合，创造出新颖的设计，使新中式女装展现出别样的时尚风格，如图 4-110 所示的新中式女皮裙，将中式对襟与西式 A 字形连衣裙相结合，打造出既有中式韵味又有现代时尚感新中式女装。将中式对襟与驳领、翻领等西式外套相结合，创造出新颖独特的服饰风格，如图 4-111 所示的中式对襟驳领西服，对襟设计使得西服在保持正式感的同时，增添了一份独特的东方韵味。此款中式对襟驳领的女皮装是一款集传统与现代、东方与西方元素于一身的时尚单品，适合在多种场合下穿着。

　　中式对襟创新，可以添加一些现代西式服饰的细节设计，如木耳花边、荷叶边、立体装饰等，这些元素可以为中式传统对襟服饰增添时尚感和个性。如图 4-112 所示，在中式对襟处增加木耳花边设计，为传统服饰带来了新的魅力。木耳花边设计为中式对襟女裙增添了几分柔美与浪漫。其层层叠叠的效果，丰富了原本简洁的对襟造型，使视觉上更具层次感。赋予中式对

图 4-110　中式对襟与现代　　　图 4-111　中式对襟与驳领组合
　　　　　　A 字连衣裙组合　　　　　　　　　　的女皮装

图 4-112　木耳花边装饰中式对襟

襟一种灵动的气质，仿佛让传统服饰有了新的活力，在保留中式韵味的同时，融入了一些时尚、甜美的元素，增强了整体服饰的装饰性。

（5）中式斜襟结构创新

斜襟结构作为中国传统服饰的经典元素，其独特的造型感和美感在新中式女装设计中得到较多的创新应用，成为传承中华服饰文化的重要符号。[18]设计师通过斜襟结构的时尚创新设计，让更多人了解和喜爱中国传统服饰文化，例如在一些东方传统文化主题的高级定制时装系列中，运用斜襟来展现东方韵味，引发人们对传统文化的关注和喜爱。如图 4-113 所示的东方主题文化的斜襟结构新中式礼服。中式斜襟以其独特的美感为此礼服增添浓厚的东方韵味。该礼服以其独特的斜襟结构、非对称造型以及精致的细节装饰，展现了东方文化的独特魅力和时尚感。这是一款集传统与现代、东方与西方美学于一身的时尚礼服单品，适用于多种正式场合，如婚礼庆典、文化展览、颁奖典礼等，其独特的东方韵味和时尚感，定能让穿着者在众多宾客中脱颖而出，成为焦点所在。

斜襟结构创新设计不要局限于传统形式，而是要与现代时尚元素进行创新融合。比如与现代的剪裁工艺、新型面料或独特的装饰手法相结合，创造出既具有传统特色又符合当代审美和生活方式的新设计，如图 4-114 所示的现代解构剪裁的斜襟结构礼服，时髦又独特。

将斜襟与科技感面料搭配，又或者采用解构设计、夸张比例等现代创新设计手法，

图 4-113　斜襟结构的新中式礼服

图 4-114　现代裁剪斜襟结构新中式礼服

展现传统与现代碰撞的独特魅力，如图 4-115 所示的几种斜襟创新案例，既时尚美观又个性，又中式古典韵味十足。为了加强斜襟的创新设计感，还可以在斜襟处用独特造型的纽扣、绑带或装饰性的拉链等进行点缀，强化时尚设计感。

图 4-115　中式斜襟结构创新应用

（6）中式交领创新

中式交领是中国传统服饰文化的重要组成部分，也是我国民族传统服饰的重要特征，将中式交领的结构融入西装、风衣、连衣裙等现代西式服装中，通过改良剪裁和面料使传统元素与现代审美相结合，创造出既具东方韵味又不失时尚感的服装。如图 4-116 所示的中式交领融入西装外套，使西服在保持经典干练风格的同时，增添一份独特的东方文化韵味，并在腰部增加可调节中式系带设计，提高新中式西装的舒适度和便利性，使其更适合现代人的穿着习惯。如图 4-117 所示的中式交领融入西式女衬衫，再搭配西式风衣，巧妙地平衡了传统与现代的界限，创造出一种既古典又时尚的风格，传递一种跨

图 4-116　中式交领融入西装外套

图 4-117　中式交领融入西式女衬衫

越时空的文化交融之美。这种搭配也展现穿着者的独特品位，既不过分张扬，又能展现出穿着者的独特气质和时尚感。

中式交领造型在现代民族服饰设计中常被用来展现不同民族的独特风情和文化特色，通过创新设计使中式交领造型更加符合现代审美需求，成为展示民族文化的重要形式。结合现代审美趋势和消费者需求，对中式交领造型进行改良和创新，使其更加符合现代人的审美观念和穿着习惯。

（7）中式连身袖创新

中式连身袖是一种独特的衣袖设计，是中国传统服饰的重要特征之一，它承载着丰富的中国传统服饰文化内涵，展现出独特的传统韵味。连身袖的设计使得衣袖与衣身没有明显的拼接痕迹，整体线条流畅自然，给人一种简洁大气的感觉。连身袖的结构较为宽松，穿着时不会束缚手臂的活动，让人感觉舒适自在。连身袖也能更好地适应不同的体型，具有较高的包容性。

连身袖造型结构强调"袖身合一"的整体性，以及流畅的肩袖线条和对称的视觉效果，在中式连袖造型创新过程中，应保留传统连袖结构要素，确保服装具有中式服饰文化的独特韵味。连袖的宽度可以进行调整，如图4-118所示宽大的中式连身袖造型给人一种大气洒脱的感觉，适合用于宽松的衬衫、袍服或外套的设计。如图4-119所示的简洁利落瘦窄中式连身袖，适合各类现代时尚女装款式。

图4-118　大气洒脱的宽大中式连身袖造型　　　图4-119　简洁利落的瘦窄中式连身袖

在中式连身袖造型创新中，应结合现代人审美和穿着习惯，对其进行改良，深入研究人体工学原理，优化连身袖造型的尺寸和结构板型，根据不同体型和穿着需求，调整袖山高、袖肥、袖长等参数，提高服装合体度和舒适度。在保持美观的同时，注重服装运动机能性，调整中式连袖中线的角度、加入腋下插片或采用分割式结构设计等方法，增加手臂的活动空间，确保穿着者在日常生活中能够自如活动。连身袖长度可以变化，长袖中式连袖适合秋冬季节，给人温暖的感觉，短袖或七分袖中式连袖则更加清爽，适合春夏穿着。

在正式场合可以设计更加庄重、典雅的中式连袖款式，如图 4-120 所示的连身袖礼服，肩部自然垂下的连身袖，以其简洁而流畅的线条勾勒出女性的优雅身姿，没有过多的烦琐装饰，却在每一处细节中彰显着品质与格调。在休闲场合则可以设计更加轻松、随性的连身袖款式，如图 4-121 所示的连身袖衬衫，创造一种自在、舒适的穿着体验，同时不失时尚感与个性。

图 4-120　庄重、典雅的连身袖礼服　　　　图 4-121　轻松、随性的连身袖衬衫

中式连身袖造型也可以结合地域文化和民族特色进行创新设计，满足消费者对多样化和个性化的需求。还可以在连袖上加入一些褶皱、拼接等设计元素，增加服装的立体感和层次感。

（8）中式开衩创新

中国传统服饰开衩设计有着悠久的历史传承。从古代的长袍、马褂到现代旗袍、长衫一直是中国传统服饰的重要特征之一，在中国传统文化中，服饰的开衩有着严格的礼仪和规范，不同的身份、场合和季节，开衩的高度和形式都有所不同。开衩的设计体现中国传统的审美观念，即含蓄、内敛、优雅，既不会过于暴露，又能在不经意间展现出穿着者的美丽和魅力，符合中国人对美的追求。

中式开衩的高度和位置可以进行创新设计。高开衩可以展现女性的腿部线条，增加性感魅力，侧开衩则更加含蓄优雅，适合不同场合的穿着需求。新中式女装在设计中可以根据服装款式的需求，设置合适的开衩位置、高度和形状。如图 4-122 所示的中式开衩衬衫，独特的开衩位置和高度设计，不仅保留传统中式开衩元素的韵味，还赋予衬衫新的时尚感和穿着体验。如图 4-123 所示的中式开衩在驳领外套中的创新应用，非对称中式高开衩的设计，打破传统的对称平衡，创造一种动态而富有张力的视觉效果，使得外套在视觉上呈现出一种流动的美感。这种设计不仅融合传统中式元素的韵味，展现现代时尚设计的独特魅力，还使穿着者展现出更加自然和优雅的姿态。

图 4-122　中式开衩在衬衫中的创新应用　　图 4-123　中式开衩在外套中的创新应用

除了传统的直线开衩，中式开衩造型创新可以采用多样化的开衩形状，把开衩形态设计成弧形、波浪形等不规则形状，增加服装的设计艺术感。如图 4-124 所示的衬衫设计中，中式开衩部分应用圆弧造型，打破传统直线型开衩的僵直感，使开衩边缘更加柔和、自然，增强女性柔美气质，使穿着者展现出独特个性美。此非对称圆弧形中式开衩衬衫，不仅是对传统元素的现代演绎，更是对时尚趋势的敏锐捕捉和引领，可以满足消费者对个性化、差异化服装的需求，并推动时尚界对传统文化元素与现代设计手法相结合的探索和实践。

为了强化中式开衩设计，在开衩处可以加入一些装饰细节，如蕾丝花边、刺绣图案或彩色的丝带，使中式开衩更加引人注目。如图 4-125 所示的蕾丝边装饰的中式开衩衬衫，将传统中式开衩元素与现代蕾丝巧妙融合，设计出既典雅又时尚的独特款式。蕾丝装饰的中式开衩设计提升衬衫的整体质感，还使传统中式开衩显得更加精致和高级。蕾丝边的细腻纹理、半透明质感与衬衫面料形成鲜明对比，增强视觉层次感和丰富性。蕾丝边装饰的中式开衩设计，是一种传统与现代、东方与西方文化的完美融合。蕾丝边的精致、浪漫与中式开衩的典雅韵味相互映衬，营造出独特而迷人的新中式女衬衣，展现出设计师对于传统文化的深刻理解和尊重，也体现其对于现代审美趋势的敏锐洞察和把握。

图 4-124 非对称圆弧形中式开衩衬衫 　　图 4-125 蕾丝边装饰的中式开衩衬衫

（9）中式盘扣创新

盘扣是中式服装的重要装饰元素，不仅具有实用功能，还能增添服装的艺术美感。盘扣造型种类繁多，如蝴蝶扣、琵琶扣、一字扣等。当代盘扣设计注重将传统元素与现代设计理念相结合，通过创新设计手法不断传承传统盘扣的文化内涵，如把中国传统图案或文字融入盘扣造型中，表达吉祥、美好的寓意。

设计师可以将盘扣的文化寓意与当前时尚潮流相结合，创造出既具有传统韵味又符合现代审美趋势的盘扣作品，如将传统盘扣与现代流行元素（如字母、图案等）相结合以吸引年轻消费者的关注。设计师可以巧妙地将字母元素融入中式盘扣造型设计中，创造出既具有实用性又具有装饰性的盘扣作品。这些字母可以是品牌标识、个性化签名或是具有特殊意义的单词缩写等。如图 4-126 所示的字母"HAPPY"变形设计的盘扣造型，将英文字母"HAPPY"作为设计元素，通过变形处理与现代盘扣造型艺术相结合，展现出独特的创意和时尚感。"HAPPY"寓意快乐、幸福，将词汇美好寓意融入新中式盘扣造型中，不仅增添服饰的趣味性，也表达穿着者对美好生活向往和追求。字母"HAPPY"在设计中被巧妙地变形处理，以符合新中式盘扣的形态和结构要求。变形过程中保留字母基本轮廓，并进行适当的简化和

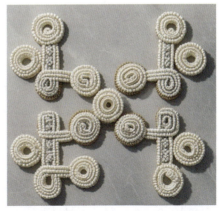

图 4-126 字母"HAPPY"变形设计盘扣造型

夸张处理，使其更加适合中式盘扣缝制工艺。这是一款造型创意、时尚的盘扣作品，将传统盘扣技法与现代流行元素相结合，展现独特的魅力和价值。

传统盘扣造型多以对称形态出现，而当代设计师则打破这一常规，设计出非对称、流线型、几何化等多种形态的盘扣，使其更具现代感和设计感。如图 4-127 所示为非对称云纹盘扣设计，打破传统盘扣固有的对称式结构，自由抽象的云纹造型盘扣更有现代动感和活力。盘扣的排列方式可以进行创新，不一定局限于传统的对称排列，可以采用不规则或渐变的排列方式，创造出独特的视觉效果。如图 4-128 所示为渐变的盘扣排列，富有现代节奏美。

新中式盘扣的形态设计，设计师常常采用抽象化设计手法，创造出既具有传统韵味又富有现代气息的盘扣作品。抽象盘扣的形状除了圆形、方形外，还可以设计成花朵形、动物形等各种有趣的形状，为服装增添一份俏皮可爱的感觉。如将传统的蝴蝶、梅花等具象图案进行抽象化盘扣造型设计，如图 4-129 为梅花图案抽象化盘扣设计，通过线条的简化、变形等手法，将梅花的神韵以抽象形式表现出来，保留梅花的造型特征，赋予了盘扣造型独特的艺术韵味，抽象化梅花图案的盘扣呈现出一种简约而不失精致的现代美感。

图 4-127　非对称云纹盘扣　　　图 4-128　渐变的盘扣排列方式　　　图 4-129　抽象化设计的梅花图案盘扣
　　　　　　设计

通过对传统盘扣造型的解构和重组，设计师可以创造出全新的盘扣形态。在保持传统盘扣的基本结构基础上，可以进行盘扣造型的创新设计，改变扣结和扣门的形状、大小或连接方式，使其更加符合现代审美和穿着需求，也可以探索新的扣花编织手法和造型。如图 4-130 所示为衬衫采用夸张设计的盘扣，设计师对传统盘扣造型进行大胆解构与夸张处理，打破传统盘扣的常规形态和比例，通过现代夸张造型手法，强调盘扣造型的独特性和视觉冲击力。如图 4-131 所示的解构、夸张设计的盘扣造型成为佩戴者颈部的视觉焦点，盘扣作为颈部饰品，充满创意与现代艺术感。这种夸张设计手法凸显盘扣的造型特征，也赋予盘扣饰品更强的装饰性和视觉冲击力。如图 4-132 所示的解构设计的盘扣作为腰饰。设计师对传统盘扣元素进行分解、重组，创造出腰部新颖的盘扣造型，为服装增添独特的装饰效果，展现出精美的设计细节和别样的创意。

图 4-130 解构夸张盘扣设计

图 4-131 解构、夸张设计的盘扣
作为颈饰

图 4-132 解构设计的盘扣作为
腰饰

传统的盘扣多采用棉、麻、丝等天然材料，而当代设计师则大胆尝试使用皮革、牛仔布、化纤面料、金属、珠宝等材料，使其更具质感和艺术价值。这些现代材料的使用，不仅丰富盘扣造型的视觉效果，还提升其耐用性和时尚感。一些设计师甚至将现代科技材料如记忆金属、弹性纤维等应用于盘扣造型设计，使盘扣有更多的造型和变化。如图 4-133 所示的皮革材质盘扣，皮革材质赋予盘扣独特的质感，不仅更加坚韧耐用，同时也能带来别样的时尚感和复古韵味。如图 4-134 所示的金属材质造型的盘扣，盘扣造型有光泽感和硬度，能够为服装增添一份精致与华丽，也展现出工业风或现代感。不同材质的盘扣为服装设计提供更多的创意和选择。

图 4-133 皮革材质盘扣

图 4-134 金属材质盘扣

新中式盘扣的饰品设计是一种将传统盘扣元素与现代设计理念相结合的创意设计，保留传统盘扣的文化内涵和美学价值，赋予其新的形式和功能，以满足现代人的审美需求和使用习惯。新中式盘扣饰品的设计灵感往往来源于中国传统文化元素，如梅花、兰花、蝴蝶等具有象征意义的图案，以及传统服饰中的盘扣造型和工艺。设计师还会结合现代审美趋势和流行元素，确定设计的主题和风格，如简约、复古、雅致等。新中式盘扣饰品的造型多样，可以根据不同的设计需求和用途进行定制，常见的造型包括圆形、椭圆形、方形等几何形状，以及梅花、兰花等自然花卉形态，常采用传统盘扣的编织、缠绕等手法，同时融入现代金属、亚克力等材质，使其既具有传统韵味又不失现代感。

如图4-135所示为新中式花卉盘扣造型的饰品系列设计，将花卉盘扣造型元素应用于配饰设计中，如项链、胸针、耳环等。这些饰品设计不仅具有独特的审美价值，还能体现佩戴者的文化品位和个性魅力。

利用现代科技手段对盘扣造型进行创新设计，如采用3D打印技术制作复杂而精细的盘扣造型；利用激光切割技术实现盘扣图案的精准雕刻；或者运用数码印花技术将传统纹样与现代图案相结合，创造出独具特色的盘扣图案。盘扣还可以与其他装饰元素相结合，如与流苏、刺绣等搭配使用，丰富服装的细节。如图4-136所示的数码印花盘扣图案，将盘扣图案元素以数码印花的方式展现在服装上，创造出独特的视觉效果，满足消费者对个性化时尚的追求，增加了产品的吸引力和附加值。

图4-135　新中式盘扣饰品设计　　　　图4-136　数码印花的盘扣图案

（10）中式包边创新

中式包边作为中国传统服饰文化的重要特征之一，其设计理念在当代得到新的诠释。将传统包边方式与现代剪裁、面料相结合，使服饰在保持传统特色的同时，展现出更加多样化的风貌，中式包边在服饰中的应用也更加注重个性化。当代中式包边在服饰领域的应用范围非常广泛。它不仅被广泛应用于旗袍、唐装等传统中式服饰中作为重要的装饰元素，还被应用于现代休闲装、运动装、礼服等各类服饰中作为点缀或装饰元素以增添服饰的文化内涵和时尚感。如图4-137所示的中式包边的运动风格新中式女裙，体现中国传统文化韵味，不失现代时尚与活力。传统造型元素应用于运动风格服装设计是近年来时尚界颇为流行的一种跨界设计风格。如图4-138所示的中式包边前卫风格新中式女夹克，这是一款传统与现代、时尚与前卫的时尚单品。如图4-139所示的中式包边经典复古风格外套，这是一款集传统工艺与现代审美于一体的时尚单品，通过精细的包边设计、经典的剪裁与结构板型、经典的色彩搭配，展现出独特的复古韵味和时尚魅力。

图 4-137　包边运动风格
　　　　　女裙

图 4-138　包边前卫风格夹克

图 4-139　包边经典复古风格外套

除了传统的丝绸、棉等材质外，现代中式包边工艺还引入皮革、针织面料、PVC 等新型材料，丰富包边的质感和视觉效果，提升了服饰的耐用性和时尚感。如图 4-140 所示的皮革材料中式包边的新中式棉服，精致的皮革包边增添棉服的古典气质，使新中式棉服造型更具细节感。如图 4-141 所示的针织材料的中式包边，则能增添服饰柔美与温暖的氛围。

图 4-140　皮革中式包边

图 4-141　针织中式包边

传统中式包边常以固定的结构和形式出现，而当代设计师则尝试对其进行解构与重组，创造出全新的中式包边形态和结构，打破传统中式包边固有造型的局限性，改变中式包边的宽度、形状和排列方式等手法，使其更加符合现代审美趋势和服饰的整体风格。除了常见的领口、袖口、裙摆处包边设计，还可以在服装一些拼接处应用中式包边设计，大面积的装饰性中式包边的设计应用，使女装别具一格。如图 4-142 所示为拼接处应用装饰性中式包边设计，在遵循中式美学和现代设计理念的基础上，对拼接的接缝处进行装饰性包边处理，这种包边方式能够有效隐藏接缝，还能提升服装整体的美观度，体现出中式文化的独特韵味。如图 4-143 所示为服饰采用大面积装饰性中式包边设计，服装中的中式包边成为服装设计亮点，具有现代节奏韵律美。该作品融合了传统与现代的设计思想，具有较好的时尚感和文化底蕴。如图 4-144 所示为明线迹方式表达传统包边形体，虽没有采用实质的中式包边工艺，但也能感受到对传统包边工艺传承和当代演绎。

图 4-142　装饰性中式包边　　　图 4-143　大面积装饰性中式　　　图 4-144　明线迹中式包边
　　　　　　　　　　　　　　　　　　　　　　包边

除了服饰领域外，中式包边还被应用于配饰设计中，如项链、手链、耳环等首饰以及包袋、腰带、围巾等配件中作为装饰元素。这些配饰不仅具有独特的审美价值还能表达佩戴者的文化品位和个性魅力。如图 4-145 所示的中式包边耳环，改变中式包边装饰服装边缘的固有传统方式，而是创新应用于耳环的设计中，使耳环既有古典美又不失时尚感。如图 4-146 所示的中式包边部分采用与围巾主体不同颜色的材料，形成鲜明的明度对比，增加围巾的层次感，并采用简约的线条和几何形状设计，这款围巾整体给人一种时尚、高雅而精致的感觉。

图 4-145　中式包边耳环　　　　　　　图 4-146　中式包边围巾

（11）中式束腰创新

中式束腰结构在当代女装中的创新应用，体现传统与现代的完美结合，保留中式束腰的经典韵味，融入现代时尚元素，创造出独特的服饰风格。设计师将中式束腰的传统文化内涵与现代审美趋势相结合，通过巧妙的剪裁和设计，使服饰既具有中式风情又不失现代感。在传统束腰的基础上，注重服饰的实用性和舒适度，通过改进材料和工艺，使束腰部分更加贴合人体曲线，提升穿着体验。如图 4-147 所示为引入不对称设计理念打破传统束腰的对称结构，使服饰更加具有个性和时尚感。将中式束腰与西式服饰进行混搭，如搭配牛仔裤、西装外套等，创造出别具一格的混搭风格，如图 4-148 所示的中式束腰搭配西服，通过搭配腰带、腰链等，进一步强调和突出中式束腰造型，提升整体造型的时尚感和精致度。如图 4-149 所示，腰链强化中式束腰。

图 4-147　不对称中式束腰设计　　　图 4-148　中式束腰搭配西服　　　图 4-149　腰链强化中式束腰

（12）中式流苏创新

中式流苏作为中国传统文化的瑰宝之一，其柔美飘逸、灵动多变的特点深受人们喜爱，在当代新中式女装设计中，中式流苏被赋予新的生命力和创新性，通过与现代设计理念的结合，展现出独特的时尚魅力。

传统流苏多采用丝线、羽毛等轻质材料，而当代设计中，金属、塑料等多样材质被引入，增加流苏的质感，这些新材料保留流苏的流动美感，还带来更加丰富的视觉效果和触感体验。如图 4-150 所示的裙装采用金属材质中式流苏，表现传统与现代、柔美与硬朗的巧妙结合，以其独特的金属质感为传统中式流苏元素注入新的生命力。

图 4-150　金属材质中式流苏

中式流苏不再局限于传统的线型形状，将流苏融入服装的各个部位，如衣领、袖口、裙摆、背部等，形成独特的造型和风格，并设计可拆卸、可重组的流苏装饰，实现服装的循环利用和可持续穿着，这种设计理念符合现代社会的环保需求，体现对传统文化的尊重和传承。如图 4-151 所示的中式流苏衣领，采用可拆卸流苏设计，这一创新设计不仅保留中式流苏的古典韵味和独特美感，还极大地提升服装的实用性和灵活性。

此外还将流苏作为整体装饰元素，如流苏裙、流苏披风等，展现出强烈的个性化和时尚感。如图 4-152 所示的中式流苏裙，无疑是将传统中式美学与现代时尚设计完美结合的典范，巧妙装饰的流苏元素使得整条裙子保留中式服饰的韵味，又不失现代时尚的活力，随着穿着者的步伐轻轻摇曳，为裙装增添几分灵动与柔美。如图 4-153 所示的一款充满古典风情与现代时尚感的中式流苏披肩。披肩作为传统服饰中的重要配件，一直以其优雅大方的姿态受到人们的喜爱，而这款中式流苏披肩，则将中式流苏的细腻柔美与现代简约衬衫相结合，打造出一种既适合日常穿搭，又适合特殊场合的时尚单品。

图 4-151　可拆卸中式流苏衣领设计

图 4-152　中式流苏裙

图 4-153　中式流苏披肩

图 4-154　非对称中式结带设计

（13）中式结带创新

当代中式结带在女装中的创新设计，体现对中国传统文化的传承，还融入现代审美与功能性的设计考量，呈现出多样化的设计趋势。将中式结带和国际流行趋势和元素相结合，创造出既具有传统韵味又符合现代审美的新颖设计，促进中式结带造型国际时尚化发展，提升其在国际时尚界的地位和影响力。如图 4-154 为中式结带传统款式的创新和改良，引入不对称现代设计手法，打破传统结带的对称性和单一性，赋予其更加丰富的视觉效果和层次感。

中式结带造型不再局限于传统简单样式，根据现代审美需求进行创新设计，如将结带设计成蝴蝶结、花朵、动物形状等，使其更加生动有趣；或将结带与服装的款式相结合，形成独特的造型和风格。如图 4-155 所示为蝴蝶结造型的中式结带，保留中式结带简约与雅致，增添蝴蝶结的柔美与浪漫，是传统服饰文化元素与现代时尚、国际潮流相互碰撞和交融的产物。

新中式结带设计注重实用性，很多款式都采用可调节的设计（如抽绳式），方便穿着者根据自己的身形进行调整，提高服装的舒适度和适应性，如图 4-156 所示为可调节的中式结带造型应用于女装领口，既可作为服装细节设计表达，也可用于调节领围。除了作为装饰元素外，中式结带还具有一定的实用性功能，如可以作为腰带、领结、袖饰等，增加服装的层次感和装饰性。如图 4-157 所示为中式结带腰带设计，创造出既具有传统文化底蕴又不失时尚感的腰带产品，此中式结带形态不仅具有实用功能，还兼具装饰性，能够提升服饰的整体设计美感。

图 4-155 蝴蝶结造型中式结带设计　　图 4-156 可调节中式结带设计　　图 4-157 中式结带腰带设计

（14）中式肚兜创新

中式肚兜作为中国传统文化的重要符号，以其独特的文化魅力吸引着观众的眼球。设计师们将肚兜元素融入现代时装设计中，创造出既具东方韵味又不失时尚感的服饰。肚兜的独特剪裁和系带设计被巧妙地应用到连衣裙、外套、背心等现代服装中，为服饰增添独特的韵味，如图 4-158 所示为肚兜元素在礼服中应用，肚兜作为中国传统服饰中极具特色的一部分，其简洁的线条、精致的刺绣或图案，以及独特的剪裁方式，为礼服增添一抹独特的韵味。如图 4-159 所示为肚兜元素在背心中应用，体现对日常穿着的实用性与时尚性的双重考量，通过现代剪裁使其更适合日常穿着。在内衣设计中，肚兜的影子无处不在，设计师将中式肚兜进行改良设计，使其更加符合现代女性的审美需求和生活习惯，如图 4-160 所示的肚兜元素内衣，将传统与现代完美融合，展现出独特的新中式风格。肚兜元素的运用增添复古韵味，精致的裁剪和细腻的做工，凸显女性的柔美线条。其独特的造型既具有传统的含蓄之美，又不失现代时尚感。

图 4-158　肚兜元素礼服　　　　图 4-159　肚兜元素背心　　　　图 4-160　肚兜元素内衣

（15）传统马面裙创新

传统马面裙结构板型呈喇叭形，高腰设计帮助收紧腰部，强调腰线，裙摆从上至下微扩，对身材的包容性较强。新中式马面裙在保留这一经典板型的基础上，进行更多样化的调整，如调整裙摆的宽度、长度以及褶皱的密度和分布，以更好地适应不同身材的穿着需求。如图 4-161 所示为非对称马面裙，对裙摆长度和宽度进行改良，使其更好满足日常生活需求。

图 4-161　非对称改良马面裙

当代马面裙不再局限于传统汉服搭配方式，而是与现代西式女装进行广泛的融合。如将马面裙与西装、皮夹克、卫衣、衬衫等进行混搭，创造出别具一格的新中式女装混搭风格，展现马面裙的时尚魅力，促进传统服饰文化的传承与创新。如图 4-162 所示为西服与改良马面裙的混搭，是一种融合传统与现代元素的时尚搭配方式，巧妙地将西服正式、干练与马面裙古典、优雅相结合，创造出独特而富有层次感的造型，体现创意和个性，展现出穿着者的时尚敏锐度，传递出对传统文化的传承与发扬精神。如图 4-163 所示为卫衣与改良马面裙的混搭，是一种极具创意和时尚感的搭配方式，将休闲舒适的卫衣与具有古典韵味的改良马面裙相互搭配，创造出一种独特而又不失和谐的美感，打破传统服饰的搭配界限，展现穿着者对于时尚的多元理解和自由表达。

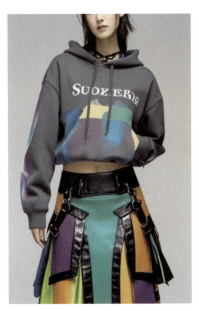

图 4-162　西服与改良马面裙的混搭　　　　图 4-163　卫衣与改良马面裙的混搭

现代马面裙也在细节装饰上进行创新，如加入蕾丝边、金属配件、皮革带等元素，使裙子造型更加精致和富有变化，提升马面裙的整体质感，还增加穿着的趣味性和时尚性。如图 4-164 所示为传统马面裙造型元素与现代蕾丝材质相结合的时尚设计单品，设计师在保留马面裙的基础造型的基础上，融入经典而精致的蕾丝面料，增加裙子的轻盈感和浪漫感，赋予裙子更加丰富的层次和细节，创造出既古典又浪漫、既传统又时尚的独特风格的马面裙。

图 4-164　蕾丝改良马面裙

第 5 章

新中式女装
色彩创新

5

5.1 新中式女装色彩创新的重要性

新中式女装色彩创新是服装艺术设计的一部分，更是文化传承与现代审美融合的桥梁，对于推动新中式女装乃至整个时尚行业的发展具有重要意义。

（1）文化传承与创新

中国传统色彩承载着丰富的文化内涵和历史记忆。新中式女装色彩创新在传承中国传统色彩观的基础上，融入现代审美趋势和色彩理念，不仅保留传统文化的精髓，还通过色彩这一直观而富有表现力的元素，让传统文化以更加生动、时尚的方式展现在当代人们面前。如从传统的青花瓷中提取蓝色色调，运用到新中式女装中，既展现中国传统工艺之美，又以新颖的色彩呈现方式吸引年轻消费者，让传统文化在时尚领域得以延续。比如传统中国红色可以通过不同的色调和搭配方式，呈现出全新的视觉效果，让传统服饰文化在现代时尚中焕发出新的活力。

（2）市场需求与差异化竞争

当今全球化的时尚市场中，色彩是吸引消费者眼球、提升品牌辨识度的关键因素之一。一些新中式女装品牌创新地运用传统色彩与现代流行色的结合，创造出具有东方韵味的新颖色彩组合，使品牌具有高辨识度，吸引众多追求个性与品质的消费者，从而提升品牌在市场中的竞争力。

色彩创新也有助于拓展新中式女装的市场份额，提高品牌的市场竞争力。如一些新中式女装品牌将流行的莫兰迪色系与传统的中国色彩相结合，打造出既具有时尚感又不失优雅气质的女装，受到消费者的喜爱。如今的消费者对于服装需求更加多元化和个性化，新中式女装的色彩创新可以满足不同消费者的审美需求。有的消费者喜欢清新淡雅的色彩，展现出优雅的气质，有的消费者则偏好鲜艳亮丽的色彩，彰显个性与活力。通过色彩创新，新中式女装可以更好地适应不同消费者的喜好，扩大消费群体。

（3）时尚潮流的引领

新中式女装作为时尚领域的一部分，其色彩创新往往能够引领时尚潮流，为时尚潮流发展注入新的动力，成为行业内的风向标。色彩作为服装设计中不可或缺的元素，其变化直接影响着服装整体风格和视觉效果。新中式女装色彩通过创意的色彩搭配和色彩表达，展现出独特的时尚魅力和文化底蕴，为整个时尚行业注入新的活力。新颖的新中式女装色彩搭配引领时尚趋势，激发设计师的创作灵感，推动整个时尚产业的创新与发展。

（4）审美观念的提升

新中式女装色彩创新还有助于提升消费者的审美观念。通过欣赏和穿着新中式女装，消费者能够更加深入地了解和感受中国传统文化的魅力，同时也能够接触到更多元、更时尚的色彩搭配方式。这种审美体验不仅丰富消费者的精神生活，也促进其审美观念的提升和审美素养的增强。

（5）文化自信的体现

新中式女装色彩创新也是文化自信的重要体现。在全球化的背景下，各国文化相互交融、碰撞，但每个民族都应该保持自己的文化特色和文化自信。新中式女装色彩创新，通过融合传统文化与现代审美，展现出中华服饰文化的独特魅力和文化自信，让世界更加了解和尊重中国文化。

5.2 新中式女装色彩的传统基础

古人赏尽天地万物，在诗词中为色彩赋名，如"绿云低拢，红潮微上，画幕梅寒初透""软绿柔蓝著盛衣，倚船吟钓正相宜"，这些都是独树一帜的东方色彩。东西方色彩的差异有着显著区分，物理学家牛顿把一面三棱镜放在阳光下，白色的光线分为红、橙、黄、绿、青、蓝、紫，故而西方色彩更注重物理特性和科学理论。西方色彩注重视觉呈现，红、黄、蓝三原色从科学的角度，概括色彩世界的本质规律。而中国传统色彩分为赤、青、黄、白、黑五种正色，其历史可追溯到春秋时期，有它独特的哲学思想。

中国色彩美学秘密是对天地万物的真诚回应，彰显了中国人的哲学观与世界观。中国传统色彩更强调内心感受，源自对自然的深切感知，表达着对天地万物的情感观念，即道法自然。日出日落、潮涨潮汐的四季变化，中国传统色彩以物为名，以色达意，诗意而曼妙，每每提及中国传统色彩时，都是谈及中国的历史和文化，更是刻在骨子里的浪漫情怀。中国传统色彩注重朴素与和谐，避免张扬，给人以典雅含蓄之感。

5.2.1　中国传统五正色

中国有着五千年的历史，在这漫长的岁月里，我们的祖先通过观察大自然的交替更迭，很早就确立属于我们华夏民族的色彩结构。战国时期《孙子兵法》就曾说色彩可千变万化，多不胜数，但始终离不开"五色"。五色系统定型于秦代，以白、青、黑、赤、黄五色为五正色，源于阴阳五行，是古人看待世界的方式，与五行中的金、木、水、火、土相联系，使中国的色彩理念融合了自然、宇宙、伦理、哲学等观念，形成独特的中国色彩文化。[19] 如图 5-1 所示的方位与中国传统五正色的关系。中国传统五色不仅和五行相关，和方位也紧密相连，世界被古人划分为金、木、水、火、土和东、西、南、北、中，而颜色也有对应的青、赤、黄、白、黑。"东青龙，西白虎、南朱雀、北玄武"中四大神兽分别代表了东、西、南、北方位，同样也融入了五色观。

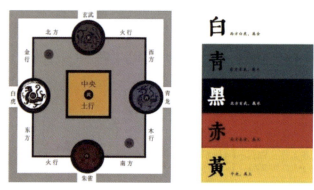

图 5-1　方位与中国传统五正色的关系

五行中的金对应白色，白色是各种色彩的基础颜色，在《淮南子》里写道："白立五色成矣"，白色有着朴素、高雅、纯净的意味，比如荷花在泥土中生长，却能保持洁白无瑕。白色在中国文化中还代表着对逝者的追悼；木对应青色，是大自然的颜色，给人以宁静和安详的感觉，在中国文化中青绿常与山水画联系在一起，代表着生机勃勃、和谐安宁，如竹子的色彩让人感觉到心里安静；水对应黑色，是北方之色，画中有墨黑色的山峰和树木，黑色代表夜色的天空的颜色，在《千字文》记载中："天地玄黄"，玄就是指黑色，黑色深沉、浓重、神秘、还象征着宇宙和深远，是一种非常有内涵的颜色。黑色还是秦朝的帝王之色；火对应的是赤，即红色，是南方之色，红色代表了火和太阳的颜色，是华夏民族最早崇拜的颜色之一，隆重典礼、民俗、嫁娶、过节等都广泛地运用红色，红色是中国的吉祥色，代表着喜庆和热情，古代皇宫的墙壁和大门常常被漆成朱红色，表示权利和尊贵；土对应是黄色，黄色在五色中居于中央，是最受尊重的色彩，自繁华的大唐开始，黄色俨然成了金光灿烂，雍容威严的皇室象征。在中国黄色还象征着土地和丰收，是一个非常受人喜爱的颜色。根据五行和五色的方位关系，我们可以画出中国版的色轮图，这比我们常用的西方色环早了两千多年，这五种正色之间还延伸出了十种间色，中国传统色蕴含着丰富的文化和历史。

5.2.2 五正色在古朝代中的表现

不同朝代崇尚的色彩各不相同，五正色在各代有不同的表现。秦代尚黑，黑是尊贵威严的象征，秦始皇取五行之首（水），用代表"水"的黑去扑灭周代的"火"，从而实现一统天下的帝王霸业；赤，方位在南方，象征着热情、大胆、耀眼。青，方位在东方，寓意坚强、生命与希望，它是宋代皇后祎衣之色，也是宋词里雨后天青的风雅；黄，代表着大地，自唐起黄色被皇家垄断，明清时期黄色象征着至高无上的权利；白，在方位西方，是洒入天地的坦荡日光，也是远古殷商最为圣洁的色彩。中国五色既可象征帝王权利，也可影响国家命运，更蕴藏着中国人的万千情感，穿越千年，东方色彩依旧鲜活。

5.2.3 中国传统间色

传统五行相生相克，五色之间也同样相生相克（此处相生相克描述事物之间的相互关系和影响）。五正色相互之间相生相克，衍生出 10 种新的颜色，称之为间色。如图 5-2 为五正色相克关系：木（青）克土（黄）产生绿，土（黄）克水（黑）产生骝黄，水（黑）克火（赤）产生紫，火（赤）克金（白）产生粉红，金（白）克木（青）产生碧。如图 5-3 为五正色相生关系：金（白）生水（黑）产生灰，水（黑）生木（青）产生綦（青黑），木（青）生火（赤）产生緅（zou 青赤），火（赤）生土（黄）产生纁（赤黄），土（黄）生金（白）产生缃（浅黄），在五正色基础上衍生出十种间色。在五正色和十间色的基础之上，又可以组合变化出无穷尽的颜色。《淮南子》记载："色之数不过五，而五色之变不可胜观也。"可见由五正色可以衍生出诸多色彩，无穷无尽[20]。

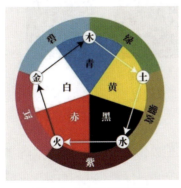

图 5-2　五正色相克关系

图 5-3　五正色相生关系

5.2.4 中国传统色彩特征

（1）中国传统色彩等级观

中国色彩虽多，但等级的划分却相当森严，古人穿衣非常讲究，不仅在衣裳形制上有所区别，服饰颜色也是分三六九等。在古代正色为尊，间色为卑，尊卑有序，不能逾越，如《礼记》中写道"衣正色，裳间色"，衣指上衣，一般来说正色的衣服都比较隆重，正式场合外衣一定要用正色，正色在皇宫里是最流行的，如黄色龙袍。在台北故宫博物院的《宋神宗皇后坐像》里皇后身着青色的礼服，如图5-4所示，并绣有赤色龙腾的衣袖和裙边。在《明皇后半身像》里皇后穿黑色服饰如图5-5所示。在传统的阴阳五行学说里，五正色地位很高，并且随四季、朝代、方位的不同而相互更替。比如周代尚"火德"，好红色。秦代灭周，尚"水德"，皇上和百官都穿黑色衣服。汉代灭秦，尚"土德"，大家又改穿黄色。唐代以后黄色被固定为皇室所用，百姓就穿不上明黄色的服装。裳是下面的裙子或裤子，用间色，外衣正色保证了庄重，里面用间色更加和谐、沉稳，这也是古人衣着的配色技巧，也就是说上半身通常穿正色的衣服，而下半身的裙子或裤子就用间色来调和，是一种通用的穿衣礼仪。如平民日常睡衣和家居服就需要小清新一点，不能穿得大红大紫。

图5-4 《宋神宗皇后坐像》　　图5-5 《明皇后半身像》

（2）中国传统色丰富而富有诗意

在四季更替、昼夜交替的自然变化中，人们以物喻色，借色传情，充满诗意且美妙无比。中国传统色彩离不开中国的历史文化，它更是深藏在我们血脉中的浪漫情怀。中国传统色彩丰富多彩、博大精深、美轮美奂。我们的祖先留下了许多美丽的色彩，如窃蓝、沧浪、海天霞、暮山紫、绯红、苍青、酡颜、月白、十样锦、远山如黛、青梅煮酒、桥下春波等。如图 5-6 为中国传统色"窃蓝",如图 5-7 所示为中国传统色"翠竹绿",如图 5-8 所示为中国传统色"暮山紫"。这些美丽的名字都是中国传统色彩代表,每一个颜色都是一幅画,充满诗意。中国人对色彩的审美是多层次的,古人将色彩融入诗词之中,将自然之色、万物之彩,融入诗行之间,让心灵在文字构建的画卷中遨游,感受那份超越视觉的色彩盛宴。例如"江南箓竹漫成林"中的"箓竹"指的是翠竹繁茂的颜色;"欲识金银气,多从黄白游"中的"黄白游"表示的是金银之色;"旋珠细叠螺髻圆,黝光润夺鸭雏墨"中的"鸭雏"用于形容少女黑发的颜色;"暮山紫"则是诗人傍晚站在山前,远望水天之际的景色,正如《滕王阁序》中所描述的"烟光凝而暮山紫";"东方既白"是太阳尚未升起时,地平线上的那一抹天色;"淡紫色"在李白的诗中被描绘为"日照香炉生紫烟",这里的"紫烟"就是淡淡的紫色,宛如远山之间那缥缈的云雾之色。中国传统色彩不仅是中国定义色彩的方式,更是中国人观察世界的独特视角,其背后蕴含着传承千年的东方审美和古老智慧。

图 5-6　中国传统色"窃蓝"　　图 5-7　中国传统色"翠竹绿"　　图 5-8　中国传统色"暮山紫"

（3）中国传统色彩文化内涵深厚

中国传统色彩的审美层次高,充满诗情画意,更重要的是具有深厚的文化内涵。中国传统色的文化内涵,体现在它与自然的紧密相连。古人从大自然中汲取灵感,将四季、天地、万物的色彩融入色彩的命名与运用中。比如春天的"柳青"、夏天的"荷绿"、秋天的"枫叶红"、冬天的"瑞雪银",这些色彩不仅反映了季节的变化,更传递了人们对自然的敬畏与热爱。

中国传统色还与中国传统文化的精神内核相契合。红色象征着喜庆、吉祥;黄色代表着尊贵、权力;青色寓意生机、永恒。每一种色彩都蕴含着深刻的文化寓意,承载着中国人的价值观和审美观念。中国传统色在艺术创作中也有着广泛的应用。绘画、书法、陶瓷等艺术形式,都借助传统色彩来展现独特的艺术魅力。传统色彩的运用,不仅赋予作品艺术感染力,更传递中国文化的精神内涵。

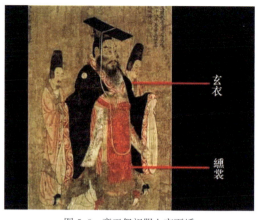

玄衣

纁裳

图5-9 帝王祭祀服上玄下纁

传承千年的东方色彩，在生活中无处不在，紫禁城中的琉璃、明黄、玉灰、朱红等，每一种颜色都承载着中国人千百年来观察世界的独特方式，甚至连二十四节气都有各自的专属色彩。如图5-9为帝王在祭祀时所穿的礼服，颜色以上玄下纁为主，玄色是太阳即将跃出地平线时那黑中透红的光芒，纁色则是太阳落下地平线后折射出的赤黄色余晖，一个代表着一天的开始，一个象征着一天的结束。将这样的色彩穿在身上，体现了帝王对天地的敬畏之情，因此古代的帝王自称为天子。古人的穿着打扮也会追赶时尚潮流，最初，紫色被视为间色，只有贫贱之人才会穿着，后来，齐桓公对紫色情有独钟，引领全国百姓纷纷穿上紫色衣服，从此紫色备受人们喜爱。由于紫色与高贵的朱红色相似，曾被用作高级官服的颜色。在春秋战国时期，天子穿着红色，诸侯穿着紫色，孔子曾说"恶紫之夺朱也"，表达了他对诸侯僭越称王的反对。中国传统色彩文化内涵丰富，是中华民族智慧的结晶。

5.2.5 中国历代流行色

中国历代流行色丰富多彩，古代色彩的流行与历史进程紧密相连，深受当时社会、文化、宗教及审美观念的影响。中国历代流行色反映了当时社会的审美观念和文化背景，体现了不同朝代政治、经济和文化特色。这些色彩在历史长河中不断演变和发展，共同构成了中国丰富多彩的服饰文化。时尚是一个轮回，古人的配色在几千年后的今天将再度流行。

（1）商代服饰流行色彩

商代贵族的礼服常采用白色或白色与其他颜色的搭配，体现了对白色的崇尚。商代颜色相对朴素，白色是当时主要流行色。黑色作为夏朝的流行色，在商代也并未完全消失。黑色在商代的服饰、器物中仍有所体现，但其地位不如白色突出。白色和黑色在祭祀和日常生活中占有重要地位。赤色和黄色也是商代服饰中常见的颜色。贵族的礼服上衣多采用青、赤、黄等纯正之色，其中赤、黄二色常以朱砂和石黄制成，这些颜色鲜艳夺目，体现了商朝人对色彩的热爱和追求。

（2）西周服饰流行色彩

西周时期主要流行的服饰色彩包括黑色、朱色、白色、青色和黄色等。其中黑色和朱色作为尊贵的色彩被广泛用于制作礼服和特殊场合的服饰。同时西周时期的色彩观念也深受当时社会文化、宗教信仰和审美观念的影响，形成了独特的色彩文化体系。

（3）春秋战国服饰流行色彩

在春秋战国时期，色彩的使用有严格的尊卑之分。按照周代奴隶主贵族的传统，青、赤、黄、白、黑色被视为正色，这些颜色象征高贵，通常用于礼服。这些正色在当时的服饰中占据主导地位，特别是在重要的礼仪场合，人们会穿着这些颜色的服饰以显示其身份和地位。间色被视为卑贱的颜色，一般只能用于便服、内衣、衣服衬里以及妇女和平民的服色。然而，随着社会的变革和审美观念的变化，间色在某些时期和地区也逐渐受到人们的喜爱和追捧。在春秋战国时期，紫色虽然起初被视为间色，但其地位却逐渐上升。这一变化与当时的社会思潮和审美观念密切相关。尽管孔子等儒家学者对紫色抱有恶感，认为它夺走了朱色的地位，但紫色因其稳重、华贵的特征，在色彩心理学上被视为权威的象征。随着时间的推移，紫色逐渐成为富贵的象征，并在服饰中得到了广泛应用。

（4）秦代服饰流行色彩

秦代服饰中黑色是最为尊贵的颜色。秦始皇深受阴阳五行学说影响，认为秦克周是水克火，周代"火气胜金，色尚赤"，而秦属水德，因此衣饰以黑色为时尚颜色。秦始皇规定的大礼服是上衣下裳，同为黑色的祭服，并规定衣色以黑为最上。秦代规定三品以上的官员须穿绿袍。这一规定体现了秦代服饰色彩在等级制度上的体现，绿色成为达官显贵的象征。

秦代民间流行的时尚色彩并不是单一的黑色，而是色彩斑斓、丰富多彩。秦人在服饰色彩上注重搭配和对比，如绿色的上衣搭配天蓝色或粉紫色或红色的裤子，红色的上衣则搭配深蓝色或浅绿色的裤子等。这种色彩搭配方式使得秦代民间服饰显得明快、热烈、生机盎然。

（5）汉代服饰流行色彩

汉代崇尚的道家、儒家思想，追求事物的本质美，色彩特点主要表现为端庄、自然、质朴，当时主要流行的色彩是玄、赤、白、绿色，如图 5-10 所示。服饰色彩以素色为主，暗淡色系被当时人们喜爱，信奉五行，深色被认为尊贵，浅色则被认为低俗。

图 5-10　汉代主要流行色（玄、赤、白、绿）

在汉代玄色是被认为最高贵的色彩，被上升到天的地位，是所有色彩的源头，万千色彩都从玄黑色中衍生出来。赤色是汉代最流行的色之一，汉代祭祀礼服十二章服就是玄赤相间的色彩应用，如图 5-11 所示。赤色是仙人服饰常用色，汉代贵族喜好穿赤色衣装，表达对于得道成仙的愿望。

在保存的汉代壁画中，有一大半的人物画像身着绿色服饰。绿色是当时服饰应用广泛的色彩，绿色也是汉代平民流行的色彩，绿色地位仅次于赤玄，身着绿衫成为当时一种美好的形象。绿色观感比较平和，这也符合道家无为、清净的思想追求，以及儒家的中庸思想。如图 5-12 所示为汉代壁画中女子身穿绿色服饰。

图 5-11　汉代十二章服玄赤相间色彩应用　　图 5-12　汉代壁画中女子身穿绿色服饰（冯国　摄）

未经染色的白色，素雅而自然质朴，也是汉代平民常用的服饰色彩，表达汉代百姓对生活的认知和感悟，也透露汉人独特的审美：大气、包容、温和、敦厚。如图 5-13 为《韩熙载夜宴图》中很多女性人物穿白色服饰。

图 5-13　《韩熙载夜宴图》穿白色服饰的女性

（6）唐代服饰流行色彩

唐代服饰格调华丽高贵，又非常雅致，色彩鲜艳而明快，服饰图案繁复而精致，喜欢鲜艳的对比色搭配，这些服饰用色体现唐代包容开放的时代特点。唐代绯红、绛紫、明黄、青绿四种色彩是当时主要的流行色，如图 5-14 所示。

图 5-14　唐代主要流行色（绯红、绛紫、明黄、青绿）

唐代女子服饰追求个性，绯红色是当时最流行的色彩，常用绿色搭配，表现出花红柳绿的妖艳之美，通过影视剧可以看出绯红色在唐代女装中作为主要用色，明媚娇艳，也反映出盛唐经济的繁荣，如图 5-15 为绯红色唐代女装。盛唐时期，万国来朝，唐人热衷于浓艳的牡丹红，正所谓"唯有牡丹真国色，花开时节动京城"。唐代女子喜好"红配绿"的大胆撞色。在盛唐时期，红绿相搭、鲜艳出挑的色彩尤为流行，如图 5-16 为唐代《内人双陆图》中红裙搭配绿色披帛，展现出当时强盛张扬的民族氛围。

图 5-15　绯红色唐代女装　　　　图 5-16　唐代女性红绿服饰搭配（《内人双陆图》局部）

绛紫色为暗紫略带红，或者紫色略带深红，色彩明艳，高贵而优雅，不落俗气，贵族女性所爱，常用于各种颜色服饰进行搭配。如图 5-17 为唐代《簪花仕女图》中女性身着绛紫色长裙，披紫色披帛。

明黄色明艳张扬，在唐代流行一时，且被当时女性用作服饰的主色调，配上红色、粉白、绿色、蓝色等色彩，表现出唐代女性明艳动人与唐代服饰的华美，如图 5-18 为唐代女性身着黄红相配服饰（唐代《簪花仕女图》局部）。黄色被认为有祛除邪恶的力量，是佛教主要用色，非常神圣。唐高宗时期，认为黄色与太阳的色彩非常接近，是帝王的象征，禁止官民穿黄色，仅作为帝王服饰用色。

图 5-17　唐代女性身着绛紫色长裙　　　　图 5-18　唐代女性身着黄红相配服饰

　　青绿色清新明快，也是唐代女子喜爱用的服饰搭配用色，常和朱红、珠黄、白等色组合运用，色彩相互对比，互相映衬，整体色彩自然靓丽，展现唐代生机勃勃的景象和充满活力，如图 5-19 为唐代女性身着青绿与红相配服饰，如图 5-20 为唐代女性身着青绿与黄色相配服饰（盛唐莫高窟 130 窟供养人画像）。

图 5-19　唐代女性身着青绿与红　　　　图 5-20　唐代女性身着青绿与黄色
　　　　　　相配服饰　　　　　　　　　　　　　　相配服饰

（7）宋代流行色彩

　　宋代崇尚素雅的色彩，强调色彩的质朴，并以淡雅为美的追求，服饰色彩整体明度较高，低纯度为主，对比度弱，色彩搭配协调，和唐朝的明艳色彩反差很大。宋代主要流行的色彩为淡红、珠白、淡蓝、浅黄，这些色彩受到宋人的喜爱，如图 5-21 为宋代主要流行色。

图 5-21　宋代主要流行色（淡红、珠白、淡蓝、浅黄）

宋代约束人的个性发展，同时也约束服饰色彩使用。宋代服饰色彩较拘谨、保守、淡雅、恬静。宋人追求自然、淡雅、婉约的美感，用色讲究雅致，细微之处见心思。宋代采用的红色多为粉红色，宋代的文人偏爱粉红色，对娇小玲珑、花色淡雅的梅花情有独钟，孤傲的寒梅成为君子高尚品格的象征，如图 5-22 为宋代女子穿粉红色长裙（拍摄于中国国家博物馆"镜里千秋"展览）。宋代人们不追求唐代的花红柳绿强对比的色彩，色彩搭配时喜爱同一色系中追求变化，耐人寻味。

白色纯洁而温润被宋人喜好，同一色系的月白、清白、朱白、粉白也是当时的流行色彩。白色通常被视为朴素、雅致的颜色，能体现穿着者的高雅气质。如图 5-23 为宋代女子穿着白色服饰，给人一种清新、宜人、婉约之美。

图 5-22　宋代女子穿粉红色长裙　　　图 5-23　宋代女子穿白色长裙

淡蓝色在宋代十分流行，符合宋代对事物的审美需求。朴素柔和、闲散雅致的淡蓝色表现出内在的丰厚和光芒，被宋人的审美接受。

宋代浅黄色和赭黄色为帝王专用的服装色彩，浅黄色用在宋代女装上，自然表现出宋代女子的矜持和秀美。如图 5-24 为南宋《中兴瑞应图卷》中女子淡黄色服饰，优美典雅、别具韵味的中国传统色，呈现出宋代女子清雅、端庄娴静。

图 5-24　南宋《中兴瑞应图卷》中
女子淡黄色服饰

（8）元代服饰流行色彩

元代政权由北方的游牧民族建立，在服饰用色有其自身特点，元代的人们在草原中生活，喜爱自然的色彩，主要流行金色、蒙古蓝色、灰褐色、翠绿色四种色彩。成吉思汗横扫欧亚大陆，收集八方珠宝，召集中外工匠，服饰制造采用中西合璧的技术，蒙古族服饰华丽而款式多样，整体雍容华贵、珠光宝气，如图 5-25 为元代服饰主要流行色。

图 5-25　元代服饰主要流行色（金色、蒙古蓝色、灰褐色、翠绿色）

金色给人一种光辉耀眼的感觉，强调其华丽和壮观。金色的装饰或物品奢华，展现出元代的繁荣和昌盛。金色给人一种光辉耀眼的感觉，强调其华丽和壮观。金色最能显示财富和地位，元朝的达官贵族常穿用金锦，北方天寒地冻，色彩单调乏味，太阳光芒的金色给人们一线生机。如图 5-26 所示为元代织金锦袍。

蒙古族对蓝色的喜爱可以追溯到其信仰的天神，因为天空是蓝色的，所以蒙古族逐渐形成了喜爱蓝色的传统。蒙古族常用蓝色来称呼一些事物，例如他们把自己称呼为"呼和蒙古勒"，即蓝色的蒙古，在他们心中蓝色象征永恒、坚贞、忠诚。因此蓝白相间的青花瓷兴盛于元代。如图 5-27 为元代才女管道升身穿蓝色服饰，配以精致的刺绣，给人一种清新自然的感觉，展现出独特的元代女性风情。

图 5-26　元代织金锦袍　　　　图 5-27　元代才女管道升蓝色服饰画像

　　蒙古人生活在寒冷地带，服饰多用动物的皮毛，在服饰色彩中灰褐色的自然色彩用得较多，元代服饰等级制度森严，很多色彩不能被百姓穿着，元代百姓服饰只能采用灰褐色系，常用银褐色、茶褐色等。如图 5-28 所示为内蒙古自治区元代集宁路遗址出土的元代棕色罗花鸟绣夹衫。

　　蒙古人以为草原为生，崇尚草原、尊敬草原，绿色、安全、平静、舒适是草原的主要色彩，在蒙古人心目中地位崇高，常被应用于蒙古袍的主色。如图 5-29 所示为蒙古族绿提花绸镶边立领长袍。

图 5-28　元代棕色罗花鸟绣夹衫　　　　图 5-29　蒙古族绿提花绸镶边立领长袍

（9）明代流行色彩

　　明代服饰上承周汉，下取唐宋，讲究色彩的组合搭配，华贵且端庄，色彩富有层次感，服饰特色鲜明，是中华服饰文化典范，对后世和周边国家服饰审美产生深远影响。

明代推崇儒家"礼乐仁义"思想，把五色和"仁、德、善"相结合，被定为正色，因而明朝色彩尊卑等级也是有明确规定。如图5-30所示为明代流行的大红、宝石蓝、葡萄紫、草绿四种颜色。

图5-30　明代主要流行色（大红、宝石蓝、葡萄紫、草绿）

明代尚赤，红色作为正色有着崇高地位，在皇室贵族中应用广泛，代表封建统治者的至高无上的特权。醒目、热烈、冲动、强有力的红色，常被用于明代皇室贵族的长衫，高饱和度的红色明艳华丽。自从明代后，中国红成为中华民族色彩，象征生命、热烈、高贵、喜庆。

绿色一直是各代百姓的常服色彩，到了明代织染技术的提升，促使服饰中的绿色更清新、更靓丽。明艳的绿色是明代的流行色，也体现明朝百姓对生活的热爱和生命的顽强力。在明代达官贵人也喜欢用绿色，并用黑色和金色做搭配，如图5-31所示为明代墨绿色暗花纱单裙（孔子博物馆藏）。

明代中后期，封建统治阶级的政权逐渐减弱，百姓的思想得到进一步解放，染织技术得到前所未有的发展，服饰色彩丰富多样，色彩更加明艳，百姓服饰色彩不断出现僭越，民间开始不断出现高纯度的艳丽色彩，最受欢迎是宝蓝色，明朝《南都繁会图卷》中，红色和宝蓝色最为突显，互相衬托。

明代平民服饰也喜好用平淡素雅的紫色，使用最多的是葡萄紫，且作为服装主色使用。明代《千秋绝艳图》（中国历史博物馆藏）中，女性色彩采用葡萄紫和湖绿色对比，如图5-32所示。紫绿强对比色彩的应用，凸显明朝女性独特的个性表达意识。

图5-31　明代墨绿色暗花纱单裙　　　图5-32　明代女子服饰葡萄紫和湖绿色搭配

（10）清代服饰流行色彩

清初，保留了满族人的传统服饰色彩，同时也吸取汉服传统色彩元素，形成清代独特的服饰色彩文化，主要流行杏黄、朱红、天青、苍蓝四种颜色，如图 5-33 所示。

图 5-33　清代主要流行色（杏黄、朱红、天青、苍蓝）

清代把黄色当成是太阳的色彩，温暖而灿烂，也把黄色和稀有的黄金色彩联系在一起，显得格外尊贵。明黄色代表皇权至高无上，居于正色之首，明黄色是皇帝和皇后的专用色彩，如图 5-34 为清代明黄色皇后朝袍。黄马褂是赏赐给有功之臣的，其他人不得随意使用。其他不同纯度和明度的黄色也被广泛应用于清代服饰，不同的黄色，也呈现出不同的个性，庄重、华贵或甜美。

红色是清代贵族和百姓共同喜好的色彩，使用时等级分明，正红是皇帝和皇后的专有色彩，其他红色在服饰中应用也是常见色彩。在清代服饰文化中红色代表喜庆、庄严、吉祥、幸福，是身份的象征。年轻女子穿浅红色，如桃红色、银红色，大龄女子喜好朱红色和深红色。如图 5-35 为清代红色绸绣金双喜蝶纹单氅衣。

图 5-34　清代明黄色皇后朝袍　　　　图 5-35　清代红色绸绣金双喜蝶纹单氅衣

介于蓝色和绿色间的青色也是清代流行色，清脆、伶俐的青色是清代平民女子服饰用色，色调根据年龄和穿着场合的不同而有所变化。传统青色丰富多样，被大量应用于服饰中，如粉青色、冬青色、天青色等，各具特色，韵味十足。如图 5-36 所示为清代天青色对襟女褂（云南省博物馆"风尚与变革：近代百年中国女性生活形态掠影"展览）。

清代审美表现里也喜好朴素典雅的蓝色。较清淡的蓝色是窃蓝色，不浓不淡，是年轻女子的常用色彩。窃蓝色稍重是监得色，更重的蓝色是苍蓝色，最重的蓝色是群青色。如图 5-37 为清代蓝色缎绣花蝶纹女褂。

图 5-36　清代天青色对襟女褂

图 5-37　清代蓝色缎绣花蝶纹女褂

清代宫廷中的女性会在脖颈处围一条雪白的丝质长领巾，不仅能点缀旗袍，使之更美观，还因为满人崇尚白色，满人在入关前长期生活在寒冷地区，与皑皑白雪为伴，他们认为雪白色代表洁净高贵，同时也象征着吉祥如意。

明清以后，染料种类和色彩日益丰富，同色色谱多达几十种，古人还自创了许多配色的口诀，如"水红、银红配大红，葵黄、广绿配石青，藕荷、青莲配紫酱，玉白、古月配宝蓝"[20]。通过历代服饰流行色的应用，我们能感受到各朝代服饰审美的不同，各具特色，各有魅力。中国历代服饰流行色不仅反映当时社会的审美观念和文化背景，还体现不同朝代的政治、经济和文化特色。这些色彩在历史的长河中不断演变和发展，共同构成了中国丰富多彩的服饰文化。

5.3　中国传统色的世界影响力

华夏民族，衣冠华美，中国传统色彩丰富多样，每种色彩都有独特的象征意义和文化内涵，色彩反映了中国古代的哲学思想、宗教信仰、文化传统，也体现了中华民族自然观。

中国是世界上最早使用色彩的民族之一。中国传统色在几千年里创造和积淀了有着东方气韵和美丽的名字的色彩体系，并影响着全世界的色彩发展。中国老祖宗的审美标准非常高级，在色彩审美这块我们曾影响过日本、韩国等东亚国家。查阅日本传统色的文献、色谱，会发现将近一半的色彩来自我国古代文化。20 世纪 80 年代末央美王定理教授制作的中式传统色色卡，但是它的知识产权归属日本，是日本委托制作的，以至于日本色彩备受世界瞩目。前几年因为服化道和配色备受关注的《延禧攻略》就是在国内影视作品里首次运用了莫兰迪色系，莫兰迪色由意大利画家乔治·莫兰迪于 1950 年前后创新的一整套色系，并加入了灰度，降低了彩度，视觉上呈现和谐温柔又治愈的色系，如果把这个色系去对比一下博物馆陈列的中国传统服饰色彩，会发现这就是中国老祖宗传承了几千年日常生活起居使用的色彩。在莫兰迪教授的故居里人们发现了 7 本中国古代绘画集锦，他创作的莫兰迪色里面，有我们使用了几千年的中国传统色风雅。

5.4　溯本中国传统色，重彰民族文化瑰宝

西风东渐近 100 年来，西方的潘通色卡掌握着美的话语权，每年颁布的世界流行色，人为打造潮流色彩，被商业品牌运用到时尚、生活、设计等各个领域，收获巨大的经济利益。蒂芙尼蓝、克莱因蓝、莫兰迪色、爱马仕橙等，这些色彩都是舶来品。长久以来，中国都在学习西方的色彩理论，却对中国传统色色谱没有系统的传承。中国传统色是民族文化的瑰宝，设计师通过新中式女装设计传承、创新中国传统色，将其融入现代服饰设计，让古老的色彩焕发新的活力，是对传统色彩文化最好的传承。了解中国传统色色系、配色风格方案、系统理论性地理解中国色彩知识，色彩的搭配方法、冷暖风格等，了解国色寓意，传承创新中式色彩美学，这是新中式女装色彩设计重要研究方向。中国传统色所代表的不只是时尚风潮，更是历史与文化的积淀，是一代代东方文化的延续。理解并使用我们的传统色，积极发现生活中东方审美。比如从二十四节气色彩中选取中国传统色彩，应用于服装设计过程中，传递中国传统色彩美学，体现中国味的色彩。中国传统色和汉字一样是中华民族传统文化重要组成部分，其已刻在华人骨子，也一直流淌在华人的血脉里。每一种中国传统色背后都有其故事和讲究，老祖宗留下如此多的色彩瑰宝，当下应该将这种高级的审美传承下去。

5.5　新中式女装色彩创新与应用

5.5.1　色彩塑造新中式女装设计风格

不同色彩传达出不同的情感与氛围，从而影响到服装的整体风格。色彩在新中式女

图 5-38　古阿新新中式女装色彩体现
苗族服饰风格

装设计中的运用，是塑造其独特风格的关键因素，既要体现出传统文化的韵味，又要融入现代设计的时尚感，通过色彩的搭配与运用，使服装既具有古典的雅致，又不失现代的流行与时尚。传统色彩在新中式女装设计风格中扮演着至关重要的角色，不仅承载着丰富的文化内涵，还能够赋予现代女装以独特的韵味和风情。如图 5-38 所示为古阿新"新绣新生·百鸟衣"新中式女装作品，灵感源自苗族传统的百鸟衣，设计师提取苗族服饰色彩元素和图案精髓，并结合现代流行色彩，创造出既具有苗族特色又不失时尚感的新中式女装。作品不仅传承了苗族服饰文化，还通过现代设计理念的创新，展现全新的苗族风格的新中式女装。

5.5.2　新中式女装的色彩心理学与视觉效应

新中式女装色彩选择往往富有深意，不仅仅是视觉的美，更是情感与文化的传达，如红色作为中国传统色彩之一，在新中式女装设计中常用来营造喜庆、热烈的氛围，在心理上能激发人的热情、活力，甚至是权力感。如图 5-39 为"ZHUCHONGYUN"红色新中式女装，是一款集传统文化与现代时尚于一身的时尚单品。它以纯正的红色为基调，结合新中式的设计元素和高品质的面料选择，展现出女性自然美态和独立思想。深棕色庄重大气，体现内敛、沉稳气质，多用于营造稳重、沉静的空间感，给人以安定、静谧的心理感受，设计师们运用这些色彩唤起人们对中华传统文化的共鸣与情感认同。深棕色也是"Uma Wang"设计中常用的颜色之一。这种颜色具有沉稳、低调的特质，还能够展现出穿着者的内敛和雅致。如图 5-40 为"Uma Wang"深棕色新中式套装，是一款集传统文化与现代时尚于一身的时尚单品。它以深棕色为基调，结合新中式的设计元素和高品质的面料选择，展现出穿着者的内敛、雅致和高级感。这款套装深棕色的运用更是增添了几分古典韵味和高级感，也传递了"Uma Wang"对传统文化的尊重和传承以及对现代时尚的独特理解。这些女装还蕴含着深厚的文化内涵和寓意，让消费者在穿着中感受到传统文化的魅力和现代时尚的力量。

新中式女装在色彩设计中巧妙运用中国传统色彩，通过不同色彩的搭配，创造出层次分明、和谐统一的视觉效果。浅色调使新中式女装显得轻盈、飘逸、纯净、雅洁，如图 5-41 所示为"M essential"浅色调新中式女装，采用柔和的浅色调色彩白色、米色搭

图 5-39 "ZHUCHONGYUN" 红色新中式女装　　图 5-40 "Uma Wang" 深棕色新中式套装

配，展现出清新、淡雅的气质，凸显穿着者的温柔与优雅。而深色调的应用则增加新中式女装稳重、端庄，给人以包容和安全的感觉。如图 5-42 为 "Vivienne Tam" 品牌新中式女装，主要选用富有质感的黑色，凸显穿着者的沉稳、高贵、优雅的气质，还能够与新中式风格相得益彰，展现出独特的韵味。这款女装适合各种正式场合的穿着需求，凸显穿着者的独特品位与时尚态度。

通过对比色或互补色的巧妙运用，可以使新中式女装色彩更加明快，增加服装动态感和视觉冲击力，使服装更具吸引力。如图 5-43 为 "生活在左"新中式女装清水蓝与土黄色对比色应用，此两种色彩搭配在新中式女装中能够产生较强视觉冲击力，同时又不失和谐之美，体现传统中式的韵味和现代时尚元素，使得服装既古典又时尚，凸显穿着者的优雅气质和独特品位。如图 5-44 为 "生活在左"石绿与莲瓣红的互补色搭配在新中式女装中产生强烈的视觉对比效果，使得服

图 5-41 "M essential" 浅色调新中式女装　　图 5-42 "Vivienne Tam" 深色调新中式女装

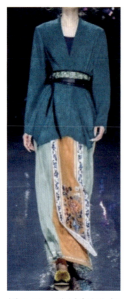

图 5-43 "生活在左"新
中式女装对比色应用

图 5-44 "生活在左"新
中式女装互补色应用

装更加醒目和吸引人，石绿的沉稳与莲瓣红的亮丽相互碰撞，形成了独特的视觉效果，能够凸显穿着者的个性和魅力。

在色彩的视觉演绎上，新中式女装设计展现了卓越的创意，设计师巧妙运用色彩这一维度，将古典元素（如碧波荡漾的山水，重叠翻卷的云纹，五彩斑斓的花卉等）通过细致入微的刺绣技艺或是精妙绝伦的印染手法生动再现于服装面料的不同色彩层面上，不同的颜色交织变幻如同一幅幅立体的微型画作，构建出丰富而多元的纹理与视觉层次。这种基于色彩的艺术表达，产生强烈的视觉冲击力，有效打破单色或单调色彩组合可能带来的平淡效果，进而实现色彩空间的动态与静态对话，繁复与简洁并存的和谐统一。色彩在此不仅是图案的填充，更是承载着文化和艺术内涵的重要载体，使新中式服装在视觉美学上达到了新的高度。新中式女装通过色彩的运用，在现代设计中注入传统文化元素，不仅美化了生活空间也在心理学上对人们产生了积极的影响。通过深入了解这种风格下的色彩心理及其视觉效应，我们能够更好地欣赏新中式女装设计魅力，也能够更深刻地理解色彩与人心、文化之间的密切关系。

5.5.3　传统色彩在新中式女装设计中的应用特点

（1）强调文化内涵的表达，体现民族文化特色

中国传统色彩承载着丰富的文化内涵，在现代设计中成为表达民族文化的重要元素。通过对传统色彩的运用，设计师能够传达出中国人的哲学观、审美观和情感观，增强设计作品的文化认同感。例如在一些具有中国文化主题的设计中，黑色、白色、红色的组合，能够营造出具有东方神韵的意境美。

（2）情感表达细腻

不同的传统色彩唤起人们不同的情感。如黄色是一种明亮的颜色，具有较高的明度和饱和度，给人光明、温暖的感觉。在中国传统文化中，黄色被视为吉祥色，也被赋予

光明和希望的情感内涵。由于黄色的特殊地位和文化内涵，它给人一种庄严、稳重的感觉。在祭祀、典礼等正式的场合，黄色的元素会被广泛使用，以营造出庄重的氛围。设计师根据不同的情感需求，选择合适的传统色彩来表达服装的主题和风格，从而与消费者产生情感共鸣。

（3）色彩搭配和谐

中国传统色彩搭配注重和谐统一。常见搭配方式有同类色搭配、对比色搭配、互补色搭配等。同类色搭配，如淡蓝色与深蓝色的组合，营造出层次感和渐变效果；对比色搭配，如红色与蓝色，虽然对比强烈，但通过设计能达到平衡与协调；互补色搭配，如黄色与紫色，能产生鲜明的视觉冲击，吸引人们的注意力。这些搭配方式在新中式女装设计中，既体现传统色彩的美感，又符合现代时尚的审美需求。

（4）材质与色彩融合

在新中式女装设计中，传统色彩常常与不同的材质相结合，以展现独特的质感。丝绸材质搭配柔和的色彩，如淡粉色、淡紫色等，能凸显女性的优雅与高贵；棉麻材质与自然的色彩，如米色、灰色相结合，营造出质朴、舒适的氛围。材质与色彩的融合，使服装更具立体感和艺术感。

5.5.4　新中式女装色彩创新方法

（1）深入挖掘传统文化元素汲取灵感

①传统色彩体系的现代诠释

通过查阅古籍、历史文献等，了解中国传统色彩在不同历史时期、地域和民族中的运用及其背后的文化内涵。对中国传统色彩的内涵、象征意义和历史演变进行深入研究，了解每种传统色彩所代表的情感、价值观和文化背景，这样在融合现代色彩时，能够更好地把握传统色彩的精髓，避免盲目融合。在中国传统色彩中，红色代表吉祥、热情、幸福；蓝色象征宁静、深邃、智慧；黄色寓意尊贵、荣耀、财富等[21]。深入了解这些色彩的寓意，在设计中更准确地运用色彩来传达特定的情感和主题。将其融入女装设计中，赋予服装更深层次的文化内涵。

探究中国传统色彩在不同历史时期的演变和应用；了解各个朝代的流行色彩、色彩搭配方式以及色彩在服饰、艺术和文化中的地位；研究不同历史时期中国传统色彩的流行趋势和应用特点，从中汲取灵感，为新中式女装色彩设计提供历史依据和创新思路。

都可为新中式女装设计提供丰富的历史参考和灵感来源。如图 5-45 为河南春晚惊艳出圈的歌舞类节目《唐宫夜宴》，舞者圆润的身材，身着色彩艳丽的三色唐朝风格襦裙，脸上为风靡唐朝的"斜红"妆容，一群唐朝侍女"红配绿"的服装搭配，不仅毫不俗气，反而烘托出一种生动烂漫的唐宫夜景，这般直指人心的"红配绿"代表着中国传统美学趣味。女子服色与大唐的长隆国运相辉映，舞台上唐代侍女穿着的红色系的石榴裙，娇媚明艳配以唐三彩的艳丽，颇显繁华贵气。如图 5-46 为《唐宫夜宴》的红绿配色在现代东方风格女装上的运用，创造出既具有传统魅力又符合现代审美的独特风格。红绿搭配形成强烈的视觉冲击。这种对比展现东方文化的大胆与张扬，又不失优雅与内敛。红绿色彩组合也让人联想到《唐宫夜宴》中那些华美的服饰和绚丽的场景，充满历史的韵味和文化的底蕴。

图 5-45 《唐宫夜宴》剧照　　　　图 5-46 《唐宫夜宴》红绿配色新中式礼服

学习传统色彩搭配法则。古典色彩体系的传承也是新中式女装设计中不可或缺的一部分。熟悉中国传统的色彩体系，如五行色彩（金、木、水、火、土对应白、青、黑、红、黄）的特点和规律，可以在设计中灵活运用，创造出具有中国特色的色彩组合。设计师们通过调整色彩明暗、对比度等手法，将古典色彩体系中的元素融入新中式女装色彩搭配中，既可保留古典的韵味，又符合现代审美的需求，实现古典与现代的完美融合。

②从古诗词中挖掘色彩元素

古诗词中蕴含丰富的色彩美学，这些色彩元素具有独特的文化寓意，还能为现代女装设计带来别样的视觉体验。如图 5-47 为根据"日出江花红胜火，春来江水绿如蓝"的诗句中描绘的色彩意境，提取出红色和蓝绿色，运用到女装设计中，创造出极具魅力的时尚作品，展现出独特的文化内涵。新中式风格女装既保留传统东方文化的韵味，又融入现代时尚的元素。红色与蓝绿色的搭配，热烈又宁静，张扬又内敛。无论是在重要场合还是日常生活中，都能让穿着者展现出独特的个性和魅力。

③从古代艺术品中汲取灵感

中国古代的绘画、瓷器、织物等艺术品中蕴含着丰富的色彩美学，有着独特的魅力。新中式女装从中国古代艺术品中汲取色彩灵感，如宋代瓷器的天青色、明清时期刺绣的华丽色彩等，设计师可以研究这些艺术品中的色彩搭配和运用技巧，将其转化为新中式女装的色彩语言。也可以借鉴古代艺术品的图案和纹理，与色彩相结合，形成独特的视觉效果。

青花瓷的蓝色，纯净而深邃，给人宁静致远之感，可作为服装的主色调或点缀色，展现出优雅的气质。汝窑瓷的天青色，柔和温润，能为女装增添一份细腻与温婉。如图 5-48 为清代天青粉彩梅花纹茶杯，从中可获得淡雅的色彩启示。如图 5-49 为天青色与粉彩纹梅花图案的新中式女装，共同营造出和谐、统一的视觉效果。淡雅、宁静的浅蓝色调，不张扬，又不失清新感，给

图 5-47　古诗词提取色彩元素应用于新中式女装

人以平和、舒缓的视觉享受。天青色传达出一种优雅的气质，与新中式风格的内敛含蓄相得益彰，寓意纯净、自然，仿佛能让人感受到大自然的宁静与美好。粉彩是一种柔和、细腻的色彩，带有一定的灰度，给人一种温暖而不刺眼的感觉。这组色彩组合更是一种文化符号，代表着中国传统文化中的美好品质和价值观。

图 5-48　清代天青粉彩梅花纹茶杯

图 5-49　天青粉彩梅花纹新中式女装

传统书画也是色彩灵感的重要来源。水墨画中的墨色，深沉稳重，可用于营造庄重、大气的氛围。水墨画中的墨色变化丰富，从浓到淡，层次分明。留白是水墨画的重要特征之一，给人以无限的想象空间。水墨画以其独特的墨色韵味、淡雅的色彩以及留白艺术，为新中式女装设计提供丰富的灵感来源。如图 5-50 所示为水墨画新中式女装，设计师充分理解水墨画的艺术特点和审美价值，将其与现代时尚元素相结合，创造出既具有传统韵味又不失现代感的新中式女装作品。

图 5-50 水墨画色彩的新中式女装

在工笔花鸟画中，常能看到鲜艳的红色、粉色、黄色、蓝色等，这些色彩运用在新中式女装中，可增添活泼与灵动。如图 5-51 为工笔花鸟画的色彩元素应用于新中式西服设计，工笔花鸟画以其精细的笔触、丰富的色彩和生动的形象著称，通过巧妙地运用色彩、图案、面料等元素以及精细的细节处理手法，创造出具有传统韵味又不失现代感的新中式女西服。

以青色和绿色为主的山水画色彩本身具有清新、宁静、自然的情感属性。运用青、绿等自然色系打造出清新脱俗的服装风格，通过色彩的运用进一步强调这种情感表达。如图 5-52 为青山绿水的山水画新中式女装色彩搭配。通过柔和的色彩过渡和细腻的色彩层次，营造出一种温婉、雅致、超脱世俗的氛围，让穿着者感受到身心的宁静与自由。

书法中的墨色变化丰富，从浓到淡、从干到湿，都能展现出不同的韵味。新中式女装可以借鉴书法的墨色运用，通过不同深浅的色调，营造出独特的色彩层次感。如图 5-53 为书法墨色新中式女装，展现中国传统文化的独特魅力，还能为现代女性带来一种全新的审美体验和穿着感受。

图 5-51 工笔花鸟画色彩的新中式女装

图 5-52 山水画色彩的新中式女装

图 5-53 书法墨色的新中式女装

传统织物色彩提取。中国传统织物色彩丰富多样，如红、黄、蓝、绿等鲜艳色彩以及淡雅的米白、驼色等自然色系。新中式女装可以借鉴传统织物的色彩搭配进行色彩设计创新。如图 5-54 为传统织锦色彩与现代时尚相结合，融入新中式女装设计，这是一种色彩创新尝试。传统织锦以其丰富的色彩、复杂的图案和精湛的工艺闻名,其色彩搭配往往蕴含着深厚的文化底蕴和象征意义。从传统织锦中提炼出经典色彩,如红、黄、蓝、绿、紫等鲜艳色调,以及金、银等金属色作为点缀,这些色彩具有高度的辨识度,还富有吉祥、富贵的寓意。在保留传统色彩精髓的基础上,进行现代色彩重构。通过调整色彩的饱和度、明度以及色彩之间的搭配比例,使传统色彩更符合现代审美需求,同时保持其独特的文化韵味。

刺绣艺术是中国传统手工艺中的瑰宝之一,其图案通常色彩鲜艳、细腻精致。新中式女装借鉴刺绣图案的色彩搭配和技法运用,通过刺绣装饰增添服装的艺术感和文化内涵。刺绣色彩在新中式女装中扮演着至关重要的角色。传统刺绣色彩多选用鲜艳、对比度高的颜色,如红、黄、蓝、绿等,这些色彩在新中式女装中可以巧妙地运用和重新诠释。设计师们通过精细的配色,使得刺绣图案的色彩在女装上更加生动,同时又不失和谐与美感。刺绣色彩的新中式女装以其独特的魅力和高品质的工艺赢得消费者的喜爱。如图 5-55 为刺绣色彩的新中式女装。

玉器色彩温润如玉,玉器色系的新中式女装在市场上逐渐受到青睐。品牌"夏姿·陈"等曾在时装周上运用玉器色彩进行服装设计并受到好评。国内一些新中式女装品牌如"密扇""LeFame""M essential"等新中式女装品牌也在玉器色彩的运用上进行了探索和尝试,并推出多款玉器色系的新中式女装产品,受到大众喜爱。玉器色彩在新中式女装中的运用,丰富服装的色彩语言和文化内涵,展现现代设计的时尚感和创新性。如图 5-56 所示为玉器色彩的新中式女装。

图 5-54 传统织锦色彩的新中式女装

图 5-55 刺绣色彩的新中式女装

图 5-56 玉器色彩的新中式女装

金器的色彩高贵典雅,在新中式女装中的应用可丰富服装的视觉效果,赋予女装更多的文化内涵和审美价值。金器色彩以金色为主,金色作为自然界中最灿烂、最富有表现力的色彩之一，具有高贵、典雅、奢华的特质。金色能够吸引人们的目光，营造出一种尊贵、典雅的氛围。如图5-57为金器色彩点缀的新中式女装。在新中式女装中，金器色彩常被用作点缀装饰，如金线刺绣、金边镶嵌、金属扣件等。这些金色的元素在服装上起到画龙点睛的作用，使整件服装更加精致、高贵。金色与不同色彩的搭配可以产生不同的视觉效果。如金色与红色搭配可以营造出喜庆、热烈的氛围；金色与黑色搭配则显得沉稳、高贵；金色与白色或浅色搭配则更加清新、雅致。

银器色彩以银色为主，银色以其纯净、冷艳、典雅的特性展现出一种独特的冷峻美和高贵感。银色不仅具有闪耀的亮度，还能与其他色彩形成和谐的搭配，是设计中常用的点缀色和装饰色。银色作为一种中性色，能够与多种色彩进行搭配，展现出不同的风格效果。在新中式女装中，银色常与黑色、白色、红色等经典色彩搭配使用，营造出简约、优雅或喜庆的氛围。银色也能与其他鲜艳色彩形成对比，使服装更加醒目突出。如图5-58所示为银器色彩的新中式女装，银色元素的加入提升了新中式女装的质感，使服装看起来更加精致、高贵。银色增加服装的光泽感，使穿着者更加引人注目。银色作为中国传统文化中的重要元素之一，在新中式女装中的应用，体现对传统文化的传承和发扬。穿着带有银色元素的新中式女装，让人感受到传统文化的魅力和韵味。银器色彩在新中式女装中的应用为传统服饰增添现代时尚感，赋予女装独特的文化韵味和审美价值。

图5-57　金器色彩点缀的新中式女装　　　　图5-58　银器色彩的新中式女装

古代壁画中的色彩运用极具特色，如敦煌壁画色彩丰富多样又细腻，以红、黄、蓝、绿、白、黑等色彩为主，形成鲜明而和谐的色彩体系。这些色彩具有极高的艺术价值，还蕴含着深厚的文化内涵和象征意义。如图5-59为敦煌壁画色彩新中式女装，设计师从敦煌壁画中提取具有代表性的色彩，如经典的敦煌蓝、敦煌绿、敦煌红等，并将其巧妙地运用在女装设计中，赋予女装独特的文化韵味，提升穿着者的气质和品位。新中式女装可以借鉴壁画艺术品的色彩搭配和表现手法进行设计创新。

古代雕塑色彩往往具有浓郁的文化内涵和象征意义。将古代雕塑的色彩元素融入新中式女装设计中，可以直接采用古代雕塑中的色彩作为设计灵感，将古代色彩与现代色彩进行融合创新，形成新的色彩搭配方案。在保留古代雕塑色彩韵味的基础上，进行色彩创新。运用现代色彩理论对古代雕塑色彩进行微调或重组，以适应现代女性的审美需求和穿着习惯。如图 5-60 所示为秦兵马俑色彩新中式女装，秦兵马俑的色调沉稳，将秦兵马俑中独特的色彩元素融入现代女装设计中，创造出既具有历史文化底蕴又不失时尚感的新中式女装。

图 5-59　敦煌壁画色彩新中式女装　　　图 5-60　秦兵马俑色彩新中式女装

在民间传统工艺品中，传统色彩扮演着重要的角色。剪纸、刺绣、泥塑等民间工艺，都运用了丰富的传统色彩。这些色彩鲜艳、明快，富有民族特色，使得民间传统工艺品更加生动有趣。传统色彩在民间工艺中的运用，不仅使工艺品具有独特的视觉效果，还蕴含着民间文化的内涵和精神。新中式女装色彩创新可以从多种民间传统工艺品中汲取灵感。除了上述提到的民间工艺外，还有许多其他民族的艺术形式也可以为提取色彩元素提供丰富的素材。例如，壮族的织锦、瑶族的刺绣、土族的服饰等都蕴含着丰富的色彩元素和民族特色。设计师可以根据具体的设计需求和品牌风格，选择适合的民族艺术形式进行色彩元素的提取和应用。这些色彩元素具有独特的民族特色和文化内涵，可以为设计师提供丰富的灵感和选择空间，帮助他们在设计中创造出独特而富有魅力的作品。

④中国古代戏曲艺术色彩

戏曲服装的色彩运用往往与中华民族的用色习惯及文化内涵紧密相连。如中国京剧戏曲艺术中，色彩元素丰富且富有深意，在京剧舞台上色彩是创造环境、塑造人物必不可少的条件，京剧里的服装色彩，表现不同的人物性格类型和人物不同的尊卑权位。京剧里的服装色彩主要以明代的服装色彩为基础演变而来，主要分为上五色和下五色。上五色为红、黄、绿、白、黑，这些颜色是帝王将相和皇亲贵胄所用，在戏曲服饰中承载着特定的象征意义，如红色代表华贵、喜庆；绿色常被用作忠勇武将的服饰色彩；黄色为帝王专用色，象征权力与尊贵；白色既有素净之意，也有哀悼之用；黑色则常用于表现刚正、粗犷或卑微等角色。下五色为紫、蓝、粉、湖、古铜，这些颜色多为间色或复色，在戏曲服饰中同样具有独特的装饰效果和象征意义，使用比较宽泛，除了百姓用下五色，一些帝王将相在后院及家里的便服也可以用下五色。京剧服装色彩具有高度的符号性特征，通过色彩间的强烈对比突出人物的身份和性格特点，以达到区分的目的。成为色彩世界中一个独特的领域，带给人们无尽的审美情趣，有着不可替代的独特魅力。

从中国古代戏曲艺术中提取色彩元素并应用于新中式女装设计，是一个融合传统文化与现代审美的过程。设计师可以直接采用戏曲服饰中的经典色彩，如红色、绿色等，作为服装的主色调或点缀色，这些色彩具有鲜明的视觉冲击力，能唤起人们对传统文化的共鸣，如图5-61为直接采用京剧色彩的新中式女装。设计师也可以结合现代审美趋势和色彩搭配原理，进行戏曲色彩元素创新和调整。将红色、白色、黑色等传统戏服的色彩与现代色彩进行搭配，营造出既传统又时尚的氛围。如图5-62为结合现代审美趋势京剧色彩的新中式女装。

图5-61　直接采用京剧色彩的
新中式女装

图5-62　现代审美趋势的京剧色彩新中式女装

⑤中国传统建筑色彩

中国古建筑色彩体系以五行学说为基础，形成赤、黄、青、白、黑五种色彩基调，也被称为"正色"。这五种色彩在中国传统文化中具有特殊的象征意义。赤（红）象征喜庆、吉祥、权威和富贵。在古代建筑中，红色常用于宫殿、庙宇等重要建筑的柱子、墙壁和屋顶装饰，如故宫的红墙黄瓦就是典型的代表；黄象征尊贵、皇权和土地。黄色在古代是皇家的专用色，如皇帝的龙袍、宫殿的屋顶等；青（绿）象征生机、和平与希望。在古建筑中，绿色常用于屋顶的琉璃瓦、彩绘和装饰图案中，如故宫东部区域的建筑群屋顶瓦面颜色就以绿色为主；白象征纯洁、高雅和宁静。白色在古建筑中常用于民居的墙体和屋顶，如江南水乡的白墙灰瓦建筑；黑象征神秘、庄重和肃穆。黑色在古代建筑中虽不如其他颜色常见，但在某些特定场合和建筑中也有应用，如徽州古祠的某些部分就使用黑色装饰。

中国古建筑在色彩运用上讲究对比与和谐，通过不同色彩的搭配来营造出独特的视觉效果和氛围。红墙黄瓦是中国古建筑中最常见的色彩搭配之一，这种搭配色彩鲜明、对比强烈，体现皇家的尊贵与威严。白墙灰瓦是江南水乡建筑的典型特征，这种色彩搭配给人以清新、淡雅的感觉，与江南的自然环境相得益彰。古建筑中的彩绘和琉璃瓦是色彩运用的重要手段之一。彩绘通过丰富的色彩和图案来装饰建筑表面，使建筑更加华丽多彩，琉璃瓦则以其鲜艳的色彩和光泽为建筑增添几分神秘和庄重。

中国地域辽阔，不同地区的古建筑在色彩运用上也呈现出不同的地域特色。如北方建筑色彩较为浓重、鲜艳，而南方建筑则更注重色彩的淡雅和清新。中国传统建筑的色彩也能为新中式女装提供灵感。朱红色的大门、金色的门钉，彰显着庄重与华丽，如图 5-63 所示为古建大门的色彩在新中式女装中应用。而灰色的砖瓦、白色的墙壁，则带来古朴与素雅的感觉，适合作为服装的基础色调，如图 5-64 为徽派建筑的黑白灰色调在新中式女装中应用。

图 5-63　古建大门色彩在新中　　图 5-64　徽派建筑黑白灰色调
式女装中的表现　　　　　在新中式女装中的应用

⑥中国茶文化艺术

中国茶文化色彩艺术是中国传统文化中独具特色的一部分，它融合自然、艺术与哲学，体现中国人对色彩的独特理解和运用。中国茶文化中的色彩丰富多样，包括绿色、红色、白色、黄色、青色以及黑色等，每种颜色都承载着不同的象征意义和文化内涵。

绿色在中国茶文化中通常代表着自然、生机与希望，象征茶叶的原始状态和未经雕琢的纯净之美。在新中式女装设计中，可以直接采用绿茶的碧绿色作为主色调或点缀色，如使用碧绿色的丝绸或棉麻面料制作连衣裙、上衣等，营造出清新脱俗、自然雅致的感觉。也可以将绿色与其他色彩进行搭配，如与白色、米色等浅色系搭配，形成清新明快的视觉效果，如图5-65所示的绿茶色调与白色相搭配应用在新中式女装。

红色在中国文化中常被视为喜庆、吉祥和热情的象征。在新中式女装设计中，可以运用红茶的红棕色或深红色作为点缀或主题色，如图5-66为红茶色调在新中式女装中应用，展现出女性的优雅与妩媚。红色也可以与其他色彩如金色、黑色等进行搭配，形成高贵典雅的视觉效果。

图5-65　绿茶色调在新中式女装中的应用　　图5-66　红茶色调在新中式女装中的应用（出自"三寸盛京"）

白色在中国传统文化中常与纯洁、高雅和神圣相联系，在茶文化中白色象征着茶叶的原始状态和纯净之感；黄色在中国文化中有着丰富的象征意义，在茶文化中黄色则多与茶叶的成熟度和发酵程度相关；青色在中国传统文化中常与自然、宁静和深远相联系，在茶文化中青色则多与乌龙茶相关，象征着茶叶在半发酵过程中的独特韵味；黑色在中国文化中常被视为庄重、沉稳和神秘的象征，在茶文化中黑色则多与经过长时间发酵和储存的茶叶相关。白色、黄色、青色、黑色等茶文化色彩都可以在新中式女装设计中得到运用。设计师根据服装的整体风格和设计理念选择合适的色彩进行搭配和运用。

新中式女装设计在运用茶文化色彩的同时，可以融入茶道精神中的平和、自然与修身养性的理念。如图 5-67 所示为禅茶意境的新中式女装，通过色彩运用和图案设计来传达出这种精神内涵，使服装不仅具有美观性还具有文化深度。

图 5-67　禅茶意境的新中式女装

⑦民俗艺术色彩创新转化应用

深入理解民俗艺术色彩的文化内涵和象征意义。不同地域、民族和时期的民俗色彩往往具有独特的文化寓意和审美价值。通过了解这些色彩背后的故事和象征，可以更好地把握其在新中式设计中的应用方向。

在理解文化内涵的基础上，提炼出民俗色彩的核心色彩语言。这包括色彩的纯度、明度、冷暖倾向以及色彩搭配规律等。通过将这些色彩语言与现代设计语言相结合，可以创造出既具有传统韵味又符合现代审美需求的色彩搭配方案。

将民俗色彩与现代设计理念相融合，关键在于找到传统与现代的契合点。现代设计理念注重简约、实用、创新和可持续发展等方面。在设计中可以运用现代设计手法对民俗色彩进行解构和重构，创造出符合现代审美趋势的设计作品。如通过色彩对比、渐变、重复等手法，增强设计的视觉冲击力和表现力；或者将民俗色彩与现代材质、剪裁技术相结合，提升服装的舒适度和实用性。如图 5-68 所示为二十四节气春分的色彩元素在新中式女装中的应用。二十四节气中的春分代表着自然界中独特的色彩与美学，春分时节，万物复苏，生机勃勃，选用代表春天的色彩，如嫩绿、淡黄、浅紫等，应用于新中式女装，传达出

图 5-68　二十四节气春分的色彩元素在新中式女装中的应用

春天的清新与生机，营造出春天独有的清新氛围。这些色彩元素在新中式女装中的创新应用，既丰富服饰的文化内涵，又赋予其独特的审美价值。

在将民俗色彩与现代设计理念相结合的过程中，需要不断创新应用形式。采用多样化的设计手法，如刺绣、数码印花、织造等，可以拓宽民俗色彩的应用范围，满足更多消费者的需求。在结合过程中，既要尊重传统民俗色彩的文化内涵和审美价值，又要勇于创新和突破。传统是设计的根基和灵魂，而创新则是设计的动力和生命力。通过不断学习和探索新的设计理念和手法，可以将民俗色彩与现代设计理念更好地融合在一起，

创造出具有独特魅力和时代感的设计作品。

（2）东西方色彩的解构与重组

新中式女装色彩的创新方法，可以通过东西方色彩的解构与重组来实现，这一过程既融合传统文化的精髓，又注入现代设计的活力。

①色彩解构

这是对所选色彩对象的原色格局进行打散、重组，增减整合后再创作的过程。对于色彩丰富、形体复杂的色彩对象，可以采用抽取或肢解的方法。例如，从中国传统艺术作品中（如古代服饰、陶瓷、壁画等）提取出典型的色彩元素，如红色、金色、蓝色等进行拆解，了解其在原作品中的比例、分布和搭配方式。分析色彩特征，对抽取的色彩进行细致分析，包括色彩的冷暖、纯度、明度等特征，以及它们在原作品中的视觉效果和情感表达。

②色彩重组

这是在解构基础上进行再创作的过程，将原有色彩元素按照新的设计思路进行组合，形成新的色彩搭配方案。尊重传统文化，在融合东西方色彩时，要尊重传统文化的精髓和内涵，避免简单地将两种文化进行拼凑和堆砌。注重设计创新，在色彩创新中要注重设计的新颖性和独特性，通过独特的色彩搭配和表现形式来展现新中式女装的独特魅力。保持色彩和谐。在色彩解构与重组的过程中，要注重色彩之间的和谐与统一，避免色彩过于杂乱无章。

③东西方色彩融合

将中国传统色彩与西方现代色彩进行融合，创造出既具有东方韵味又不失现代感的新色彩组合。如图 5-69 为中国传统的大红、金色与西方的蓝灰低饱和度色彩相结合，形成层次丰富且和谐统一的视觉效果。

④利用现代染色技术

可以实现色彩的渐变效果，打破传统中式女装单色的设计布局。同时通过对比色的运用，增强色彩的视觉冲击力，使整体设计更加生动有趣。如图 5-70 为传统红、金渐变色新中式女装，色彩运用极具特色。传统红、金两种色彩相互交融，不仅增强了色彩的层次感，还凸显出服装丰富的视觉效果，将传统色彩与现代渐变工艺巧妙地结合，展现出新中式服装既传承传统韵味又融合现代时尚的色彩风格。服装整体体现华丽感和庄重感。

图 5-69　传统红、金色与西方
蓝灰搭配新中式女装

⑤传统色彩面积与形状的调整

色彩在画面上的面积和形状进行重新分配和调整，以达到最佳的视觉效果。可以通过增加或减少某种色彩的比例，或者改变色彩的形状和分布方式，使整体设计更加协调统一。如图 5-71 为传统蓝色与中性灰色搭配的新中式女装，减少中国传统蓝色调的使用面积，使服装色彩搭配更时尚，符合现代审美需求，又不失中国传统韵味。

在设计新中式女装时，可以借鉴中国传统服饰的色彩搭配原则，如"红配绿"的配色方式，通过现代设计手法进行改良和创新。如图 5-72 为鲜艳的红色、绿色与西方的米色搭配，传统"红配绿"以新的比例和形式进行组合，形成既符合传统审美又具有现代感的新色彩搭配方案。

图 5-70 传统红、金渐变色
新中式女装

⑥东西方色彩艺术融合

在色彩创新中，还可以借鉴西方近现代艺术作品中的色彩运用手法。如图 5-73 从马蒂斯的鲜艳色彩中汲取灵感，将其与中国传统色彩相结合，创造出既有西方艺术风格又不失东方韵味的新中式色彩组合。

图 5-71 传统蓝色与中性
灰色搭配新中式女装

图 5-72 红、绿色与米色搭配
新中式女装

图 5-73 传统红色与马蒂斯鲜
艳色彩组合的新中式女装

（3）流行色在新中式女装中的应用

①关注国际时尚潮流

了解并预测国际时尚领域发布色彩的流行趋势，将中国传统色彩与现代时尚流行色彩元素相结合，创造出既具有中国特色又符合国际潮流的女装产品。色彩是时尚设计的灵魂，也是展现设计师创意和个性的重要手段[22]。在新中式女装设计中，色彩创新手法层出不穷。设计师们通过运用撞色、渐变、拼接等色彩搭配手法，将不同色彩进行巧妙组合，创造出独特的视觉效果。将传统东方色彩与现代流行色彩相结合，使新中式女装既具有古典美，又不失现代感。时尚潮流瞬息万变，要跟上潮流的步伐，就必须具备敏锐的洞察力。设计师们需要密切关注国际和国内时尚潮流动态，及时捕捉流行的色彩、款式和元素，并将其融入新中式女装设计中。只有这样才能使新中式女装保持时尚前沿的地位，满足消费者的需求。

②研究流行色趋势

融合现代时尚元素。结合流行色趋势，关注当下国际时尚流行色，尝试将中国传统色彩与现代流行色彩进行混搭，创造出新颖的色彩组合，为新中式女装增添时尚感。如图5-74所示为流行的莫兰迪色系与传统的青花瓷蓝相结合，营造出既时尚又具有中国特色的色彩效果。新中式女装色彩创新可以巧妙地应用流行色，密切关注各时尚网站发布的流行色趋势报告，了解当下流行的色彩及其特点，分析哪些流行色与新中式风格相契合，或者可以通过一定的调整和搭配来融入新中式女装设计中。如图5-75为柔和的淡紫流行色在新中式女装中应用，营造出清新淡雅的新中式氛围。

图5-74　莫兰迪色与青花瓷蓝相结合　　图5-75　采用淡紫流行色与白色
搭配的新中式女装

③提取流行色元素

不一定要完全照搬流行色，可以从流行色中提取关键元素，如色调、饱和度、明度等。将这些元素与传统的中国色彩相结合，创造出独特的新中式色彩组合。如图5-76所示为明亮的珊瑚橙色，可提取其温暖的色调，与中国传统的红色系进行融合，形成一种既时尚又具有中国特色的暖色调色彩方案。

④流行色与传统色彩对比搭配

运用流行色与传统中国色彩进行对比搭配，创造强烈的视觉冲击。如图 5-77 所示为当下流行的牛油果绿色与传统中国红搭配，红色的热烈与绿色的清新形成鲜明对比，使新中式女装更具个性和时尚感。同时色彩比例相协调，避免过于花哨。

图 5-76　珊瑚橙色与中国传统红色融合　　　图 5-77　牛油果绿色与传统中国红搭配

⑤流行色作为点缀

在新中式女装设计中，以传统色彩为主色调，将流行色作为点缀色使用。可以在领口、袖口、腰带、配饰等部位运用流行色，起到画龙点睛的作用。如图 5-78 所示的新中式女装系列，将中国传统红色作为大面积的主色调，不仅是对中华文化深厚底蕴的表达，也是对女性优雅、自信气质的颂扬。红色作为中华民族的色彩象征，其热烈、奔放的特质在新中式女装中得到淋漓尽致的展现，让该系列女装充满生命力和感染力。大面积的

图 5-78　牛油果绿流行色点缀大面积传统红色

红色运用，让穿着者显得更加醒目动人，也寓意吉祥如意、幸福美满。而流行色牛油果绿的加入，则为这一系列增添一抹清新自然的色彩。小面积的牛油果绿作为点缀，与大面积的红色形成鲜明而和谐的对比，打破红色的单一感，赋予整体造型更多的层次感和时尚感。这种配色方案保留传统红色的经典韵味，又融入现代流行的时尚元素，展现新中式女装独特的魅力。

⑥材质与流行色结合

考虑不同材质对流行色的呈现效果。一些具有光泽感的材质，如图5-79所示的丝绸、锦缎等，可以使流行色更加鲜艳亮丽；而如图5-80所示的棉麻材质则赋予流行色一种自然质朴的感觉。根据新中式女装的设计风格和需求，选择合适的材质来搭配流行色，提升服装的整体品质和时尚感。

图5-79　丝绸材质流行色　　　　图5-80　棉麻材质流行色

⑦选取流行色适应季节

中国传统色彩可以根据不同的季节进行选择和应用。选取流行色适应新中装季节变化，根据不同季节的流行色趋势，调整新中式女装的色彩方案。春季可以选择轻盈明亮的流行色，如图5-81所示的淡粉色、浅黄色等象征着新生与希望，与新中式花卉图案相结合，展现出春天的生机与活力；夏季则适合清爽、淡雅的流行色，如图5-82所示的

图5-81　淡粉色适应春季新中式女装　　图5-82　白色适应夏季新中式女装

白色营造出凉爽舒适的感觉；秋季可以运用温暖浓郁的流行色，如图 5-83 为棕色与新中式的厚重材质搭配，体现秋季的沉稳与大气；冬季则可选择深沉、稳重的流行色，如图 5-84 所示的酒红色为新中式女装增添一份温暖和高贵。这样的应用方式使新中式女装更具季节性特色，满足人们在不同季节的穿着需求。

图 5-83　棕色适应秋季新中式女装　　图 5-84　酒红色适应冬季新中式女装

（4）跨界融合理念与新中式女装色彩创新

在时尚产业的广阔舞台上，跨界融合理念已成为推动时尚潮流发展的重要力量。这一理念打破传统领域和风格的界限，将各种看似不相关的元素巧妙融合，创造出令人瞩目的时尚新风尚[23]。特别是在新中式女装设计中，跨界融合理念得到淋漓尽致地展现。跨界融合理念的核心在于创新，鼓励设计师将不同领域、不同风格的时尚元素进行融合。在新中式女装设计中，设计师们将传统服饰色彩元素与现代时尚色彩相结合，使其既保留传统服饰的韵味，又呈现现代时尚的气息。这种融合不仅拓宽新中式女装的设计思路，也使其更具市场竞争力。新中式女装设计中的色彩跨界融合表现可以带来独特而惊艳的视觉效果。

①传统与现代色彩的融合

新中式女装可以将传统的中国色彩，如红色、黄色、蓝色、绿色等，与现代流行的时尚色彩进行融合。将传统的正红色与现代的玫瑰金色相结合。正红色代表着喜庆、吉祥，而玫瑰金色则增添了时尚感和精致感。如图 5-85 所示，在一件新中式女装的领口、袖口处使用正红色的绳边，而主体部分采用玫瑰金色的面料，既展现传统中式的韵味，又符合现代时尚的审美。

如图 5-86 所示的裙装，巧妙地将古典青花瓷蓝色与现代雾霾蓝色相融合，既传承了中国传统色彩的独特魅力，又融入了现代时尚色彩元素，是兼具古典与现代之美的时尚佳作。青花瓷蓝色承载着浓郁的中国传统文化韵味，是一种深邃而纯净的色调。它宛如古老瓷器上历经岁月沉淀的色彩，散发着典雅与神秘的气息。而雾霾蓝则展现出低调、柔和的时尚特质，其色调氤氲朦胧，仿佛被一层轻纱轻柔笼罩，尽显含蓄之美。两种蓝色在裙装

217

图 5-85　红色绳边玫瑰　　　图 5-86　青花瓷蓝色与现代雾霾蓝色融合
金新中式女装　　　　　　　　　　新中式女装

上相互映衬、相得益彰，营造出宁静、舒缓的视觉氛围，给人带来独特的审美体验。

②不同文化色彩的融合

新中式女装还可以借鉴其他文化的色彩，进行跨界融合。如融合日本的和风色彩。日本的传统色彩如樱花粉、淡紫色等与新中式女装的设计相结合。如图 5-87 所示的一款上衣的设计中，采用樱花粉的丝绸面料，搭配中式的盘扣，同时在袖口和门襟处加入粉色包边，展现出中日文化融合的独特魅力。

在东方的廓型中引入西方油画色彩，是新中式女装色彩创新的方法之一。西方油画中丰富的色彩层次和强烈的对比度为新中式女装带来新的灵感。当西方油画色彩应用于现代新中式女装时，能够碰撞出独特而迷人的时尚火花，展现出时髦个性的魅力。如图 5-88 所示为梵高《星夜》中的深邃蓝色与明亮黄色运用到中式的女装，既具有中式的沉稳大气，又有西方油画色彩的鲜明活力，通过印染方式，创造出富有艺术感的新中式

图 5-87　樱花粉色新中式女装　　　　图 5-88　梵高的《星夜》新中式女装

女装作品。

③自然与人工色彩的融合

自然色彩如大地色、森林绿、天空蓝等与人工合成的荧光色、金属色等进行融合，也能为新中式女装设计带来别样的效果。大地色为主色调，搭配荧光黄色的细节装饰。大地色代表着自然、质朴，荧光黄色则增加了活力和时尚感。如图 5-89 所示，一件中式外套的门襟、袖口、盘扣使用荧光黄色，与衣身大地色的面料形成鲜明对比，使服装更加引人注目。

如图 5-90 所示的新中式女装，巧妙融合森林绿与金属银色，将自然之美与现代科技感完美交织。深沉浓郁的森林绿，仿佛将苍翠林海凝练于布帛之上，传递出自然的质朴与静谧；而服装边缘点缀的金属银色丝线，以流畅的线条勾勒轮廓，为服装增添了未来感。两种色彩相互映衬，赋予服装独特的视觉层次。

图 5-89　大地色与荧光黄搭配新中式女装　　　　图 5-90　森林绿与银色搭配新中式女装

④不同季节色彩的融合

在新中式女装设计中，混合使用不同季节的色彩可以创造出独特而富有魅力的作品。不同季节的色彩融入新中式女装设计中，可为作品带来更多的创意和灵感，通过合理的色彩搭配、材质选择和工艺运用，可以创造出既具有时尚感又富有传统文化内涵的女装作品。如图 5-91 所示为春季粉色与秋季枫叶红搭配的新中式女装，春季的粉色，通常是柔和、甜美且充满生机的色彩，代表着新生与希望。秋季的枫叶红是一种温暖而浓郁的色彩，象征着成熟与丰收。从枫叶红中可以提取出深红、朱砂红等色调，增加服装的深度和质感。以春季的粉红为主色调，搭配秋季的枫叶红色，既展现出秋季的浓郁，又不失春天的清新和活力。

如图 5-92 所示为淡蓝色与金黄色相融合的服装，营造出一种独特而迷人的视觉效果。淡蓝色通常给人宁静、平和、优雅的感觉，犹如澄澈的天空或是宁静的湖水，让人的内心感到放松和安宁。金黄色则代表着温暖、活力、富贵和奢华，像是灿烂的阳光，充满了积极向上的能量。当这两种颜色融合在一起时，会产生一种奇妙的化学反应。淡蓝色的宁静与金黄色的活力相互映衬，不会过于清冷，也不会过于热烈。整体呈现出一种既优雅又不失活泼的氛围。

图 5-91　春季粉色与秋
季枫叶红搭配新中式女装

图 5-92　淡蓝色与金黄色相融合
新中式女装

新中式女装设计中的色彩跨界融合表现丰富多样，可以通过不同的组合方式创造出独特的时尚作品，展现出中国传统文化与现代时尚的完美结合。

（5）色彩创新体现自然色彩

①色彩源于自然

中国传统色彩大多直接从自然界中提取原料制作而成，如矿物、植物、动物等。如朱砂是一种红色矿物颜料，早在秦汉时期就已应用广泛，其粉末呈红色，经久不褪；藤黄则是一种纯黄色的植物性国画颜料，来源于南方热带林中的海藤树树脂。这些色彩不仅具有自然的美感，还蕴含着大自然的生命力。

②色彩变化与季节、时间相关

中国传统色彩与自然界的季节变化和时间流转密切相关。如玄色是太阳从地平线升起时天空呈现的黑中透红的颜色，代表着一天的开始和希望的萌芽；纁色则是傍晚落日余晖的色泽，红黄交织，象征着一天的结束和收获的时刻。还有如海天霞色、暮山紫等色彩名称，都是古人对自然界中特定时间和景象的细腻观察和生动描绘。

新中式女装在创新过程中，对自然色彩的体现是一个重要的方面。不仅体现在色彩的选择上，还体现在色彩的运用、搭配以及所传达的文化内涵上。新中式女装在色彩选择上，倾向于从自然界中汲取灵感，如山川湖海、花草树木等。这些自然色彩不仅具有视觉上的美感，还蕴含着大自然的生机与活力。从东方雅致的自然生态中汲取灵感，如春日幻彩、青山绿水等，这些色彩能传达出乐观积极的精神面貌，给人以希望与喜悦。观察大自然中的色彩变化，如四季更替带来的不同色彩景观，春天的粉嫩花朵、夏天的翠绿枝叶、秋天的金黄落叶、冬天的银白雪景等都可以成为新中式女装色彩的灵感来源。例如，以秋天枫叶的红橙色为主色调，搭配大地色系的棕褐色，营造出温暖而富有诗意的氛围。

在新中式女装中，设计师倾向于采用自然的色彩搭配方式，如利用自然色调、柔和色彩等。这些色彩能够营造出温馨、舒适的氛围，还能够降低视觉污染。设计师还应注重色彩的可持续性，避免使用过于夸张和刺眼的色彩，而是选择那些能够持久保持色彩时尚度的颜色，通过合理的色彩搭配，提高服装的美观度，减少能源的消耗和环境的污染。

（6）运用特殊工艺创造独特色彩效果

运用现代的印染技术、拼接工艺、刺绣等手法，对传统色彩进行创新处理。如通过数码印染技术将传统的图案和色彩以更加细腻、逼真的方式呈现出来，或者采用拼接工艺将不同色彩的传统面料组合在一起，创造出独特的视觉效果。

尝试传统的扎染、蜡染等工艺，创造出自然、不规则的色彩效果。这些工艺能够赋予女装独特的纹理和层次感，使色彩更加生动有趣。如采用扎染工艺将蓝色和白色交织在一起，形成富有艺术感的图案。

结合不同颜色的丝线进行刺绣，或者使用彩色贴布绣，增加色彩的丰富度。可以在黑色的丝绸面料上用金色丝线刺绣出传统的花卉图案，凸显高贵与典雅。

通过特殊的面料处理方法，如酸洗、做旧等，改变面料的原有色彩，创造出复古或个性的效果。如将白色棉布进行酸洗处理，使其呈现出淡淡的米黄色，增加服装的古朴感。

5.6 新中式女装色彩搭配技巧

5.6.1 色彩搭配原理应用

色彩在设计中扮演着至关重要的角色，合理运用色彩搭配原则与技巧，可以创造出独特而富有吸引力的视觉效果，传递新中式女装的情感与价值观，影响消费者的视觉体验。新中式女装色彩设计需要遵循一定的原则与技巧，以确保色彩的和谐与美观。

低饱和度与高饱和度结合，选择低饱和度的色彩作为基础色系，如米白色、灰蓝色等，再用高饱和度的亮色或暗红色作为点缀色，营造出层次丰富且和谐统一的视觉效果。

中性色的搭配，黑色、白色、灰色等中性色是现代时尚中常用的色彩，与新中式女装的传统色彩相结合，可以增加时尚感[24]。如黑色中式长袍搭配白色的丝绸围巾，简洁大方又不失优雅。灰色的连衣裙搭配红色的腰带，突出重点又不失稳重。

互补色搭配，是一种常用的色彩搭配方式。互补色是色环上相互对立的颜色，如红与绿、蓝与橙等。这些颜色在一起能够产生强烈的对比，吸引用户的注意力。然而，如果互补色搭配不当，容易造成视觉上的冲突与不协调。因此，在使用互补色时，需要掌握一定的技巧，如通过降低颜色的纯度或明度来调和色彩，或者使用中性色作为过渡，以缓解视觉上的紧张感。

类似色搭配，注重色彩之间的和谐与统一，类似色是色轮上相邻的颜色，它们之间的色彩差异较小，能够营造出柔和、协调的氛围。类似色搭配常用于背景色和主色调的搭配，能够使设计看起来更加自然和舒适。在使用类似色时，需要注意色彩之间的差异，以免过于相似而失去层次感。

冷暖色对比搭配，冷色调通常给人冷静、沉稳的感觉，而暖色调则给人热情、活泼的感觉。通过冷暖色调的对比，可以营造出独特的视觉效果，吸引用户的注意力。在使用冷暖色调时，需要注意色调的平衡，以免过于偏向一方而导致视觉上的不适。

色彩比例搭配，色彩比例是指不同色彩在画面中所占的面积比例。合理的色彩比例能够使设计看起来更加舒适和协调。在设计中，可以根据主题和情感需求来调整色彩比例。如果设计主题是欢乐和活力，暖色调应该占据较大的比例；如果设计主题是冷静和沉稳，则冷色调占据较大的比例。

5.6.2 注重色彩形式美表现

对比与和谐。在新中式女装设计中，可以运用对比色与和谐色的搭配原则。对比色搭配如红色与绿色、黄色与紫色等，可以创造出强烈的视觉冲击；和谐色搭配如蓝色与白色、粉色与灰色等，则能营造出柔和、舒适的氛围。根据设计的主题和风格，选择合适的色彩搭配方式，使服装既具有个性又不失整体的协调性。

比例的平衡。在色彩设计中，要注意色彩的比例和平衡。避免某一种色彩过于突出而导致整体色彩不协调。可以选择一种主色调，再搭配一到两种辅助色和点缀色，突出重点又不失平衡，使色彩搭配更加和谐、美观。在传统与现代色彩的融合中，要注意色彩比例的分配。可以根据设计需求，确定传统色彩和现代色彩的主辅关系。如果以传统的蓝色为主色调，可以搭配少量的现代荧光黄色作为点缀，突出重点又不会过于花哨。一般来说传统色彩可以占据较大比例，以确保新中式的风格特色，现代色彩则作为辅助，强化时尚感的作用。

5.6.3 色彩与面料的融合应用

考虑不同材质对色彩的影响，选择合适的面料材质搭配传统色彩。丝绸是新中式女装中常用的材质，其光泽和质感能为色彩增添魅力。

丝绸色彩更加鲜艳亮丽，适合用于展现传统色彩的华丽感。深色系的丝绸面料，如深蓝、深紫等，能够凸显出女性的沉稳与高贵；而浅色系的丝绸面料，如浅粉、浅蓝等，则能够展现出女性的柔美与清新。丝绸面料在色彩的运用上，还可以采用渐变、晕染等手法，使色彩在面料上呈现出丰富的层次感，进一步提升女装的艺术价值。

棉麻面料是女装设计中常用的面料之一，其亲切自然的质地和透气性好的特点深受消费者的喜爱。棉麻面料与色彩的搭配，可以营造出朴素清新的风格。在色彩的选择上，棉麻面料更适合采用自然色系，如米白、浅灰等，这些色彩能显出棉麻面料的自然质感。如淡绿色的棉麻连衣裙搭配白色的帆布鞋，展现出休闲舒适的风格。棉麻面料还可以与印花、刺绣等工艺相结合，使色彩在面料上呈现出更加丰富的变化。

合成纤维面料具有独特的纹理和光泽，能够为女装注入现代感十足的风格。在色彩的运用上，合成纤维面料更加大胆和前卫。设计师可以采用鲜艳的色彩和夸张的图案，使女装在视觉上更具冲击力。合成纤维面料还可以与透明材质、金属材质等相结合，创造出独特的视觉效果，使女装更加时尚和个性化。

尝试新型材质创新色彩效果。随着科技的不断发展，出现了许多新型材质，如环保材料、高科技面料等。可以尝试将这些新型材质与中国传统色彩相结合，创造出具有创新性和可持续性的新中式女装。如使用环保材料制作的服装，搭配传统的绿色或蓝色，体现出对自然环境的尊重和保护。

5.6.4 色彩在款式设计中的运用

在新中式女装设计中，将色彩巧妙运用于宽松、紧身等不同款式，能够有效提升服装的时尚感与整体美感[25]。宽松款式新中式女装以其舒适、自由的穿着体验受到众多女性的喜爱。在色彩的运用上，宽松款式的女装更适合选择柔和、温暖的色彩，如米色、灰色、浅蓝色等。这些色彩能够营造出轻松、自然的氛围，与宽松款式的设计理念相契合。同时柔和的色彩还能够修饰身材线条，使穿着者看起来更加优雅、大方。在色彩搭配上，可以选择同色系或相邻色系的色彩进行搭配，以避免过于突兀或过于花哨的视觉效果。紧身款式的女装则更注重展现女性的身材线条和曲线美。在色彩的运用上，紧身款式的新中式女装选择饱和度较高、亮度适中的色彩，如红色、黑色、深蓝色等。这些色彩能够突出女性的身材优势，使穿着者看起来更加性感、迷人。在色彩搭配上，可以选择对比色或互补色进行搭配，以产生强烈的视觉冲击力，进一步凸显身材的曲线美。

5.6.5　色彩心理学应用

色彩心理学作为设计领域中不可或缺的重要部分，在新中式女装设计中同样发挥着至关重要的作用。掌握色彩心理学原理，准确运用色彩搭配，增强服装的视觉效果，能提升服装的情感表达，从而更好地满足消费者的需求。色彩心理学基本原理是色彩与人的心理、情感之间相互作用规律。在新中式女装设计中，设计师需要深入了解色彩的基本属性，如色相、明度、纯度等，以及这些属性如何影响人的心理感受。暖色调可以营造温暖、亲近的氛围，冷色调则能带来清爽、冷静的感觉。这些基本的色彩心理效应，是设计师进行色彩搭配的基础。

在新中式女装设计中，色彩心理学的应用体现在整体色调的选择上，还体现在色彩之间的搭配与对比上。设计师需要巧妙地运用色彩的对比与和谐，营造出既符合新中式女装风格，又能引起消费者情感共鸣的色彩组合。

5.6.6　情感化设计手法的运用

情感化设计手法是色彩心理学在新中式女装设计中的具体运用。通过色彩搭配营造情感氛围，是设计师常用的手法之一。采用温暖、柔和的色彩搭配，可以营造出温馨、舒适的氛围，让消费者在试穿时感受到家的温暖。而采用鲜艳、活泼的色彩搭配，则可以营造出活力、年轻的氛围，吸引年轻消费者的注意。

5.7　新中式女装色彩使用误区

过于鲜艳刺眼的组合。例如亮红色与亮黄色的大面积组合搭配容易给人过于张扬、喧闹的感觉，不符合新中式的含蓄优雅气质。新中式虽然可以有鲜艳的色彩点缀，但大面积的高饱和度亮色组合会失去其应有的韵味。

冷色调与暖色调的极端对比。像深蓝色与橘红色这样强烈的冷暖对比色如果大面积使用且比例相当，会显得过于突兀和不协调。可能会让整体风格显得杂乱无章，难以体现新中式的和谐之美。

过多暗沉的色彩堆积。例如深棕色、深灰色、黑色等，暗沉的色彩大量组合在一起。这样会使服装显得过于沉闷、压抑，缺乏新中式应有的灵动与活力。新中式可以运用深色来营造稳重感，但过多的暗沉的色彩会让整体造型显得老气。

荧光色的随意使用。荧光绿、荧光粉等荧光色一般很难与新中式的风格相融合。这些颜色过于夸张和现代，与新中式追求的传统文化底蕴和优雅格调相冲突。

色彩过于繁杂无重点。多种不同色彩毫无规律地混合搭配，没有一个主色调来统领，这样会让服装看起来没有焦点，显得杂乱无章，无法突出新中式的独特风格和设计感。

5.8　新中式女装色彩设计定位

在开始设计之前，确定新中式女装的目标受众、穿着场景和品牌风格定位。例如，如果目标受众是年轻时尚的消费者，可能更倾向于新颖、活泼的色彩，穿着场景主要是日常休闲或社交场合，那么可以在色彩创新上更加大胆地融合现代流行色，但要确保整体风格不失新中式的特色。如果品牌定位为高端奢华，对于成熟稳重的消费者，可能更喜欢低调、大气的色彩，那么在色彩选择上应更加注重传统色彩的经典与稳重，适度融入现代元素以增加时尚感。根据受众需求进行色彩设计，避免过度依赖传统色彩而导致与受众脱节。

5.9　色彩与新中式品牌形象的塑造

（1）高端品牌与色彩

高端新中式女装品牌通常运用优雅、华丽的色彩搭配，旨在塑造高贵、奢华的品牌形象。在色彩选择上，高端品牌倾向于使用金色、银色、深蓝色等颜色，这些颜色具有高贵、典雅的特质，能够传递出品牌的高端定位。高端品牌还注重色彩的纯度和明度，通过精致的色彩搭配，营造出一种高品质、高格调的氛围。一些高端化妆品品牌就经常采用金色和白色的搭配，以凸显其产品的奢华感和精致感。

（2）青春品牌与色彩

青春新中式女装品牌则通过运用活泼、明亮的色彩，塑造出年轻、时尚的品牌形象。这类品牌通常面向年轻消费者，因此色彩选择更加大胆、跳跃。例如，黄色、橙色、粉色等颜色常常被青春品牌青睐，这些颜色能够吸引年轻消费者的注意力，传递出品牌的活力和时尚感。青春品牌还注重色彩的搭配和组合，通过创意色彩搭配，营造年轻、活泼、时尚的氛围。

（3）自然风格品牌与色彩

自然风格品牌则注重运用自然色彩，如绿色、蓝色等，以体现其自然理念和价值观。这些颜色能够让人联想到大自然、生态等概念，与品牌自然风格的定位相呼应，注重色彩的柔和和自然，避免使用过于鲜艳或刺眼的颜色，以营造出一种温馨、舒适的氛围。一些自然风格新中式女装品牌经常采用绿色和蓝色的搭配，以凸显其产品的自然和舒适特性。

色彩在品牌形象的塑造中发挥着至关重要的作用。通过合理的色彩搭配和运用，可以塑造出不同的品牌形象，吸引不同的消费者群体。因此企业在制定品牌战略时，应充分考虑色彩与品牌形象的关联，选择适合自己的色彩搭配方案。

5.10　新中式女装色彩发展趋势

（1）多元化发展

新中式女装色彩创新将不再局限于传统色彩，而是更加注重色彩的搭配与融合。随着全球化的推进，不同文化之间的交流与碰撞日益频繁，为新中式女装色彩创新提供了丰富的灵感来源。设计师们可以借鉴不同文化中的色彩元素，将其融入新中式女装中，创造出独特的色彩组合。跨界合作也将成为新中式女装色彩创新的重要方式。设计师们可以与艺术家、画家、音乐家等合作，共同探索色彩的奥秘，为新中式女装注入新的活力。

（2）个性化定制

随着消费者对于个性化的需求日益增长，新中式女装色彩创新应更加注重个性化定制。设计师们可以通过色彩来表达消费者的个性和情感，让消费者在穿着中展现出自己的独特魅力。同时，设计师们还可以根据消费者的肤色、气质、场合等因素，为其量身定制专属的色彩搭配，让每一件新中式女装都成为独一无二的艺术品。

（3）可持续发展

环保和可持续发展已经成为时尚产业的重要议题。新中式女装色彩创新也应关注可持续发展，采用环保材料和工艺。设计师们可以选择天然染料、有机棉等环保材料，减少对环境的污染。他们还可以采用低碳、节能的生产工艺，降低新中式女装的碳排放。设计师们还可以通过色彩来传达环保理念，引导消费者树立绿色消费观念。可以运用传统的染色技术，如植物染色等，使色彩更加自然、环保，符合现代消费者对可持续时尚的追求。

新中式女装色彩创新中，既要关注国际潮流动态，又要结合本土文化特色。通过借鉴国际潮流元素，拓宽设计思路，提升产品的时尚感。[26] 在借鉴国际潮流时，不能盲目跟从，而应根据自身品牌定位和市场需求进行筛选和融合。同时结合本土文化特色，可以打造出具有民族特色和文化底蕴的新中式女装色彩，从而在市场中脱颖而出。

在新中式女装设计中，色彩的应用需要遵循一定的原则。要确保色彩之间的统一性，避免出现过于突兀或混乱的色彩搭配；要注重色彩的协调性，使色彩与服装的款式、材质等因素相互呼应；最后要适当运用对比色，以突出设计的重点和亮点。同时还需要考虑到消费者的肤色、气质等因素，选择适合的色彩进行搭配。在新中式女装设计中，通过合理的色彩运用和创新，可以创造出独特的设计风格，提升产品的附加值和市场竞争力。

第 6 章

新中式女装
图案创新

6

图案在新中式女装中的应用非常广泛且深入，它是传统文化的现代诠释，也是时尚潮流的重要组成部分。

6.1 新中式女装图案创新重要性

新中式女装图案创新的重要性不言而喻，不仅是对传统文化的传承与创新，更是满足现代审美需求、提升品牌竞争力及促进文化交流与融合的重要途径。

（1）文化传承与创新

新中式女装图案创新是对中国传统文化元素的现代化诠释。通过将传统纹样、色彩、寓意等与现代审美和设计理念相结合，保留传统文化的精髓，赋予其新的生命力和时代感，促进传统文化的传承，使传统文化在时尚领域焕发新的光彩。

（2）满足多元化审美需求

随着全球化推进和消费者审美观念的不断变化，人们对服装的需求不再仅仅局限于款式和材质，更加注重服装所承载的文化内涵和个性表达。新中式女装图案的创新能够满足不同消费群体的多元化审美需求，为市场提供更多样化、更具个性化的选择。

（3）增强品牌竞争力

竞争激烈的服装市场中，独特的设计和创新力是品牌脱颖而出的关键。新中式女装图案的创新能够为品牌注入新的活力，提升品牌形象和辨识度，从而增强品牌的市场竞争力和影响力。

（4）促进文化交流与融合

新中式女装图案创新是中西文化交流的桥梁。在吸纳并融合西方时尚元素的同时，新中式女装图案巧妙地糅合了中国传统文化的精髓，不仅完美保留了传统服饰的雅致韵味，还彰显出国际化的视野和包容性。这种文化交流与融合丰富了服装设计的语言，也促进全球文化的多样性和共同发展。

6.2 传统图案在新中式女装中的运用

新中式女装作为传统文化与现代时尚的巧妙融合,其设计精髓在于对传统图案的创新运用。这些图案不仅作为视觉元素的点缀,更是承载着深厚的文化内涵与美好的象征意义。

(1) 吉祥寓意图案的巧妙融入

在新中式女装设计中,吉祥寓意图案如祥云、蝙蝠、锦鲤等被赋予了新的生命力。设计师巧妙地将这些图案融入服装的细节之中,通过现代设计手法重新诠释其寓意。如祥云图案以其流畅的线条和丰富的层次,为女装增添一抹飘逸与灵动;蝙蝠图案则以其谐音"福",成为传递幸福与吉祥的使者;而锦鲤图案,则象征着富贵与好运,跃然于衣间,为穿着者带来美好的祝愿。这些图案的运用,丰富新中式女装的视觉效果,更深刻地体现穿着者的精神追求与美好愿望。

(2) 民族特色图案的鲜明呈现

新中式女装还大量运用民族特色图案,如蓝印花布、刺绣等,以展现独特的民族文化魅力。如蓝印花布以其清新淡雅的色调和精细的图案工艺,为女装增添一抹质朴与自然的气息;在新中式女装上运用苗族的蝴蝶纹,象征着美好与自由,用刺绣工艺展现,精致又华丽;新中式外套可融入藏族的八宝纹,寓意吉祥,以织锦方式呈现,彰显文化底蕴;连衣裙使用维吾尔族的艾德莱斯绸图案,色彩绚丽,采用印染技术,展现出浓郁的民族风情与现代时尚感。这些民族图案的应用使新中式女装更具文化价值和艺术感染力,不仅使新中式女装更具辨识度,也彰显中华民族文化的博大精深与独特韵味。

6.3 新中式女装图案创新的传统基础

6.3.1 传统纹样样式多样

中国文化源远流长,起自远古文明初、延至当代,无论是玉器、漆器、陶器、服饰还是建筑装饰,纹样丰富多样,都有其独特的魅力。上至马家窑彩陶、商代时期的青铜器上的纹样,下至元、明、清时期及近现代瓷器织物经典纹样,都是数量惊人的中国经典纹样,这些纹样不仅包括兽面纹、花卉纹、动物纹等具象纹样,还包括万字纹、几何纹等抽象纹样，纹样繁复且都有其特殊寓意，特有的结构和应用方式，为后世进行艺术创作和历史研究提供了宝贵的资料。如绝美的传统图案遍布在故宫的各个角落，大到宫殿，小到器物、服饰、墙面都有着美到惊叹的缤纷图案。

6.3.2 中国传统纹样独特的寓意

中国传统图案特点在于深厚的文化底蕴和民族特色。传统图案设计往往承载着丰富的历史文化内涵，是民族精神的体现。传统图案设计注重寓意和象征意义的表达，通过图案的构图、色彩和细节等，传递出深刻的文化内涵和民族情感，在服饰、家居、工艺品等领域有着广泛的应用，是传统文化的重要组成部分。

中国传统纹样有着独特的寓意和发展演变过程，充满吉祥之意，是中国文化的重要象征。这些纹样通过丰富的寓意，表达了人们对美好生活的向往、对高尚品德的追求以及对吉祥如意的期盼。它们不仅具有艺术价值，更是中华民族传统文化的重要组成部分，充分体现了"图必有意，意必吉祥"的文化特质。如梅花纹象征梅开五福，蝙蝠纹寓意福从天降，万字纹代表万福万寿，云纹寄寓高升吉祥，鱼鳞纹暗含年年有余，福字纹表达福星高照；窗口常见的方胜纹样，以菱形交织紧扣之态，寓意同心方胜，寄托着好事成双的祈愿与心连心的忠贞爱情；小孩佩戴的长命锁，其如意云头纹轮廓，则饱含万事如意的美好祝愿。这些纹样是华夏五千年的审美印记。历经五千年的文化变迁与岁月洗礼，先辈们对生活的热情、对自然的敬畏，被融入瓷器、织物、建筑等日常生活的方方面面。时至今日，这些精美纹样依然能触动年轻一代的心灵，甚至令全世界为之惊叹。

6.3.3 中国传统纹样体现道德伦理

传统图案元素在设计中还体现道德伦理观念。例如，莲花在传统文化中代表清洁高雅，是佛教中的圣花，应用于女装设计中，可以表现女性的纯洁和优雅；竹子象征节节高升、坚韧不拔，常用于表现女性的坚韧和进取精神。这些图案元素的应用，不仅使服装具有文化内涵，也传递了道德伦理的观念。

6.3.4 中国传统图案元素审美特征

传统图案元素在审美特征上展现出深厚的文化底蕴和艺术魅力，这些特征在新中式女装设计中得到充分的传承与创新。以下从传统图案元素审美特征的三个重要方面进行分析。

（1）对称与均衡

传统图案元素在造型上注重对称与均衡的审美特征。对称不仅是简单的左右对称，更包括了上下、前后等多方面的对称关系。在图案布局上，传统图案往往采用对称的方式，使得图案在视觉上达到平衡。在线条的运用上，传统图案也注重线条的均衡与和谐，通过线条的曲直、长短、粗细等变化，使图案在视觉上达到平衡。这种对称与均衡的审美特征，使得新中式女装设计在视觉上呈现出一种和谐、稳定的视觉效果，符合东方人的审美观念。

（2）意境

传统图案元素在设计中讲究意境的营造。图案元素组合和线条运用，往往能够表达含蓄、优雅的美感。在新中式女装设计中，设计师通过运用传统图案元素，营造诗意和韵味，使作品在外观上具有独特的文化内涵和艺术价值。这种意境的营造，使得新中式女装设计在视觉上更加富有层次和深度，让人在欣赏的过程中产生无尽的遐想。

（3）造型风格形式多样化

传统图案元素在形式上具有多样化的特点。不同类别的图案元素在风格、造型等方面各具特色。传统图案造型形式的多样化为新中式女装设计提供丰富的创作素材和灵感来源。设计师根据不同的设计需求和审美偏好，选择合适的图案元素进行创作。

6.3.5　中国传统服饰图案主要类型

根据图案的内容和风格，传统图案元素可以大致分为几个主要类别。人物故事类图案，如历史人物、神话故事等，通过描绘人物的形象和故事情节，传达了人们对英雄、美德和智慧的崇尚；动物类图案，如龙凤、麒麟等，寓意吉祥、力量和幸福；植物类图案，如莲花、牡丹等，象征着纯洁、富贵和繁荣；山水风景类图案，以山水为题材，表现了人们对自然的热爱和向往；吉祥符号类图案，如福字、寿字等，直接表达了人们对幸福、长寿的祝愿。[27]

（1）传统几何纹样

中国传统几何纹样历史悠久。它源于原始社会的陶器，像绳纹等简单几何图案。这些纹样主要由点、线、面构成基本图形，如方形、圆形、三角形等，通过重复、对称、连续等方式组合。其题材多样，有回纹、万字纹等。传统几何纹样常装饰于建筑、服饰、器物等。它们不仅体现古人精湛的技艺，还承载着深厚的文化内涵，表达人们对美好生活的向往。

云纹是一种常见纹样，流畅的圆涡形线条组成较为优美图案，称"祥云"，形态似飞鸟，如"瑞雀"，是汉族传统装饰吉祥图案之一。因云在高位，故以高升和如意的寓意来阐释云纹，代表着吉祥、美好与幸福。从商周的"云雷纹"到两汉的"云气纹"，再到隋唐的"朵云纹"，图案特点在不断丰富，每个时期的云纹样式都融入了不同的历史风貌，无论是在织物上还是雕刻、陶器和漆器上都能找到它的身影，云纹是宋锦中常用的纹样之一，图 6-1 所示的黄地龙凤云纹锦是复原的清朝图案，其中就运用了传统云纹作为整个图案的辅纹，将云纹和龙、凤元素结合，相得益彰，祥瑞华贵。

回纹以横竖折绕组成如同"回"字形的传统几何装饰纹样，因其规则有序、富于理性的横竖转折，构成形式回环反复，延绵不断。回纹因其连绵不断的形式，在民间有"富贵不断头"的说法。在汉服设计中，回纹被称作"万金油"，非常百搭，可作暗纹，也可作为装饰纹样衬托主纹样。二方连续的回纹呈现出整齐划一的视觉效果，常被用作间隔或锁边图案，如图 6-2 所示为回纹边饰女袄。在织锦纹样中出现的回纹通常以四方连续的形式进行组合。回纹的外部轮廓，样式单纯、简洁、规整、秩序。

图 6-1　黄地龙凤云纹锦（钱小萍 2019 年创作）

图 6-2　回纹边饰女袄（北京服装学院博物馆藏）

锁子纹单体元素似锁子甲表面的人字图形，由多个单体元素紧密并依连缀而成。锁子甲的坚韧赋予锁子纹联结不断的寓意。如图 6-3 为锁子纹人字形的单体元素紧密贴合，组成四方连续纹样，常在染织品中作为地纹使用。在明清时期的织锦中，锁子纹与回纹、万字纹、连钱纹等常作为地纹穿插使用。

方胜纹为两个菱形压角相叠形成的图案，被用来装饰服饰、织物等。由于方胜是相叠成双，同心相连，故而用来象征男女之间永结同心的坚贞爱情。如图 6-4 为方胜纹扣子，造型简约大方，寓意美好。

图 6-3　锁子纹（出自《中国经典 图鉴》）　　　　图 6-4　方胜纹扣子

万字纹形似"卍"字，形纹以线条为基本构成元素，方正工整，常以二方连续和四方连续的形式展开，象征着吉祥、万福和万寿，是一种被视为吉祥和功德的神秘符号。万字纹作为流传最早，范围最广的文化符号已经在人类文明传承六七千年，在中国从故宫古建筑到家居图案，从宗教文化到服饰花纹，应用广泛，寓意深远。如图 6-5 为收藏于大都会博物馆的设计颇具现代感的万字纹水田比甲，造型极其复杂，要将几种颜色的缎子裁成细碎的小布条再进行拼接，还要做到如此光洁平整，所费之工可想而知，整体清新雅丽的风格。在宋锦中"卍"字纹作为底纹出现，常与梅花、牡丹、桃子结合，象征万世长寿、万寿无疆。

水纹形态效仿水流，线条自然流畅，寓意生命、流动和变化。在中国文化中，水纹与财富和好运息息相关。水纹作为中国古典传统吉祥图案之一，蕴含着深厚的美学价值，体现一定的文化内涵。水是万物之源，源源不断，具有强大的凝聚力、包容性，充满生机和毅力。水文化中也蕴含着"以柔克刚""柔中带刚"的精神内涵。"上善若水，水利万物而不争"这句话，就是对水高尚品质的赞誉。绵密的鳞状波纹和涡状波纹排列表达水波的起伏，流畅自由，蜿蜒曲折，得益于水丰富的动势，营造一股股升腾的气流感，波涛回荡的态势被赋予更多灵气。不同形态的水纹又被称为海涛纹、波浪纹、海水江崖纹，寓意万事升平、江山永固，常与龙纹、云纹结合，寓意步步高升等祥瑞之意。海水江崖纹，常作为边饰装饰于明清官服和龙袍下摆，如图 6-6 为海水江崖纹女士宫廷半正式宫廷袍，以海浪

图 6-5　万字纹水田比甲

图 6-6　海水江崖纹女士宫廷半正式宫廷袍（清晚期）

和山石构成，海水寓意"四海清平"，江崖为寿山石，象征"江山万代"。

云雷纹属于自然物象纹，源于古代先民对云和雷的细腻观察，是对自然现象的模仿，表达人们对云和雷的崇拜与敬畏。云雷纹代表着兴云降雷的力量和能量。传统上人们认为云雷纹能够带来好运和祥瑞。商周时期常作为青铜器上纹饰的地纹，是常见的一种典型的纹饰，多用以烘托主题纹饰，并延续至今，用于服饰、建筑、绘画、雕刻等装饰。如图 6-7 所示为黔东南黄平地区云雷纹衣绣图案，中间配以十字挑花绣图案，无比精美，表达美好吉祥寓意。

联珠纹以圆珠组成的圆来展示星象，意味着借助环绕圆圈外缘排列的众多小圆珠（天的标志），呈现神圣之光。连珠纹常用于织锦、陶瓷和金银器的装饰，是一种骨架纹样，其形态由大小基本一致的圆形几何点依次连接排列，进而构成更大的几何形骨架，之后再于骨架内添加动物、花卉等各种纹样。这些传统几何纹样在中国的艺术、工艺和设计领域被广泛运用，具有装饰性，还蕴含着丰富的文化内涵。它们表达中国人民对美好生活的憧憬，以及对自然、宇宙的理解。在不同的历史阶段和地域文化中，这些纹样会发生变化和演进，但其基本形式和寓意依然得以传承。如图 6-8 所示为莫高窟第 427 窟壁龛彩塑佛上内衣联珠纹锦图案。

图 6-7　黔东南黄平地区云雷纹衣绣图案　　　　图 6-8　第 427 窟壁龛彩塑佛上
内衣联珠纹锦图案

团窠纹也称团花纹，是一种由各种植物、动物和吉祥文字等组合而成的圆形适合纹样，其特点在于纹样的聚合方式，形似鸟兽昆虫的巢穴，是中国传统圆形纹样中的典型代表，蕴含深厚的文化内涵，有吉祥、团圆、美满等寓意。团窠纹是一种由单位纹饰按一定的规律组织排列的圆形图案，有单独式、对称式、散点式、"S"形、组合式等构图形式。如图 6-9 所示的朵花团窠对雁纹在视觉上呈现出一种和谐的美感，体现纹饰设计中对自然和谐与统一的追求，既具象征性又富有装饰效果。

球路纹由唐联珠纹、团窠纹发展而来。球路纹为四方连续纹样，单位纹样一般由一个大圆，八个小圆组成，呈现为中心一个大圆，上下左右和四角配以若干小圆，圆圆相连、相交，向四周循环发展。通常以骨架形式出现，填充以花卉纹、鸟兽纹和几何纹样，层次丰富，画面饱满。球路纹在织物上有复杂多变的样式。如图6-10为明代夔龙球路纹锦。

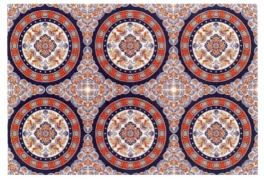

图6-9 朵花团窠对雁纹（唐 大英博物馆藏）

图6-10 明代夔龙球路纹锦

龟是我国古代的经典神兽之一，是长寿的象征。龟背纹是中国民间装饰纹样的一种，呈六角形连续状的几何纹样，自先秦时代就被应用的纹样，被赋予吉祥寓意，寓有希冀健康长寿之意，在历史发展过程中被广泛运用到器物、纺织、建筑等领域。如图6-11为清代拼色绸绣花卉龟背纹百衲衫，纹样表达精美，被赋予吉祥、健康长寿之意。

八达晕纹，线条交错纵横，画面富丽堂皇，规矩而精致。"八达"指图案样式，以中心几何图形为主，向上下左右以及四个斜角外延，连接成"米"字形框架的四方连续纹样，框架内填充团花纹、植物纹、文字纹等主体装饰纹样，再加上锁形纹、万字纹、云雷纹等辅助装饰纹样，"晕"指色彩变化，多用深浅同类色作搭配，呈现渐变效果。如图6-12所示的八达晕纹庄重而华美。

图6-11 龟背纹百衲衫（美国圣路易斯艺术博物馆藏）

图6-12 八达晕纹（清 中国丝绸博物馆藏）

天华纹锦是一种古代织锦的图案样式。它以几何形状构建出锦式框架，在框架内填充繁复且规整的辅助纹样和主体纹样，给人带来瑰丽多彩的视觉感受。框架由圆形、方形、菱形、六边形、八边形等有规律地组合而成，辅助纹样由回纹、万字纹、连钱纹、锁子纹等规则而细密的几何纹样组成。主体纹样刻画细腻，所占比例较大，通常有花卉和瑞兽两种主题。天华纹锦的构图饱满规整，不留空白，花纹丰富多样，形成紧密有序的程序化图案，极具美感。如图6-13为天华锦纹样旗袍，锦中有花，花有中锦，整体效果和谐统一。

涡纹最早出现在原始社会时期的彩陶上，被认为是中国传统纹样审美思想和造型意识的起源，发展历史悠久。多以单个旋涡的形式组成纹样。其特征是圆形，呈旋转状弧线，中间有小圆圈，如同水涡。如图6-14为丹寨苗族蜡染中的漩涡纹，象征团结和吉祥的传统纹样。苗族人民热爱大自然，他们看到激流中的漩涡，感到很美并有一种兴旺吉利的感觉，于是公认为是一种吉祥的纹样。

图6-13　天华锦纹样旗袍
（出自佩旗瑶袍）

图6-14　丹寨苗族漩涡纹蜡染

（2）传统动物纹样

中国传统动物纹样历史悠久，种类繁多，具有独特的艺术魅力和丰富的文化内涵。动物纹样主要有螭纹、龙纹、凤纹、饕餮纹、麒麟纹、狮纹、虎纹、马纹、象纹、蝙蝠纹、鱼纹等。这些纹样是中国传统文化的重要组成部分，也是世界文化宝库中的珍品，被大量应用于中国传统服饰中。

龙文化是中国的历史传承，是中华民族最具代表性的文化象征之一。龙纹是中华民族标志性吉祥纹样，具有上千年历史，深入人心。在古代龙被视为权利的象征，历代帝王喜欢以"真龙天子"自居，老百姓把龙当作祥瑞的化身与降雨的神灵。中华儿女则被称为龙的传人。龙纹在不同时代所呈现的形态各有差异，在一定程度上反映了当代社会的政治、经济、文化特征。在历史长河中，龙纹被大量装饰在陶瓷、玉器、青铜等器物和服饰上。每个朝代的龙图其实都不一样，各有各的风格，但是不管任何一种风格，其代表的寓意都是民族的力量。如图 6-15 所示为清代龙纹女袄，正面及背面都绣有正龙纹，采用金线刺绣，龙鳞显得格外熠熠生辉，正龙两侧绣有云蝠纹，错落点缀有杂宝、花卉纹样。

麒麟是传说中的祥瑞神兽，具有吉祥、事业成功的寓意，雌者为麒，雄者为麟，统称麒麟。《礼记》以"麟、凤、龟、龙"为"四灵"，麟为"四灵之首，百兽之先"。它与龙凤一样，是我国传统民族精神的象征之一。麒麟的形象凝聚人们的诸般愿望，饱满宽阔的前额表示智慧，鹿角表示威武，牛耳寓意名列魁首，虎眼表示威严，麋身表示灵巧长寿，马蹄表示迅捷，狮尾象征富贵，鱼鳞象征神奇，腿上的火焰象征护佑。如图 6-16 所示为麒麟纹女袍局部，织造工艺精巧，用色丰富自由，多应用于时令节日、寿诞、筵宴、婚礼等吉庆场合。

图 6-15　红色盘金绣龙纹　　　　　图 6-16　麒麟纹女袍局部（明　山东博物馆藏）
　　　　女袄（清）

狮为百兽之王，是权力与威严的象征。狮纹一般以雄狮构成，气势威猛，亦有狮子戏球的组合，民间称"狮子滚绣球"或"狮子戏球"，传统吉祥寓意的纹样，在唐宋时期甚为流行。人们常以狮子图案来祝愿官运亨通、飞黄腾达、万事如意。世俗生活中人们喜欢用狮子保平安、纳富贵、辟邪、守门镇宅，并且以狮子为主要角色的表演艺术，如狮子滚绣球、狮子舞等颇为流行，狮子成为装饰纹样被多种形态的工艺品所用。如图 6-17 为清代中期盘金绣狮纹作品，金丝历经 200 年仍然金光闪闪，眼部镶有琉璃，显得炯炯有神，特别生动。

虎纹是以老虎为描绘对象，通过艺术加工而成的装饰纹样。历史上的虎纹以表现全身造

图 6-17　盘金绣狮纹（清中期）

型为主。早期的虎纹抽象简约，以流畅线条刻画老虎体态的矫健和虎皮纹路的变化，后期的虎纹描绘翔实，刻画细致，重点表现威猛严厉的神态。虎是正义、勇敢的化身，是王者的象征。镇宅祛灾、纳福驱邪、趋吉避凶、吉祥如意……在黎民百姓心目中，虎是百兽之王，是可以驱邪、镇恶、保平安的吉祥物。虎纹在儿童饰物上的应用也是一大特色，虎头帽、虎头鞋、绣有老虎的肚兜展现着虎纹在民间可爱、亲切的一面。如图6-18所示的流行明清时期五毒艾虎纹绣在孩子的肚兜或香包上，以求驱邪消灾。

马在古代中国是一个国家军事力量的象征，人们常用千乘之国、兵强马壮来形容一个国家的强大。在中国古代马一直是民族生命力的代表，在狩猎或战争中经常救主人于危难，被作为忠义的象征，有吃苦耐劳、忠于职守、勇往直前、生命不息的吉祥寓意。"马到成功"浅显而形象，出类拔萃的马叫千里马，老马识途、一马当先等关于马的典故和成语数不胜数。崇马文化与狩猎文化的兴起及天马思想的残存都为翼马纹样在中国的流行奠定了文化基础，翼马纹样织物在隋唐时期达到鼎盛，如图6-19为唐代复原联珠翼马纹。

图6-18　五毒艾虎纹

图6-19　联珠翼马纹

图6-20　盘金绣"太平景象"
象纹（清）

唐代受胡风影响出现过一些象纹织锦。宋、元两代，象纹难觅踪迹，直到明清时期象纹才重新盛行，被赋予"吉祥"的含义。象纹呈现象的侧面姿态，体格壮实，象牙长而尖，耳朵似扇，象脚稳重，性格温和，常作为主纹使用。大象寓意美好、宏大，在中国古代是一种瑞兽，它总与祥瑞相连。"象"与"祥"音近，大象还代表着吉祥如意。明清出现"太平景象""万象更新"等吉语，象纹得以重新流行，被广泛应用于锦绣等织物上，如图6-20为清代盘金绣"太平景象"象纹。

鹿在古代也被视为瑞兽，通常和松柏绣织在一起，寓意为吉祥长寿。"鹿"字与"禄"同音同声，隐喻为官禄、禄位，人们借鹿纹来表达仕途顺意的心愿，希望得到祥瑞神仙的庇佑。鹿与不同纹样组合能表达不同的含义，如两只鹿在一起寓意"路路顺利"，与梧桐、鹤组合一起便是"鹤鹿同春"，与福星、禄星、寿星组合意为福气、官禄、长寿，与蝙蝠、寿桃、喜鹊、水纹等组合形成福禄寿喜财纹样；鹿和蝙蝠组合在一起的纹样为"福禄双全"或"福禄长久"；鹿和福寿二字搭配表达"福禄寿"的寓意，鹿纹组合形式较多，吉祥寓意喜闻乐见。"鹿"与"乐"谐音，被寓意为长乐、快乐。如图 6-21 所示的红鹿成双，更有利禄双全、红利滚滚的美好寓意。

蝙蝠形象被当作幸福的象征，习俗运用"蝠"与"福"字的谐音，将蝙蝠的飞临，结合成"进福"的寓意，希望幸福像蝙蝠那样自天而降。如图 6-22 所示为云蝠花卉纹，由蝙蝠与兰花、水仙、牡丹、荷花、菊花等四时吉祥花卉构成，红色蝙蝠是"洪福齐天"的象征，在清代服饰中多和祥云、如意、各式花卉纹样组合出现。

图 6-21　对鹿纹锦（成都蜀锦织绣博物馆藏）

图 6-22　云蝠花卉纹

鱼纹可在不同的艺术形式中找到，包括绘画、雕刻、陶瓷、纺织品和建筑装饰等。在东方文化中，鱼被视为吉祥和繁荣的象征，因此鱼纹在东方艺术中特别常见。传统的鱼纹通常采用简约的几何形状，通过鱼鳞的排列和重复创造整齐的图案。这些图案可以是连续的曲线，也可以是离散的几何形状。鱼纹的颜色也可以根据不同的文化和艺术风格而有所不同，常见的颜色包括红色、金色和蓝色等。鱼纹在艺术中使用，还经常出现在传统的服装和装饰品上，如图 6-23 为福寿鳞纹织锦。

蝴蝶纹，"蝴"与"福"同音，"蝶"与"耋"同音，蝴蝶纹故有多福多寿的吉祥寓意。在清代后宫女子的服饰中，常见百蝶纹，这类服饰多为年老的妃子所穿，寓意长寿吉祥、万古长青。蝴蝶作为一种昆虫，具有多子多产的特点，符合古代人们对多子多孙

图 6-23　福寿鳞纹织锦

的期盼。蝴蝶纹也寄托了人们对子孙延绵的期望，常常与同样具有多子象征的瓜果花卉等纹样相结合，以加深其寓意。蝴蝶纹常用于寓意幸福如意的爱情，体现了人们对忠贞不移爱情的向往与追求。蝶恋花纹就体现了恋人对爱情的美好期许，蕴含着对家庭生活美满的期望。如图6-24为坎肩中的百蝶纹。

风纹是由古代象征吉祥的凤凰鸟抽象而来，以其美好的寓意和悠久的历史一直在纹样中占据重要地位。其最初由图腾文化演变而来，后经历时代变迁随之发展，至皇权高度集中时期成为皇室贵族青睐的纹样。在汉族等一些民族的传统文化里，常用来象征祥瑞。凤凰祥云纹，也可称为云凤纹、凤凰穿云纹，在中国传统纹样中，凤凰多与云纹搭配使用，凤凰舞于祥云之中，寓意吉祥，还有"龙凤呈祥""凤凰齐飞""凤穿牡丹祥"等多种与凤纹结合而生的复合纹样。如图6-25为绿直径纱织缠枝莲纹纱料，其中以片金线织金凤纹，间饰各种形态云纹及花卉纹。

鹤纹寓意君子美德，高洁超逸，是清流名士的象征，具有一般人所不能企及的美好情操，也意味着远离尘世，超尘脱俗，翱翔于天地之间。因此古人常用鹤纹来表达自身的隐士思想，借喻其隐逸孤傲的气质。如图6-26为杏黄色地松鹤纹织锦，表达古人对于自由和隐逸的向往，对于仙鹤高洁品质的欣赏。

图6-24 坎肩中的百蝶纹（清　大都会博物馆藏）　　图6-25　凤云纹残片（明　中国丝绸博物馆藏）　　图6-26　杏黄色地松鹤纹织锦（清乾隆）

孔雀初始作为云南西双版纳地区人们的吉祥图腾，是神圣、避灾、佛母的化身，后来被汉民族赋予更丰富的含义，"纹羽明显"与"文明"之意同音，是"天下太平"的象征，孔雀开屏则意味着太平盛世；身负"九德"，品貌齐聚，有前程似锦、如意吉祥的含义；缔结良缘之意，人们会以双孔雀纹祝福步入婚姻的新人。在古人看来，孔雀是一种大德大贤的鸟，有"文禽"之美誉，是吉祥、文明、富贵的象征。三品补服绣缀孔雀，寓意三品文官能像孔雀一样，知道自爱，对皇帝忠心不二。如图6-27所示为孔雀牡丹纹氅衣局部。

鸳鸯与瑞草融合，枝枝相覆盖，叶叶相通，寓意忠贞不渝的期待和追求，"在天愿作比翼鸟，在地愿为连理枝"，一般比喻恩爱夫妻，是对美好爱情的赞美。如图6-28所示肚兜中的鸳鸯图案代表着爱情、甜蜜和浪漫，鸳鸯成双成对，彼此相依相伴，这也体现了人们对美好爱情的向往和追求。

图6-27 孔雀牡丹纹氅衣局部（清 纽约大都会艺术博物馆藏）

图6-28 鸳鸯凤凰肚兜（民国）

在中国传统习俗中，喜鹊被视为报喜的吉祥鸟，被誉为"幸福的使者"，具有幸福美满之寓意。古人视喜鹊为能感知吉兆的灵鸟，认为其在屋前鸣叫预示着喜事临门。喜鹊纹被广泛应用于织锦、书画、瓷器、铜器、木雕、剪纸等。如图6-29所示为喜鹊立于梅梢，将梅花与喜事相联系，表达"喜上眉梢"之意。

燕子春来秋去，是报春鸟，寓意给人带来吉祥、幸福。双燕图案也被用于寓意夫妻恩爱。科举制度中，一般殿试恰逢杏花盛开的时节，故以"杏月"比喻殿试的时间。如图6-30所示为"杏林春燕"纹样，用于祝贺金榜题名，富贵吉祥的寓意。

图6-29 "喜上眉梢"苏绣大坎肩局部（清）

图6-30 "杏林春燕"刺绣 （清代早期）

雁纹是描绘大雁形象的纹样，在传统文化中被认为有信、礼、节、智四德，亦是吉祥之鸟，雁纹是一种广受欢迎的装饰题材。双雁纹取大雁忠贞不渝、不离不弃之意，寄托着夫妻和美的期待。四品官员补服绣缀云雁纹，寓意其能够忠贞仁爱、恭谦有序。雁纹作为主纹与芦纹、云纹、花纹等辅助纹样组合使用。如图6-31所示，"雁衔芦纹"呈现的是昂首、展翅、翘尾的大雁口衔芦苇，宛若在天际起舞的场景，表现出一种浪漫唯美的意境。

鹭鸶天生丽质，身体修长，有很细长的脖子及腿，嘴和脚趾也很长，全身披着洁白如雪的羽毛，自古就是诗人吟诵的对象。如"两个黄鹂鸣翠柳，一行白鹭上青天。"鹭鸶常和莲花、芙蓉、牡丹等元素结合使用，和莲花结合代表一路连科、一路清廉；两只鹭鸶和一朵莲花代表路路清廉，和牡丹结合代表一路富贵、幸福吉祥；和芙蓉结合则代表着一路荣华。如图6-32所示，鹭鸶展翅翱翔时是自由、高飞的象征，被形容为努力、进取的人。

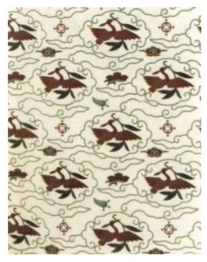
图6-31　"雁衔芦纹"

图6-32　鹭鸶纹宋锦（出自钱小萍宋锦坊）

（3）传统植物纹样

传统植物纹样在服装中的应用，历史悠久且富有文化内涵。这些纹样通过绣、织、绘等工艺手段，被巧妙地融入服饰的图案设计中，增添服饰的艺术美感，又体现穿着者的身份和品位。

茱萸纹，茱萸在古代被人们视作具有神秘力量的植物，具有驱邪避恶、延年益寿等功效，民间重阳节有插茱萸和佩戴茱萸香囊等习俗。在追崇长生不老、羽化登仙的楚汉时期，更是被人们视作吉祥之物。茱萸纹作为茱萸的物化载体，也继承这些美好的寓意。在织物中，茱萸纹与云纹、凤鸟等动物纹组合在一起，交错缠绕，以"C"形贯穿成一个有机的画面。如图6-33所示，茱萸纹、云气纹是汉代染织服饰的经典纹样，常见于丝织物、刺绣上。

梅花不仅以清雅俊逸的风度，更以它冰肌玉骨的气质为世人敬重。梅花傲雪的精神、不与百花争春的高洁之美被古往今来各阶层人士对它的钟爱。梅树能老干发新枝，又能御寒开花，古人用其象征不老不衰。梅为五瓣，表示五福，福、禄、寿、喜、财，具有祈盼幸福生活的吉祥寓意，如图 6-34 所示为梅花纹织金锦。

图 6-33　茱萸纹（汉）　　　　　图 6-34　梅花纹织金锦
　　　　　　　　　　　　　　　　　　　　　　（清光绪）

　　莲花出淤泥而不染得"花中君子"的美誉，是圣洁高雅的化身、美德的象征。莲花的"莲"字与"连"和"廉"谐音，使莲花除了本身的文字含义外，更有"连""廉"的连绵持久和清白廉洁等寓意，莲花纹样的意义更加充实，如"连年如意""连年有余"等。莲花本身寓意丰富，与不同的元素搭配可以产生更多的吉祥寓意。例如，莲花和鸳鸯组合是对美满婚姻的祝福；如图 6-35 所示为采莲衣局部，莲花与莲花的组合则意味着"连（莲）生贵子"；鹭鸶、芦苇、莲花组合在一起则意味着"一路连科"，可用于祝愿考生乡试、会试、殿试连科高中；莲花与鲤鱼组合寓意"连年有余、年年富裕"。

　　兰花纹是一种盛行于明清时期的植物纹样，具有高雅、纯洁、隐逸、清幽、与世无争等深厚的文化意象，深受文人墨客喜爱，饱含了古代文人对高洁品质的追求。兰花纹从宋代出现，这一时期文人画兴起，兰花因其高洁的品质深受文人士大夫的喜爱。明清时期，兰花纹的风格及文化底蕴逐渐丰富及成熟，装饰形式不断创新，组合形式日益多样化、情景化。兰花自古就有"君子兰"的美誉，具有象征高雅君子形象的文化内涵。到了清代，兰花纹还被赋予了吉祥的寓意，如图 6-36 为兰花刺绣纹样。

图 6-35　采莲衣局部（清　大都会博　　　图 6-36　兰花刺绣纹样（清）
　　　　　　物馆藏）

牡丹花被誉为花中之王，寓意圆满浓情、富贵吉祥。牡丹花朵盛开时花瓣大而宽，层层密密，颇受世人喜爱，被视为繁荣昌盛、美好幸福的象征。如图 6-37 所示的"凤穿牡丹纹"是我国一种中国传统文化的表现形式，其中"凤"代表着吉祥、美好和权力，而"牡丹"则寓意富贵、显赫和盛世。

水仙花纹花朵形态庄重，色彩过渡自然，枝叶丰满。由于水仙花属于冬季和初春的花种，因此常被用于冬季服饰的装饰。水仙气质超凡脱俗，散发着淡雅清香，宛如凌波仙子踏水而来。水仙花的花语是吉祥美好和高尚纯洁，历来为文人所爱。明清时期绣品中水仙是常见的主题，还与其他纹样组成各种吉祥纹样。如图 6-38 所示，清代后妃服饰纹样中水仙多与寿字纹、灵芝等一起共同表达"灵仙祝寿"的主题。

宝相花又名"宝仙花""宝莲花"，是魏晋南北朝以来盛行的图案。它融合了莲花、牡丹、菊花的特征，并且经过艺术处理组合而成的图案，纹样中的花朵形态硕大丰满，具有完整圆润的艺术特征，是圣洁、端庄、美观的理想花形，带有美好之意。宝相花是唐代装饰艺术的标志性纹样，它具有团花式的造型，多变的结构，复层渐变的色晕，整体华美艳丽，如图 6-39 所示为宝相花纹。

图 6-37　凤穿牡丹纹（钱小萍宋锦）　　图 6-38　雪灰色缎绣水仙金寿字纹　　图 6-39　宝相花纹
（清光绪）

菊花被誉为"花中隐士"，是高风亮节和长寿的象征。菊花纹多以细长的花瓣表现菊花盛开的姿态，窈窕的花瓣相互簇拥着向外展开，组成饱满肥润的花朵，其寓意吉祥，隽美多姿，可雅俗共赏，深受人们喜爱。菊花纹有作为独立主体装饰的，有与缠枝纹、凤纹、几何纹或其他纹样组合搭配的，也有作为边饰的。如图 6-40 所示为菊花纹琵琶襟马褂（清光绪）。

百花纹，百花堆聚，结合所有优秀品质，百花齐放。常常以牡丹为主，菊花、茶花、兰花、月季花、荷花、百合花、牵牛花环绕。画面繁密细致，五彩缤纷，图案极为工致秀丽，花之仰覆姿势、阴阳反侧，都各尽其妍。康乾盛世在陶瓷器、服饰等所有生活用品中比比皆是，富贵华丽，如图 6-41 所示为百花纹氅衣。

海棠花姿潇洒，花开似锦，自古以来是雅俗共赏的名花，素有"花中神仙""花贵妃""花尊贵"之称。文人们常用海棠寓意佳人，表达思念、珍惜、慰藉、从容、淡泊的情愫。"棠"与"堂"谐音，海棠与玉兰、牡丹、桂花相配，寓意"玉棠富贵"；与菊花、蝴蝶相配，寓意"捷报寿满堂"；与五个柿子相配，寓意"五柿同堂"。如图 6-42 所示为海棠纹单氅衣。

图 6-40　菊花纹琵琶　　　　图 6-41　百花纹氅衣　　　　图 6-42　海棠纹单氅衣（出自故宫博物院）
　　　襟马褂（清光绪）

缠枝纹是我国传统装饰纹样的一种，在明代甚为流行，其基本构成是以某种藤蔓植物的枝，以波纹形、回转形或涡线形为骨架进行扭转缠绕，并配以叶片、花朵或果实，其中又多以花朵和果实为主题元素突出表现。缠枝莲纹、缠枝菊纹寓意千秋万岁；缠枝牡丹纹寓意富贵吉祥，万代绵长；缠枝石榴纹寓意多子多福；缠枝百合纹寓意长相厮守；缠枝葡萄纹寓意生生不息；缠枝宝相花寓意吉祥美满；缠枝灵芝纹寓意长寿富贵。如图 6-43 所示为明黄地彩绣缠枝纹。

竹历寒冬而枝叶不凋，四季常青，清高而有节，宁折不屈，被誉为四君子之一。如图 6-44 所示，竹子常与梅花、松树组成"岁寒三友"纹饰，其本身所具有的风骨令人赞赏。在寒冷的冬日，松的坚毅，竹的清幽，梅的高洁超逸，都是风骨的象征。竹子寓意丰富，拔节向上，虚心有节，被看作高节清风、刚直不阿的象征。竹与"祝"谐音，取吉祥祝福的寓意。竹的枝叶四时而不凋，有"青春永驻"之意。竹滋生易、成长快且壮，故喻子孙众多。

图 6-43　明黄地彩绣缠枝纹　　　　图 6-44　松、竹、梅组成"岁寒三友"纹饰

松乃百木之长，常青不老，常有说："寿比南山不老松"便是如此。松树阳刚坚韧，青绿傲立，具有属于自己的骨气和气节，松纹被很多文人雅士喜爱。人们将"坚贞不屈""无私奉献""不畏艰险严寒"和"吉祥长寿"等美好的词语赋予松纹。松树和鹤组合成的松鹤寓意延年益寿，并且松鹤图案通常都是一松一鹤，相互对望，寓意夫妻相依、兄弟和睦、和谐共处、健康长寿。如图 6-45 所示，在中国的传统服饰上，中式松纹的形状大多数是扇形，或者圆扇放射状、写实松针状，而日式松纹多是元宝形态。

葡萄纹描绘硕果累累的葡萄和缠绕蔓延的葡萄藤形象，被人们赋予多子多福、富贵长寿的寓意。葡萄纹虽是自汉代随丝绸之路传入中原的舶来品，但深受人们喜爱，并发展成为中国传统的吉祥纹样。如图 6-46 所示为清代缎地彩绣葡萄纹罗汉衣，以缠枝葡萄纹作为装饰，采用交领的服制，让这件罗汉衣显得更为精美。

图 6-45 松纹　　　　　　图 6-46 缎地彩绣葡萄纹罗汉衣（清）

石榴多籽，多被人们认为是多子的祥瑞之果。千百年来为民间所喜爱。古人称石榴"千房同膜、千子如一"。石榴自古就是多子多福的象征，寓意幸福、团圆、团结、和睦，与桃、佛手并称中国古代的三大吉祥果（图 6-47）。

桃形装饰或桃形纹样一般寓意长寿，故与蝙蝠、佛手、石榴等组合而成具有吉祥含义的图案。如蝠桃纹多绘以桃枝、桃花、桃果，其间翻飞瑞蝠，热闹而喜庆，又取"蝠""福"之谐音，以桃象征"寿"，合之寓意"福寿双全"。如图 6-48 所示为清代桃蝠纹刺绣设计，富有创意，桃中有蝙蝠，蝙蝠中有桃。

图 6-47 "榴开百子"刺绣纹样　　　　图 6-48 桃蝠纹刺绣（清）

西瓜连成一片，寓意子孙昌盛，繁衍不息，家族永续，兴旺发达，是一种美好的祝福。在清代宫廷和民间，以瓜和蝴蝶为题材的图案被广泛采用，瓜是蔓生植物，它与葫芦一样，具有结实、结籽多、藤蔓绵长的特点。特别是大瓜和小瓜累累地结在缠绕的藤蔓上，具有世代绵长、子孙万代的吉祥寓意，如图 6-49 所示为石青色缎绣瓜蝶纹女对襟夹马褂局部。

图 6-49　瓜蝶纹女对襟夹马褂局部

葫芦谐音"福禄"，是富贵的象征。葫芦圆润丰满且多籽，象征人的兴盛繁衍，民间认为葫芦具有祈生的意义。葫芦纹形象符合中国吉祥传统纹样中的"丰满""万代长生"的特点，往往是以硕大饱满、绵延不绝的构图形式展开，其枝茎蔓延、多籽，被赋予"福禄绵延""多子多福"的寓意。葫芦与不同的元素组合会产生不同的寓意，比如和山纹、海浪纹和"寿"字纹组合，寓意"福禄寿山福海"；和藤蔓、蝙蝠和山组合，寓意福寿万代；如图 6-50 所示为五个葫芦、四个海螺围合成团花，象征着"五湖四海"，寓意四方和睦，天下太平。

柿子纹以组合纹样出现，如两个柿子与如意纹组合，象征"事事如意"；柿子和百合、灵芝组合，因灵芝形似如意，合称"百事如意"；柿子与橘子组合，象征"万事大吉"；柿子与栗子组合，有"利市"的吉祥寓意；由柿子构成的吉祥纹样被广泛应用在服饰领域。柿蒂纹是一种传统的装饰纹样，常用于古代丝绸和瓷器上。如图 6-51 所示为鹤鹿同春柿蒂纹锦，锦缎的底色是浅驼色，上面绣有鹤、鹿和柿蒂纹等图案。鹤和鹿都是中国传统文化中的吉祥物，象征着长寿和吉祥。

枇杷纹寓意家庭团圆美满、外形圆象征团圆、多子多福，枇杷树也是一年常青植物，生命力很旺盛，有着希望、活力的含义。枇杷果外形金圆、味道甜美，以及果实繁多的特质，也象征团圆、富足、多子多福等美好寓意。如图 6-52 所示，山雀栖于繁盛的枇杷枝头，翘首回望翩翩凤蝶，神态生动，格局高雅。

图 6-50　五湖四海纹妆花缎
（清光绪）

图 6-51　鹤鹿同春柿蒂纹锦

图 6-52　枇杷山雀纹锦（出自钱小萍宋锦坊）

（4）传统吉祥纹样

中国传统吉祥纹样是历史发展的象征，它的传承是中国传统文化吸旧纳新的最好方式。将中国传统吉祥纹样运用到现代服装设计中，展示吉祥纹样的魅力，赋予传统纹样新的生命。

如意纹取自中国吉祥物"如意"，造型优美、线条讲究，有着"顺心如意、趋吉避凶"的吉祥寓意，代表我国传统的祥瑞文化，表达人们对美好生活的无限向往，期盼未来事事顺心，事事如意。如意纹造型优美独特，内部填充不同的纹样装饰，或与不同纹样搭配。如意纹样在传统服装中的应用情况非常广，在服饰上的应用主要体现在其独特的艺术效果和吉祥的寓意上。在明清时期，如意纹在服饰中的应用尤为显著。如意纹在衣领边缘，给人一种高贵、典雅的感觉。如图6-53所示为领部饰有如意云肩，绣有人物故事团花纹样，团花外圈用金线绣龙凤祥云纹。如图6-54所示为四合如意式云肩，其造型几乎成一个正方形，代表天下四方祥和如意。

图6-53　红色缎绣马褂边缘如意纹装饰　　　　图6-54　四合如意式云肩
（清）

双喜纹是中国人最喜闻乐见的纹样之一，由字生纹，寓意幸福美满。喜字字形左右对称，横平竖直，装饰性强。喜字纹常以双喜的形式出现，寓意喜上加喜。此纹样多以红色出现在装饰物的中央，显得隆重、喜庆。双喜纹是中国人婚嫁、乔迁、添丁等喜庆时刻必不可少的装饰纹样。如图6-55所示为清光绪红缎彩绣蝴蝶双喜纹氅衣复原，蝴蝶上下翻飞、两两相对寓意"喜相逢"，加之间饰的"囍"字相衬，更有喜上加喜之意。

福字纹是文字纹的一种，将"福"字图形化作为装饰，寓以求福之意。吉祥文字纹样在明清时期开始盛行，延续至今。福文化已融入百姓生活的方方面面，被频繁地用于布帛、家具和木雕上。出于对福文化的重视和精神依赖，人们"祈福"的形式也多种多样，将代表"福气"的事物植入织物纹样中，是对幸福追求的最普遍、最直接的表达形式，如图6-56为黄地福字纹氅衣局部。

图 6-55　红缎彩绣蝴蝶双喜纹氅衣复原　　　　图 6-56　黄地福字纹氅衣局部
（清光绪）

寿字纹是中国古代传统纹样之一，是文字纹的一种。将寿字进行艺术化、符号化、图案化后的吉祥纹样，形式较多、被较广泛地应用于织物中，折射出人们对生命永恒的渴望。传统的寿字纹和牡丹纹组合在一起，寓意富贵吉祥、健康长寿，这种组合常见于服饰刺绣、装饰图案等领域，如图 6-57 为草绿色绸绣牡丹团寿纹马褂局部，寿字象征着长寿，牡丹象征着富贵。

古钱纹是中国传统纹样之一，源自圆形方孔的古代铜钱样式，寓意财富和吉祥，也用于镇宅。外部圆形，中间有内向弧形方格，为对称的几何纹样。早期多以单钱形态出现，随着不断发展，开始出现对钱纹相交、多个钱纹相交的图案，为双钱纹、四钱纹、连钱纹等，多作二方或四方连续排列。铜钱纹作为财富的象征，寓意招财进宝，一直被大众所运用在各种艺术当中。如图 6-58 所示为古钱纹样拼布。

图 6-57　牡丹团寿纹马褂局部图　　　　　　图 6-58　古钱纹样拼布
（清　故宫博物院藏）　　　　　　　　　（民族博物馆藏）

盘长纹称万代盘长，又称吉祥结，属于佛家"八吉祥"纹饰之一，纹路中线条首尾相连，没有断点循环着，绳结的形状连绵不断，有"事事顺路路通"长久永恒之意。民间把盘长纹寓意子孙绵延，福禄承袭，寿康永续，财源不断，爱情永恒等。在现代民俗中，逢年过节人们都会挂中国结，象征家庭幸福，吉祥圆满。如图 6-59 为蓝地盘长纹宽边饰蕾丝女衫局部，图案构成也是一根线环绕盘曲连接成整体形，无头无尾，无终无止，象征"长长久久""百事吉祥"。万字纹与盘长纹结合使用，寄托了服饰制作者对生活美好的期许。

"八吉祥纹"，又名"八宝纹"，是一种佛教装饰图案，也是中国传统吉祥纹饰中常见的一组纹样。代表的"八吉祥"分别为：法轮、法螺、宝伞、白盖、莲花、宝瓶、金鱼、盘长结 [27]。从唐宋至明清，"八吉祥纹"被赋予新的内涵，发展为民间吉祥图案，因其精美的图案与美好的寓意，八吉祥纹在服饰中也常有表现。如图 6-60 为藤薰定制的八宝纹旗袍局部，设计师在设计这件作品的"八宝纹"时，选用雍正时期常见的"结带八宝"，以飘带进行装饰，勾描细腻、层次丰富，飘拂的绶带清新洒脱，纹饰布局明快疏朗，配以"三篮"和金线进行刺绣制作，看似单调的用色却不失庄重典雅。

图 6-59　盘长纹女衫局部　　　　　　　　图 6-60　八宝纹旗袍局部
（清末　北京服装学院收藏）　　　　　　（出自藤薰定制中式服装）

"明八仙"是道教中八位劝恶扬善、济世济贫的神仙。"暗八仙"则指八位神仙所持的法器，以法器暗指仙人，称为暗八仙，这八种法器分别是：葫芦、团扇、渔鼓、宝剑、荷花、花篮、横笛和阴阳板，它们与八仙具有同样的吉祥寓意，代表中国道家追求的精神境界。如图 6-61 为暗八仙云肩，其中纹样来自道家八仙的法器，不仅有喻祯瑞，也象征万能的仙术，还有福寿绵延，空灵玄妙，清雅闲韵之意。

宋徽宗命人统计宣和殿里收藏的从商代至唐代的八百多件古董。这是第一次大规模地把文物分类造册。这个册子就叫作《宣和博古图》。到了明清时期把博古图里面的瓷瓶、玉件、书画、盆景等题材作为一种专有的纹样定下来，有时候也添加花卉、果品作为点缀，就叫做博古纹。明清时期尤其是清朝，为了显示自古有之的文雅气质，博古纹被广泛运用。不管是家具还是服饰，生活用品还是装饰品都有博古纹，借以表达博古通今，也表示推崇古人的理性之美和清雅高洁之气韵。如图 6-62 为绿色缎地对襟博古纹女褂，这件博古纹大概绣了六十多盆花卉，牡丹、兰花、荷花等，每件盆栽的器型都各不相同，配以如意、香炉、书画等元素，精美绝伦。

图 6-61　暗八仙云肩（晚清）　　　　图 6-62　对襟博古纹女褂

（5）传统人物纹样

仕女纹的形态特征包括其独特的艺术形象和设计元素，如人物头部的鹅卵形或椭圆形设计，以及多采用的四分之三的侧面构图，这种设计手法有助于展示女性的柔美气质和雍容华贵的姿态[28]。在服饰中，仕女纹的表现形式多种多样，常以线条流畅、形态优雅的方式出现在服饰的显著位置，如衣领、袖口、裙摆等处。色彩常采用淡雅、清新的色调，体现女性温婉气质。仕女纹通常出现在轻薄、柔软的面料上，如丝绸、锦缎等，这些面料能够充分展现仕女纹的细腻和精致。如图 6-63 所示的仕女纹出自清代《游春图》，仕女们的生活看似悠闲自在，每一针一线透露匠人的心血和时代的印记。

图 6-63　仕女纹（清　出自《游春图》）

中国传统婴戏纹，通过儿童的玩乐场景的呈现，反映当时社会背景和人文风俗，是唐宋时期绘画、刺绣都热衷的一个题材。如图 6-64 为清代婴戏纹女褂局部，蓝底的布帛，服饰色彩华丽，儿童纹样立体生动，脸部表情欢乐而天真玩耍嬉闹，千姿百态、妙趣横生象征着多子多福，生活美满，也有五子登科、连生贵子、百子千孙的吉祥寓意。

图 6-64　婴戏纹女褂局部（清）

（6）传统山水纹

山水纹多以山水乡居、田园风光、庭院小景、楼台亭阁等为题材，早期写意性比较强，明以后逐渐注重写实。山为墨、水为镜，空气中升腾的雨雾，营造山水之间的空间之美，将中国山水画的意蕴之美表现于服装之中，具有一定的意境美。如图 6-65 为蓝色地印彩山水纹布，山水纹刻画细腻，具有较强的装饰性。

图 6-65　蓝色地印彩山水纹布（清同治）

6.4　传统图案在新中式女装设计中的传承与弘扬

中国传统纹样，作为中华文化璀璨的瑰宝，承载着丰富的历史记忆、文化底蕴与艺术价值，在新中式女装中的应用日益受到瞩目。在时尚与设计领域，众多设计师巧妙地将这些经典纹样融入女装设计之中，展现中华文化的独特韵味，更为现代女性的衣橱增添一抹不可多得的东方风情与文化底蕴。

新中式女装作为传统文化与现代审美的完美结合体，广泛运用中国传统纹样作为设计元素。从龙凤呈祥的华丽到云水禅心的雅致，从牡丹富贵的娇艳到梅花傲骨的清逸，这些纹样以不同的形态和色彩，在新中式女装上绽放出新的生命力。设计师通过提炼与简化、抽象与变形等手法，使传统纹样与现代剪裁、面料相结合，创造出既符合现代审美又不失古典韵味的服装作品。

中国联通 Logo 的灵感来源盘长纹，各大银行 Logo 所借鉴的铜钱纹，都是中国传统纹样在现代设计中成功应用的典范。这些案例启示我们，传统纹样不仅具有深厚的文化意义，还能在商业和品牌形象中发挥重要作用。同样在新中式女装领域，传统纹样的应用也不仅局限于装饰性的点缀，而是成为提升服装整体风格与文化内涵的关键因素。

尽管传统纹样在新中式女装中的应用前景广阔，但在实际操作中仍面临诸多挑战。市场需求的变化、创新能力的不足以及文化认知的差异等因素，限制传统纹样在女装设计中的充分应用。部分传统纹样因年代久远而逐渐被遗忘，其独特的艺术价值和文化内涵未能得到充分的挖掘和传承。一些精美到心醉的中国传统纹样，如今很多被遗忘，很多精美的纹样目前仅仅只是放在博物馆里、研究所里，随着文化传承和创新的不断推进，中国经典传统纹样的应用领域和方式应不断扩展和丰富。对于传统文化的传承和发展，我们应该重视并积极推动，让更多人了解和喜爱中国传统纹样，将其融入新中式女装设计中，使之得以传承和发扬光大，也需要注重创新和与时俱进，让传统文化在当代社会中焕发出新的活力和魅力。

中华民族拥有多样且精美的图案纹样，从一草一木，到鸟、蛙、虫、鱼，从石窟彩陶到古建家具，它们或来自民间的神话传说，或来自西南边陲的古老寓言。对我国的民族经典纹样应积极进行收集整理，从形意演变等多个维度解读这些神秘的东方图腾，为我国的设计发展注入东方文化的密码。作为当代艺术工作者应该做好传承和弘扬我国壮观的图案纹样，使用是最好的传承和弘扬，我们应该不遗余力地将我国经典纹样应用于我们的设计领域，让更多人理解、喜爱、使用中国传统纹样，相信若干年后中国传统纹样肯定会重新回归到日常，用一点一线构筑中国人庞大且独有的生活美学。新中式女装注重展现中国服饰文化的精华纹样，采用传统纹样作为装饰。如图 6-66 为中国传统海水江崖纹样，图 6-67 所示的 APEC 女领导人外套采用海水江崖纹装饰衣服底摆，并运用中式元素立领、对襟、连肩袖，搭配双宫缎面料。这些元素都体现了中国的传统文化特色。

　　大英博物馆里有一段话"中国人创造了世界上最广泛、最持久的文明，而纹样贯穿于中国历史发展的整个过程。"中国人需要发扬本民族的纹样，让这个古老而青春的国家，更从容不迫地融入世界，引领世界。现在应该由国人自己来展示和表现我国各民族的经典纹样，国人需要掌握自己的审美权。那些富有创造力的中国传统纹样，每一笔每一画都记载着老祖宗的生活方式，挖掘出更多中国传统濒危纹样，提取元素并应用于现代设计之中，让镌刻着文化印记的宝藏走进我们的日常生活，它们需要被更多人看见。如电影《长安三万里》堪称一场视觉盛宴，其中人物服饰纹样的设计堪称绝妙。设计团队深入研究大量古籍，同时充分考虑人物的性格、身份等特点，精心雕琢每一处服饰与器具细节。无论是华丽的服饰，还是精致的器具，其上的传统纹样都被完美还原。这些纹样宛如璀璨星河中的点点繁星，闪耀着中华历史文化的光辉，生动展现了中华服饰纹样之美，也让观众深深领略到传统纹样在我们博大精深、璀璨无比的文化中占据重要地位。如图 6-68 所示，在李白的服饰上，宝相花纹作为主体装饰纹样出现，展现出一种庄重、华丽的气质，也体现出李白的文人身份以及他所追求的高尚、美好的精神境界。

图 6-66　海水江崖纹样　　　图 6-67　APEC 女领导　　图 6-68　宝相花纹样在服饰中的应用
　　　　　　　　　　　　　人外套采用海水江崖纹

6.5　传统图案元素在新中式女装设计中的创新转化

　　传统图案元素作为中国文化的重要组成部分，蕴含着深厚的历史文化底蕴和独特的审美价值。这些图案元素是历史的见证，更是文化的传承，其独特的造型、色彩和内涵，都承载着中国传统文化的精髓。[29] 然而随着时代的变迁和文化的交流，传统图案元素在现代社会中的应用逐渐受到挑战。如何在保持传统文化精髓的同时，实现与现代设计的融合，成为亟待解决的问题。在此背景下新中式女装设计应运而生。新中式女装设计作为现代设计与传统元素相结合的产物，旨在传承和发展中国传统文化，通过将传统图案元素融入现代女装设计中，使传统文化以新的形式得到传承和发展，呈现给现代消费者，从而满足现代女性对于时尚与文化的双重需求。

传统图案元素具有多样性和可变性，蕴含着丰富的文化内涵和审美价值，现代女装通过创新地运用这些元素，有助于提升女装设计的文化品质和审美价值，使女装设计更具独特性和吸引力，为设计师提供丰富的设计灵感和素材，推动女装设计的创新和发展。

在新中式女装设计中，传统图案元素的应用已经呈现出多样化的特点，已经成为一种流行趋势。设计师们通过提取传统图案的精髓，结合现代设计手法，创造出一系列具有独特魅力的新中式女装。这些设计不仅保留传统图案的韵味，还融入现代时尚元素，使得新中式女装在保持传统美感的同时，更加符合现代审美。

传统图案元素在新中式女装设计中的应用更加广泛和深入。设计师们不断探索传统图案元素与现代设计理念的融合方式。他们将通过创新设计手法和工艺技术，将传统图案元素与现代设计元素进行巧妙地结合，创造出更多具有独特魅力的新中式女装。这种融合不仅体现在图案和款式上，还将涉及材质、色彩以及配饰等方面。

随着消费者对文化自信的提升和对传统文化的热爱，传统图案元素在新中式女装设计中的应用前景将更加广阔。设计师们需要不断创新和探索，将传统图案元素与现代设计理念相结合，创造出更多具有独特魅力的新中式女装。

6.6　新中式女装图案的创新方法

6.6.1　传统图案的直接应用

传统图案在新中式女装中直接应用方式保留传统文化的精髓，通过现代设计手法的融合，使传统图案焕发出新的生机[30]。设计师需要对传统服饰图案进行深入研究，了解其历史背景、文化意义、象征寓意以及制作工艺等方面的信息，有助于设计师更准确地把握传统图案的精髓和特色。如龙凤图案象征着吉祥、权威，牡丹图案代表富贵等。

传统图案可以直接作为新中式女装的整体或局部装饰元素。牡丹作为"花中之王"，其富丽堂皇的形象非常适合用于女装设计，如图 6-69 所示，从青花瓷中挑选具有代表性和美感的牡丹图案，直接提取牡丹图案，并印制在新中式女装前胸，具有很强的装饰性和美好寓意。

在设计过程中设计师应尊重传统服饰图案的原始形态和文化内涵，避免对其进行篡改或歪曲。也要注重传统元素与现代设计的和谐统一，确保设计作品既具有传统韵味又不失现代感。如图 6-70 所示为"盖娅传说"新中式礼服中花鸟传统图案的直接应用。"盖娅传说"作为一个致力于传承与创新中国服饰文化的品牌，其新中式礼服常直接而巧妙地运用传统图案。设计师将具有代表性的花鸟图案应用到新中式礼服的胸前位置和袖子，完整呈现传统花鸟图案。在工艺上，这些花鸟图案采用精细的刺绣、印花或织造手法，最大程度保留原有图案的细腻与精致。它们不仅蕴含着美好的寓意，还能在视觉上形成极具震撼力的艺术效果。

图 6-69 青花瓷牡丹图案直接应用于
新中式女装

图 6-70 "盖娅传说"礼服花鸟图案直接应用

6.6.2 融合传统与现代元素

（1）核心元素提取

从传统图案形状入手是提取其核心元素的一种有效方法。传统图案形状往往蕴含着丰富的文化内涵和象征意义，通过对其形状的提炼和再设计，可以将其核心元素巧妙地融入现代女装设计中。许多传统图案形状可以传达其纹样的基本寓意和造型特点，比如中国传统的如意纹包含流畅曲线和圆润弧形，给人以优美、吉祥的感受。花朵、叶子、动物等自然元素形状也是传统图案的常见核心元素，如牡丹花瓣形状饱满，常被视为富贵的象征；蝴蝶翅膀形状优美，寓意爱情、生命、自由与美丽、成功与吉祥。根据新中式女装设计主题需求，选择与之相关的传统图案进行元素提取。如果设计一款以自然为主题的产品，可以提取传统图案中的花鸟、山水等元素。

对传统图案进行深入分析，仔细观察传统图案的造型特点，包括线条、形状、比例等，提取其核心元素或最具代表性的特征。考虑新中式女装设计风格要求，选择与之相适应的传统图案元素造型，如对于简约风格女装设计，可以提取传统图案中简洁的几何形状或抽象的线条。如图6-71为"NEXY.CO"品牌携手四川省级非遗代表性传承人杨隆梅，创作专属竹编艺术纹样，通过不同的编织手法，形成千变万化的几何纹样，具有规律的组织结构，体现劳动节奏感和基本形式法则。如图6-72为竹编几何纹样作为新中式女装设计灵感，设计师提取竹编艺术化的几何纹样元素，以数码印花的形式应用于新中式女装中，以竹之青翠描摹盎然绿意，以天然材质与精巧编织工艺，诠释劲节之持、柔韧之美、常青之力，呈现中国女性"知吾"的通达智慧。

图6-71 "NEXY.CO"品牌竹编女装 　　图6-72 "NEXY.CO"品牌竹编几何
　　　　　　　　　　　　　　　　　　　　　　　纹样新中式女装

（2）图案简化与抽象化处理

传统图案简化设计是一种将复杂、烦琐的传统图案元素进行提炼、概括和简化的过程，在保留其文化精髓和审美价值的同时，使其更加符合现代审美和设计需求[31]。创作中对提取的中国传统图案进行简化处理，去除复杂细节和装饰，保留其基本形状和轮廓，使传统图案更符合现代简洁的审美需求，更符合现代简洁设计理念，使简化后的传统图案元素更易于在现代女装设计中应用。如图6-73所示为"ZHUCHONGYUN"蝴蝶图案造型高定系列作品，为了保持整体和谐与现代感，设计师从繁复精美、细节丰富

图6-73 "ZHUCHONGYUN"简
化传统蝴蝶纹样

的传统苗族刺绣蝴蝶图案中提炼关键元素，保持原有图案韵味，简化处理蝴蝶图案造型，优化线条结构等方式，使图案更加简洁、大气，同时保留其象征意义和美学价值。在此次高定系列作品中，简化后的蝴蝶图案更加注重轮廓的流畅与动态的捕捉，并用黑白色彩简约化的表现方式，时尚大气。

传统图案的抽象化表达是将具体复杂的图案转化为简洁概括、富有象征意义的抽象图案的过程。在这个过程中，要对传统图案进行提炼和简化，挖掘本质特征，将繁杂的细节去除，使传统图案以一种新的抽象形式展现，既能保留原有作品的文化内涵，又能适应现代设计简洁化的审美趋势，从而更好地融入现代设计作品。这种表达方式保留传统图案的文化内涵和审美价值，赋予其新的生命力和现代感。

传统图案抽象化表达是文化传承与创新的重要手段。通过对传统图案的提炼和概括，使其更好地适应现代审美和设计需求，同时保留其独特的文化特征。抽象化表达传统复杂图案，使其更加简洁明了，符合现代设计理念，这种方式更深刻地揭示传统图案的象征意义和寓意，更加突出其内在的文化价值和精神内涵。将传统图案中的复杂线条进行简化处理，去除多余的细节和装饰，保留其基本的形态和特征。这种抽象处理使图案更加清晰、流畅，同时增强其视觉冲击力。

传统服饰图案往往具有复杂的结构和丰富的细节。在新中式女装设计中设计师可以对这些图案进行抽象化处理，提取其核心元素和特征，并对其进行简化和概括。将传统图案中的具象元素进行抽象化处理，转化为几何形状、线条或色块等。这种抽象化的表达方式使传统图案更具现代感，同时也拓宽其应用范围。这样既能保留传统图案的精髓，又能使其更易于与现代设计元素相融合。如图 6-74 为 "ZHUCHONGYUN" 作品中抽象化表达传统鹤图案，与传统鹤图案的具象表现不同，抽象鹤图案更注重形态的自由流动与线条的简约表达。设计师通过提炼鹤的关键特征如长颈、羽翼、姿态等，并将其以抽象化的形式展现出来，不再严格遵循鹤的自然形态，而是经过艺术加工，形成具有现代感和视觉冲击力的图案。

图 6-74 "ZHUCHONGYUN"
抽象传统鹤纹

（3）传统图案再设计

提取传统图案中的局部元素进行重组，在抽象化处理的基础上，设计师可以进行再创造和创新。通过运用现代设计理念和手法，对传统图案进行重新构图、色彩搭配和材质选择等方面的创新尝试，创造出全新的图案样式。在保持传统图案基本特征的基础上，进行适当的变形创新。例如可以改变图案的比例、方向、排列方式等，使其呈现出新的视觉效果和审美感受。这样可以使传统图案焕发出新的生命力，并赋予其新的审美价值和时代感。例如从青花瓷图案中提取几朵花卉进行重新组合排列，形成独特的新图案。如图 6-75 所示为传统青花瓷图案在新中式女装中的再设计应用，是一种将古典美学与现代时尚完美融合的创新尝试。传统青花瓷图案繁复精美，但在现代女装设计中，需要进行适当的简化和抽象化处理。通过提炼图案中的核心元素，青花瓷蓝白相间的色彩对比、流畅的线条以及典型的植物、花卉等纹样，用简洁的线条重新构建图案，使其更加符合现代审美。对传统的花鸟、山水、云纹等图案进行简化、抽象处理，使其更符合现代审美。如图 6-76 所示为新中式女装传统花鸟图案再设计应用，设计师采用传统花鸟图案的局部，提取传统花鸟图案的核心特征（花的形态、鸟的姿态、它们之间的互动关系以及整体动态平衡），保留传统花鸟图案的神韵和核心特征，并进行简化抽象提炼，舍去多余的细节，再设计传达神韵的关键线条和形状，用自然流畅的线条勾勒出传统花鸟图案，表达图案的轮廓和动态。经过再设计的传统花鸟图案新中式女装，既有传统文化神韵，又有现代时尚感。

图 6-75　传统青花瓷图案再设计应用　　　　图 6-76　传统花鸟图案再设计应用

（4）现代元素融入

将现代元素融入传统图案，是融合传统美学与现代时尚的创新设计方式，保留传统文化的精髓，赋予女装新的时尚感和生命力。

融合现代图形，将传统图案与现代几何图形、字母、数字等元素相结合。如在传统的青花瓷图案中加入现代的条纹或波点元素，如图 6-77 所示为青花瓷图案加入现代条纹，如图 6-78 所示为青花瓷图案加入现代波点纹样，新中式女装中将青花瓷图案与现代的条纹、波点元素相结合，是一种巧妙地将传统美学与现代时尚融合的设计思路。这种设计保留了青花瓷图案的古典韵味，还通过现代元素的加入，使女装展现出独特的时尚感和新颖的视觉体验。在设计新中式女装时，可以选择青花瓷图案作为主体元素，但不必完全遵循传统的布局和色彩搭配。可以在保留青花瓷基本元素的基础上，巧妙地融入现代条纹或

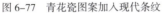

| 图 6-77 青花瓷图案加入现代条纹 | 图 6-78 青花瓷图案加入现代波点纹样 |

波点纹样。在设计过程中保持整体风格的协调性和统一性，避免元素之间的冲突和杂乱无章。色彩搭配合理，既要考虑青花瓷图案的固有色彩，又要与现代元素的色彩相协调。图案的布局和排列要有序、有节奏感，以营造出和谐、美观的视觉效果。通过这样的设计手法，新中式女装将展现出独特的魅力和韵味，为现代女性提供更多元化的选择。

又如在旗袍上绣上英文单词或流行的表情，增加趣味性和时尚感。在旗袍这一传统服饰上绣上英文单词（图 6-79），或流行的表情符号（图 6-80），是一种创新且富有创意的设计方式，能够巧妙地融合传统与现代，为旗袍增添趣味性和时尚感，打破传统旗袍的固有印象，还使其更加符合现代审美和个性化需求。可以选择具有美好寓意的英文单词，如"Love"（爱）"Dream"（梦想）"Elegance"（优雅）等，这些词汇能够直接传达穿着者的情感或态度。也可以选用与穿着场合相关的英文短语，如"Wedding Day"（婚礼日）"Party Time"（派对时间）等，增加服装的场合感和趣味性。还可以考虑将中文词汇的拼音或英文缩写绣在旗袍上，如"Fu"（福）"Xi"（喜）等，既保留传统文化元素，又融入现代设计感。选择当下流行的表情符号，如心形、笑脸、星星等，这些符号简洁明

| 图 6-79 旗袍传统纹样加入现代英文 | 图 6-80 旗袍传统纹样加入现代表情图案 |

了，能够迅速传达情绪和氛围。在选择表情符号过程中与服装的整体风格相协调，避免过于突兀或不合时宜。

为了增加时尚感，设计师可以尝试将传统图案与现代几何图形，如圆形、三角形、方形等相融合。例如在新中式女装中传统牡丹图案与几何图形进行融合设计，增加图案的立体感和现代感。新中式女装设计强调"新"与"中"的结合，即在传统服饰的基础上进行创新，使其更符合现代审美和穿着需求。将几何图形与传统牡丹花纹样融合，正是这一理念的体现。通过简洁明了的几何图形与繁复典雅的牡丹花纹样的碰撞与融合，创造出既不失传统韵味又充满现代感的女装设计。如图 6-81 所示为几何图形与传统牡丹花纹样融合设计。

在传统图案中融入简约现代的字体设计，使图案更加新颖独特，吸引更多年轻消费者的关注。如图 6-82 所示，将现代字体与传统牡丹花纹样融合设计，并应用于新中式女装。这是一种独特而富有创意的设计方式，将传统与现代元素巧妙结合，赋予女装以新的视觉冲击力和文化内涵。新中式女装设计追求的是在传统美学的基础上融入现代审美与时尚元素，创造出既符合现代审美需求又不失传统文化底蕴的服饰，将现代字体与传统牡丹花纹样融合，正是这一理念的体现。现代字体的简洁明了与传统牡丹花纹样的繁复华丽形成鲜明对比，两者相互衬托，共同展现出新中式女装的独特魅力。

图 6-81　几何图形与传统牡丹花纹样融合设计　　　图 6-82　现代字体与传统牡丹
　　　　　　　　　　　　　　　　　　　　　　　　　　　花纹样融合设计

利用现代科技手段，如数码印花、激光雕刻等，创造出具有动态效果的传统图案。例如通过特殊的激光印花技术，使女装上的图案在不同角度和光线下呈现出不同的颜色和形状，仿佛在流动一般，给人以全新的视觉体验。数码印花技术能够实现高精度的图案打印，细节丰富，色彩鲜艳，能够满足各种复杂图案的需求。激光雕刻技术在女装中的应用，特别是对传统图案的雕刻，展现一种独特而精湛的工艺魅力，其应用于新中式女装的各种图案设计中，包括传统图案的现代演绎、抽象图案的创造等。通过激光雕刻将复杂的传统图案以精确、细腻的方式呈现在女装上，如龙凤呈祥、牡丹富贵等传统纹样，既保留传统文化的韵味，又赋予现代时尚感。如图 6-83 为设计师李聪《窗韵》作品中使用现代激光雕刻技术。

熊英老师的"科艺糅合"理念成功地带领团队在布糊画基础工艺之上，创建了"非遗 3D 丝雕"。如图 6-84 所示为"盖娅传说"非遗 3D 丝雕图案新中式礼服，从前期灵感构思到设计打板，再到工艺制作，处处都体现着匠人之心，倾注了匠人百分百的心血，精益求精，美到极致。

图 6-83 《窗韵》作品中使用现代激光雕刻技术　　图 6-84 "盖娅传说"非遗
3D 丝雕图案

（5）引入流行文化元素

引入流行文化元素，如动漫、电影、音乐等主题元素，与新中式风格相结合。如图 6-85 所示为引入动漫流行文化元素的新中式女装，古典又有趣味。如图 6-86 所示为融入流行古装剧的元素新中式女装，以热门古装电影中的场景为灵感，设计出具有故事性的女装图案。

图 6-85 动漫流行文化元素新中式女装　　图 6-86 流行古装剧元素新中式女装

6.6.3　新中式女装图案创新灵感来源

新中式女装图案创新灵感来源广泛而多元，它融合传统文化与现代审美、自然与生态、国际文化交流以及生活与情感等多个方面。设计师需要不断挖掘和整合这些资源，以创造出既具有文化底蕴又符合现代审美趋势的新中式女装图案设计。

（1）传统纹样元素

古典纹样作为中国传统文化的重要组成部分，以其精美的艺术形式装饰着我国传统服饰，蕴含着深厚的文化内涵和丰富的象征寓意，成为新中式女装图案设计中不可或缺的灵感源泉。古典纹样如牡丹、莲花、梅花、祥云、龙凤、蝙蝠、锦鲤等传统纹样是新中式女装图案设计的重要灵感源泉。

牡丹被誉为"花中之王"，象征着富贵、吉祥和繁荣。在新中式女装设计中，牡丹图案常被用来表达对生活的美好祝愿和对富足生活的向往，如图6-87所示。

莲花出淤泥而不染，象征着纯洁、高雅与清廉。莲花也寓意智慧与觉悟，是佛教文化中的重要象征之一。[31]如图6-88所示为莲花图案新中式女装，营造宁静、清新、高雅的氛围。

梅花傲雪凌霜，独自绽放于寒冬之中，象征着坚韧不拔、高洁不屈的精神品质。[32]梅花也是"岁寒三友"之一，常被用来表达对高尚品德的赞美和追求。如图6-89为梅花图案新中式女装，展现出高雅、坚韧的特质。

图6-87　牡丹图案新中式女装　　　图6-88　莲花图案新中式女装　　　图6-89　梅花图案新中式女装

祥云图案通常描绘为卷曲流畅的云彩形态，寓意吉祥、和谐与好运。如图6-90所示为祥云图案装饰的新中式女装，增添空间灵动与祥和感。龙凤是中国传统文化中的神兽，分别代表着皇权与尊贵、吉祥与美好。龙凤呈祥图案是两者结合的经典之作，象征着夫妻和谐、幸福美满以及国家的繁荣昌盛。如图6-91为龙凤图案新中式女装，象征吉祥、

图 6-90　祥云图案新中式女装　　　　图 6-91　龙凤图案新中式女装

富贵美好寓意。

　　蝙蝠因其"蝠"与"福"谐音，而被视为福气的象征。在新中式女装设计中，蝙蝠图案常以各种形态出现，如五只蝙蝠围绕一个"寿"字，寓意"五福临门"，表达对长寿、富贵、康宁、好德、善终等五福的祈愿。如图 6-92 为蝙蝠图案新中式女装，富有美好寓意。

　　锦鲤在中国文化中寓意好运、富贵和长寿。它们色彩斑斓、游弋自如的形象，美化了环境，也寄托人们对美好生活的向往和追求。如图 6-93 为锦鲤图案新中式女装，形态优美，游动的锦鲤给人灵动、活泼的感觉，为服装增添了生机与活力，寓意吉祥、富贵和好运。

图 6-92　蝙蝠图案新中式女装　　　　图 6-93　锦鲤图案新中式女装

（2）书法与印章元素

　　书法的线条美感和篆刻的印章效果，为新中式图案设计提供独特的形态和构图灵感。

如图6-94为篆刻图案的新中式女装，是将传统篆刻艺术与现代女装设计相融合的一种独特风格，图案以分散形式分布在衣服的不同区域，形成一种错落有致的美感，展现出古朴、典雅的韵味。如图6-95为书法元素的新中式女装，是将传统书法艺术与现代女装设计相结合的一种服装风格，具有独特的韵味和魅力，书法的字体、风格、布局等都经过精心设计，有的是完整的诗词、名言警句，以展现文化内涵；有的是抽象的笔画、线条组合，强调艺术感和装饰性。

图6-94　篆刻图案新中式女装　　　　图6-95　书法元素的新中式女装

（3）诗词意境元素

以古典诗词为灵感，将诗词中的意境转化为图案。如"大漠孤烟直，长河落日圆"可以设计成一幅以沙漠、孤烟、长河、落日为元素的图案，如图6-96所示为古诗词灵感图案的新中式女装，展现出宏大而苍凉的美感。

选取诗词中的关键词进行图案设计，如"采菊东篱下，悠然见南山"可以设计出菊花、东篱、南山等元素组成的图案，如图6-97为悠然自得意境的古诗词图案的新中式女装，体现出美好的意境。

图6-96　宏大苍凉意境的古诗词图案　　　图6-97　悠然自得意境的古诗词图案

（4）古建筑与园林元素

传统建筑的飞檐翘角、窗棂图案，园林中的假山流水、亭台楼阁等元素，其造型和布局都蕴含着深厚的文化底蕴，可以激发设计师的创意灵感。从传统古建筑中汲取灵感，经过提炼和艺术加工，以更简洁、抽象或具象的形式呈现在服装上。如图 6-98 为传统古建筑图案新中式女装，强调简洁的设计和大气的风格，古建筑图案以简洁的线条和形态呈现，色彩也相对素雅。这类服装注重整体的质感和穿着的舒适度，适合日常穿着或一些较为正式的场合。园林景观元素，如山水、亭台楼阁、花草树木等也会被融入新中式女装的图案设计中。这些元素可以用刺绣、印染、织锦等工艺呈现，展现出细腻的质感和精美的工艺。例如，在裙摆上绣出一幅山水画卷，或者在衣服的背部绣上一座精致的亭台，使穿着者仿佛置身于园林之中。如图 6-99 为园林图案新中式女装，将传统与现代、艺术与时尚完美结合，展现中国传统文化的魅力，符合现代人的审美需求，是一种具有独特风格的服装类型。

图 6-98　传统古建筑图案　　　　图 6-99　传统园林图案新中式女装
　　　　新中式女装

（5）传统节日图案元素

从传统节日如春节、中秋节等中提取元素设计图案。例如春节的红包、鞭炮、福字等元素可以组合成喜庆的女装图案；如图 6-100 为鞭炮图案新中式女装，鞭炮通常以红色为主色调，色彩鲜艳夺目。在新中式女装中，鞭炮图案以刺绣、印染等形式呈现，增加了服装的立体感和艺术感。鞭炮在中国文化中象征着热闹、喜庆和驱邪。穿上带有鞭炮图案的新中式女装，能传达出一种欢快、充满活力的氛围。如图 6-101 为红包图案新中式女装，红包图案多为红色，上面有金色的装饰线条或吉祥文字。在服装上红包图案可以是小巧的点缀，也可以是大面积的装饰。红包代表着祝福和好运，是中国传统节日和重要场合中常见的元素。新中式女装中的红包图案，为服装增添了一份喜庆和吉祥的寓意。如图6-102为福字新中式女装，福字是中国传统文化中最具代表性的吉祥符号之一，在新中式女装中，创意设计的福字可能以书法字体、刺绣、印花等形式出现。福字寓意幸福、福气和好运，穿着带有福字图案的新中式女装，不仅展现了传统文化的魅力，还能为穿着者带来美好的祝福。

中秋节的月亮、玉兔、桂花等元素可以设计出浪漫的图案。如图6-103为中秋节图案元素新中式女装，充满浪漫气息，让穿着者在中秋佳节中展现出独特的魅力。

图6-100　鞭炮图案新中式女装

图6-101　红包图案新中式女装

图6-102　福字新中式女装

图6-103　中秋节图案元素新中式女装

（6）民间艺术纹样

挖掘民俗文化中的图案，如剪纸、年画、皮影等，进行再创作。如图6-104所示，将剪纸艺术中的图案进行简化和抽象后运用到女装设计中，展现出独特的民族风格。剪纸图案通常具有精美的造型，充满艺术感。这些图案可以是花鸟鱼虫、人物故事、吉祥符号等，每一个图案都蕴含着丰富的文化内涵。在设计中可以选择简约的款式，将剪纸图案作为点缀，突出图案的精美。如图 6-104 为剪纸图案新中式女装，也可以选择繁复的款式，将剪纸图案大面积地运用在服装上，营造出华丽的效果。

图 6-104 剪纸图案新中式女装

（7）各民族特色纹样

中国是一个多民族国家，各民族在长期历史发展过程中，形成各自独特的文化传统和图案艺术。这些图案具有高度的审美价值，还蕴含着丰富的文化内涵和象征意义。各民族还有自己独特的图案符号。如图 6-105 为提取苗族刺绣图案元素，大面积地运用在新中式女装中，展现出浓郁的民族风情。彝族漆器图案以红、黄、黑三色为主，线条流畅，图案简洁大方，常见图案有太阳纹、火焰纹、羊角纹等，这些图案寓意吉祥、繁荣和幸福。[33] 彝族漆器图案具有强烈的装饰性和艺术感，通过不同的色彩组合和图案排列，展现出独特的民族风格，如图 6-106 为彝族漆器图案新中式女装，展现出古朴而又不失精致的艺术风格。在土家族的文化中，白虎图腾占据着举足轻重的地位。白虎被视为土家族的图腾和神灵，象征着力量、勇敢和吉祥。土家族白虎图腾是土家族的象征，具有神秘的色彩和深刻的文化内涵。[34] 白虎图腾通常以白色为主色调，线条简洁流畅，形象威武霸气，如图 6-107 为土家族白虎图腾新中式女装，通过对土家族白虎图腾的文化内涵进行深入挖掘和提炼，并结合现代时尚设计理念和手法进行创新设计，创造出既符合现代审美需求又具有传统文化底蕴的新中式女装作品。

民族图案元素的丰富多样为新中式女装图案创新提供广阔的灵感来源。设计师通过直接引用与改良、融合与重构以及挖掘文化寓意与象征意义等方式，将这些传统图案元素与现代设计理念和审美趋势相结合，创造出既具有传统韵味又不失时尚感的新中式女装。

图 6-105 苗族刺绣图案女装

图 6-106 彝族漆器图案女装

图 6-107 土家族白虎图腾女装

（8）自然与生态元素

自然界的万物生长、四季更迭、山川湖海等自然景观，都是新中式女装图案设计的重要灵感来源。设计师从自然中汲取灵感，将自然界的形态、色彩和纹理融入图案设计中。当下随着生态保护意识的提升也促使设计师在图案设计中融入生态元素，如绿色植物、野生动物等，以传达人与自然和谐共生的理念。如图 6-108 所示为山水图案的新中式女装，采用细腻的工笔画技法，将山川的层峦叠嶂、云雾缭绕，以及流水的碧波荡漾等自然景观生动地呈现于服装之上。这些图案经过精心布局与排列，保留自然景观的原始美感，赋予服装独特的艺术气息。服装展现大自然的壮丽与宁静，同时融入中国传统文化的精髓与现代审美趋势。山川的雄伟与湖海的广阔，象征着自然界的包容与和谐，也体现穿着者内心的宽广与深邃。如图 6-109 为长颈鹿图案的新中式女装，长颈鹿以其优雅的姿态和独特的斑纹深受人们喜爱，将其图案应用于新中式女装设计中，不仅增添了服装的趣味性和时尚感，也体现着穿着者的高雅与自信。

（9）国际文化元素

在全球化的背景下，国际文化交流日益频繁。不同国家和地区的文化元素相互碰撞、融合，为新中式女装图案设计提供丰富的灵感资源。设计师可以借鉴其他国家的优秀文化元素，与传统文化相结合，创造出具有独特魅力的新中式女装图案设计。如图 6-110 为埃菲尔铁塔图案的新中式女装，巧妙地将埃菲尔铁塔这一标志性建筑元素融入新中式女装设计之中，旨在通过东西方文化的碰撞与融合，创造出既具有现代国际视野又不失中国传统文化韵味的女装作品。埃菲尔铁塔作为法国巴黎的象征，其独特的造型和浪漫的气质与新中式女装所追求的优雅与和谐不谋而合。

图 6-108　山川湖海图案　　　图 6-109　长颈鹿图案的新中式女装　　　图 6-110　埃菲尔铁塔图案的
的新中式女装　　　　　　　　　　　　　　　　　　　　　　　　　　　新中式女装

（10）生活与情感元素

人们日常生活和情感体验也是新中式女装图案设计的重要灵感来源。设计师可以从人们的衣食住行、喜怒哀乐等方面入手，捕捉生活中的美好瞬间和感人故事，将其转化为图案设计的元素和主题。[35] 如图 6-111 为火锅图案的新中式女装，以火锅图案为特色亮点的女装设计，非常适合追求时尚潮流又热爱中国传统文化的女性，适合日常休闲穿着，展现女性的独特个性和时尚品位，也适合家庭聚会、文化沙龙等场合穿着，以独特的文化内涵和时尚感，吸引众人的目光。如图 6-112 为表情图案新中式女装，表情符号作为数字时代的重要沟通工具，其形象生动、意义丰富的特点为服装设计提供了无限的创意空间。设计师可以从各种表情符号中汲取灵感，如笑脸、爱心、眨眼、哭脸等，通过艺术化的处理手法，将这些表情符号转化为服装上的图案，在保持表情图案现代感的同时，这款女装仍遵循新中式风格的基本原则。

图 6-111　火锅图案的新中式女装　　　图 6-112　表情图案新中式女装

6.6.4　意境与主题的融合

新中式女装图案设计在追求时尚与美感的同时，需要特别注重意境与主题的融合。这种融合不仅能够让服装更具文化内涵和深度，还能使穿着者在穿着过程中感受到一种独特的情感共鸣。在新中式女装设计中，我们不仅关注传统图案的形式美，更要深入挖掘其背后的文化意涵与象征意义，并将这些文化内涵融入设计主题，从而赋予作品更深层次的文化底蕴，引发受众的情感共鸣。

（1）深入理解传统文化

在设计新中式女装图案之前，设计师需要对中国传统文化有深入的理解和研究，包括对中国传统艺术、哲学、历史、民俗等方面的了解，以便从中汲取灵感，提炼出具有代表性和文化内涵的元素。通过对传统文化的深入理解，设计师可以更好地把握图案设计的意境和主题。

（2）明确设计主题

在设计过程中，明确设计主题是至关重要的。主题可以是某种文化意象、历史故事、自然景观或情感表达等。明确主题有助于设计师在图案设计中保持一致性，避免元素杂乱无章。主题也是意境营造的基础，通过图案的巧妙布局和色彩搭配，可以营造出与主题相呼应的意境氛围。[36]

（3）巧妙融合意境与主题

在明确了设计主题后，设计师需要巧妙地将意境与主题融合在图案设计中。

（4）选择与主题紧密相关的图案元素

选择与主题紧密相关的图案元素，如传统纹样、寓意吉祥的图案、自然景观的抽象表现等。这些元素不仅具有视觉美感，还能传达出特定的文化寓意和情感色彩。

（5）色彩营造主题意境

色彩是营造意境的重要手段。通过合理的色彩搭配，营造出不同的氛围和情感。在新中式女装图案设计中，运用中国传统色彩体系中的红色、黄色、蓝色、绿色等基本色以及金色、银色等高贵色彩，通过色彩的对比与和谐来营造意境。

（6）巧妙色彩布局

构图布局是图案设计的关键。在新中式女装图案设计中，可以借鉴中国传统绘画中的构图技巧，如留白、虚实相生、对称平衡等，通过巧妙的构图布局来营造出与主题相呼应的意境氛围。

（7）注重细节处理

细节决定成败。在新中式女装图案设计中，细节处理同样重要。设计师需要注重图案的精细度、线条的流畅度以及色彩的过渡等细节问题。通过精细的细节处理，使图案更加生动、逼真，从而增强意境的营造效果。

（8）体现时代精神

新中式女装图案设计不仅要传承传统文化精髓，还要体现时代精神。在设计中融入现代审美元素和时尚理念，使传统与现代相结合，创造出既有文化底蕴又符合现代审美需求的图案设计。这样的设计能满足现代人的穿着需求，还能让传统文化在现代社会中焕发新的生机和活力。

6.6.5　运用不同材质和工艺

传统服饰图案往往与特定的材质和工艺相结合。在新中式女装设计中，设计师可以尝试将传统图案与现代材质和工艺相结合，创造出具有独特质感和视觉效果的设计作品。

（1）材质创新

传统服饰图案作为民族文化的瑰宝，承载着丰富的历史记忆、审美观念及生活智慧。随着时代的变迁，这些精美绝伦的图案不再局限于手工刺绣或织造，而是借助现代印制工艺实现了更广泛的传播与创新应用。[37] 数字化技术的发展，特别是计算机辅助设计（CAD）和计算机辅助制造（CAM）系统的广泛应用，为传统图案的现代印制提供了强大的技术支持。采用现代印花技术可以将传统图案直接印制在服装上。如图 6-113 所示为透明的欧根纱面料印上淡雅的水墨山水画，若隐若现的效果增添了新中式女装神秘美感。可选用新型面料，将传统刺绣图案应用于具有科技感的反光面料、透明材质等现代材质上，如图 6-114 所示。这是一种将传统与现代、手工艺与科技完美融合的创新设计思路，不仅展现了传统文化的魅力，还赋予了现代面料新的生命和表现力。

图 6-113　水墨山水图案印制于　　　　　图 6-114　传统刺绣图案应用于透明科技型面料
　　　　　透明面料

（2）工艺创新

传统服饰图案工艺创新是传承与发展传统文化的重要方面，保留传统图案的精髓，融入现代设计理念和工艺技术，使传统服饰图案焕发新的生机。[36] 在传统手工艺精髓的基础上，引入现代工艺技术，如刺绣机绣、激光雕刻等，提高图案的制作效率和效果。可以采用刺绣、印染、钉珠等多种工艺相结合的方式，丰富图案的层次感和立体感。如图6-115所示为钉珠刺绣花鸟图案的新中式衬衫，在一幅花鸟刺绣图案上点缀几颗闪亮的钉珠，图案更加生动。

图6-115　钉珠刺绣花鸟图案的新中式衬衫

新的印染技术如数码印染、热转印等，可以实现更加精细和复杂的图案效果。数码印染技术通过先进的计算机控制系统和高精度喷印技术，能够打印出分辨率极高、色彩丰富的图案。这种技术确保图案的精细度和色彩的准确性，满足市场对高品质纺织品的需求。数码印染技术无须制板，大大缩短了生产周期，提高了生产效率。这种快速响应市场的能力使得企业能够更灵活地应对时尚潮流的变化。数码印染技术在生产过程中，相比传统印染工艺，能够显著降低废水和废料的产生，符合现代环保理念。热转印技术可以根据不同的需求，将图案分颜色雕刻在铜版上，再通过印刷机械将图案印刷在PET薄膜上，最后通过热转印机械将图案转印到产品上。这种技术适用于多种材质的产品，如塑料、金属、皮革等。热转印技术生产速度快，一天内可以生产大量产品，适合大批量生产。热转印技术呈现出色彩艳丽、图案逼真的效果，大大提高产品的档次和附加值。

6.6.6　注重色彩搭配

传统服饰图案色彩和造型往往具有鲜明的特色。在新中式女装设计中，设计师可以根据设计需求和市场趋势，选择适当的色彩和造型与传统图案相融合。通过巧妙的色彩搭配和造型设计，使传统图案在新中式女装设计中更加突出和引人注目。将传统图案的色彩与现代色彩搭配原则相结合，创造出既符合传统审美又具有现代感的色彩组合。对传统的中国色彩，如红色、黄色、蓝色等进行重新搭配和组合。可以降低色彩的饱和度，使其更加柔和、时尚。将传统图案的鲜艳色彩与现代流行的中性色或金属色进行搭配，例如，将传统的正红色与淡粉色搭配，营造出温柔而不失喜庆的氛围。探索传统色彩的新含义，赋予其现代的情感和气质，比如将传统的蓝色赋予沉静、优雅的现代气质，与白色搭配设计出简洁大气的女装图案。

结合当下的流行色彩趋势，如莫兰迪色、马卡龙色等，与新中式图案相结合。例如用柔和的莫兰迪色绘制一幅山水图案，给人一种宁静而高雅的感觉。也可以尝试对比强烈的色彩搭配，创造出视觉冲击力。比如用黑色与金色搭配设计出华丽的中式图案，适合在重要场合穿着。

6.6.7 文化与情感连接

确保新中式女装图案设计中的传统元素准确传达其文化内涵和寓意，与现代审美相结合，使穿着者在欣赏和使用过程中感受到传统文化的魅力和现代设计的便捷。

通过图案设计激发人们的情感共鸣，无论是怀旧还是新奇，都能让穿着者在情感上与服装产生联系，从而增强服装的吸引力和价值。

6.6.8 跨界合作

积极寻求与其他领域的跨界合作，如艺术、科技、文化等，通过不同领域的碰撞和融合，为新中式女装图案设计带来新的灵感和可能性。这种跨界合作有助于打破传统与现代之间的界限，实现更加多元和创新的设计。

6.6.9 考虑市场需求与消费者喜好

在将传统服饰图案应用于新中式女装之前，设计师需要进行充分的市场调研和分析。了解目标消费者的喜好、需求以及市场趋势等方面的信息，以便更好地把握设计方向和风格。

随着消费者对个性化和定制需求的增加，设计师可以考虑将传统服饰图案应用于个性化或定制化设计中。通过提供多样化的设计选项和定制服务，满足消费者对于独特性和个性化的追求。

6.6.10　遵循现代设计原则

现代设计强调简洁明了的设计风格，因此在融合传统图案时也要注意保持设计的简洁性。避免过于复杂的图案和烦琐的设计元素，使设计作品更加清爽易读。

现代设计注重功能性与美观性的结合，因此在融合传统图案时也要考虑其实用性和功能性。确保传统图案的应用不会影响到设计作品的整体性能和用户体验。

在图案设计中，合理安排传统与现代元素的比例和布局，确保两者在视觉上达到和谐统一。可以通过对比、重复、渐变等手法，使图案既有层次感又不失整体感。

通过以上几个方面，可以为新中式女装图案带来更多的可能性和时尚感，满足现代消费者对于个性化和时尚的需求。

第 7 章

新中式女装
面料创新

近年来，随着国内消费者对传统文化的认同感逐渐增强，再加上国际时尚界对中国元素的青睐，新中式风格面料逐渐成为国内外时尚界的新宠。然而目前市场上的新中式女装面料大多停留在对传统元素的简单复制和堆砌，缺乏创新与现代感，这导致新中式女装面料在市场中难以形成竞争力，无法满足消费者的多元化需求。因此，对新中式女装面料进行创新设计，探索其与现代审美、穿着舒适度的结合点，是促进新中式女装创新发展的关键。

7.1　新中式女装面料创新概念

新中式女装面料创新概念主要体现在对传统面料现代化改造与融合中，以及新材料引入与应用。这些创新不仅丰富新中式女装的设计语言和表现形式，还提升其文化价值和审美价值，也体现现代人对传统文化的尊重和传承，以及对现代生活的追求和向往。

7.1.1　传统面料现代化改造与融合

新中式女装常用提花和刺绣等工艺来丰富面料视觉效果。设计师通过现代提花技术，将传统图案以更精细、更精美的方式呈现在面料上，并结合现代审美进行图案设计，让面料既具有传统韵味又不失时尚感。在刺绣方面，注重针法多样性和色彩搭配，以展现更加细腻和生动的图案效果。扎染与蜡染等传统染色技法在新中式女装面料中也得到创新应用，设计师结合现代设计理念，对传统图案进行解构和重组，创造出更具现代感的面料效果；同时通过改良现代染色技术，让图案更加丰富多样，色彩也更加鲜艳持久。

（1）材质创新

桑蚕丝与香云纱等作为新中式女装代表面料。桑蚕丝面料通过改进织造工艺和后处理工艺，使得面料更加轻盈柔软、透气吸湿，且具有一定的抗皱性。香云纱则通过独特的植物染色和制作工艺，赋予面料独特的古朴感和光泽度，使其更加适合新中式女装风格特点。宋锦和漳绒作为中国传统名锦和名缎，在新中式女装中也得到广泛应用。通过现代织造技术改进和创新，使这些传统面料在图案、色彩和质地都有新的突破，更加符合现代人的审美需求和生活方式。

（2）设计创新

新中式女装面料图案设计注重传统与现代的结合。传统图案如梅兰竹菊、龙凤呈祥等被赋予新的设计理念和表现形式，并融入现代元素如几何图形、抽象图案等，使得面料图案更加丰富多彩且富有时代感。

7.1.2　新材料引入与应用

（1）环保材料

随着环保意识提高，新中式女装也开始注重环保材料引入和应用。如采用有机棉、再生纤维等环保材料面料使用，使面料具有良好的穿着舒适性，还符合可持续发展的理念。

（2）高科技材料

高科技材料如智能纤维、功能性面料等也被引入新中式女装中。这些材料具有特殊的物理和化学性能，如抗菌、防皱、透气等，提升服装穿着体验和实用性。

7.2　新中式女装面料创新作用

从设计角度创新面料，能够丰富设计语言。传统中式女装的面料选择相对固定，经过创新后，可增加面料的质感、丰富花色，为设计师提供更多发挥空间，助力其更好地融合现代与传统元素，使新中式女装风格更加多样化。例如，使用新型提花面料，能展现出传统纹样与现代简约图案相结合的效果。

新中式女装面料创新还能提升消费者的穿着舒适度。新型面料在透气、柔软度等性能上进行了优化，通过加入新型纤维，让消费者在感受中式风格的同时，穿着体验更加舒适。

此外，开发具有独特风格和竞争优势的新中式女装面料，既能满足国内消费者需求，又能提高国内女装面料在国际市场的竞争力。从品牌竞争力层面来看，面料创新有助于打造品牌特色。在众多女装品牌中，新中式女装品牌可凭借独特的面料脱颖而出，吸引更多消费者选购，从而在市场竞争中占据有利地位。

7.3　新中式女装面料的传统基础

新中式女装面料的传统基础深厚而丰富，真丝、棉麻、宋锦和香云纱等传统面料在新中式女装中依然占据重要地位。同时通过现代工艺和设计手法的创新应用，这些传统面料在新中式女装中焕发出了新的生机和活力。

7.3.1　传统丝织物

（1）锦

锦是中国传统多彩提花丝织物，采用复杂的经纬组织，用提花机织造。锦的特点十分鲜明，色彩绚丽，常以多种颜色丝线织造，如南京云锦配色丰富，有红、黄、蓝等诸多鲜明的色彩，视觉冲击力很强，质地紧密厚实，比较挺括，能很好地保持服装形状，同时耐磨性相对较高。

锦主要用于制作高档服饰，在古代是皇室贵族、达官贵人的专属，用于制作朝服、礼服等重要场合穿着的服装，像龙袍很多是用锦制作而成，以彰显身份地位[38]。中国有三大名锦，分别是南京云锦、成都蜀锦和苏州宋锦。如图 7-1 所示的南京云锦图案华丽，由大量金线装饰，有"寸锦寸金"之说；如图 7-2 所示的蜀锦历史悠久，纹样大多寓意吉祥；如图 7-3 所示的宋锦色泽柔和，图案细腻。

图 7-1　云锦　　　　　　　图 7-2　蜀锦　　　　　　　图 7-3　宋锦

（2）绫

绫是一种传统丝织物，采用斜纹组织或者变化斜纹组织，以桑蚕丝为主要原料，一般先缫丝，然后通过经纬交织来织造，在织造过程中因工艺不同产生不同纹理效果[38]，如图 7-4 所示为绫。绫质地轻薄，触感柔软，有很好光泽度且柔和而不刺眼，纹理较为清晰，有明显的斜纹纹路，看起来精致又有秩序感，常用来制作衣物或装饰物，给人以优雅感觉。

由于其轻薄的特性，绫在历史上常用于制作女子服饰。如在唐代很多女子的襦裙就是用绫制作，当穿着者走动时，随风飘动，很有美感。绫也用于制作一些配饰，如帔帛披在肩上轻薄而飘逸，为整体造型增添风采。

图 7-4 绫

（3）罗

罗原指一种纺织方法，现指用此法编织的丝织品。[38]罗独特的绞经编织法、疏密有致，轻薄透气，在古时帝王宫廷、王侯将相和上流社会极为流行，是历代王公贵族封赏、享用的贡品，历来被视为丝织珍品，轻薄、滑爽、美观、透气、牢固、舒适、华丽……适合夏季穿着，面料花纹多为传统纹样，如图 7-5 所示为连云纹暗花罗。

（4）绢

绢是一种质地挺括的平纹丝织物，主要是用桑蚕丝或化学纤维长丝以平纹组织织造。其经纬线交织点排列紧密且规律，先将蚕茧缫丝，经过精炼、染色等工序后，再进行织造。绢质地较为轻薄、紧密，有良好光泽，光泽柔和均匀，比绫光泽稍显柔和。绢强度较好，不容易破损，且吸湿性较强，染色后色彩鲜艳且牢固。绢能使颜料很好地附着，保存时间长，在古代书画领域绢是重要载体，很多古画都是画在绢上，如图 7-6 所示为《千里江山图》绢画。绢可用于制作内衣、衬裙等，绢制衬裙增加服装层次感和挺括感，能让外层衣服更加顺滑地贴合身体。

图 7-5 连云纹暗花罗

图 7-6 《千里江山图》绢画

（5）绸

绸是中国传统丝织物中的一种，主要是以桑蚕丝或化学纤维长丝为原料，采用平纹或各种变化组织，经、纬交错紧密地织造而成。制作过程包括缫丝、并丝、捻丝等多道复杂工序。

图7-7 塔夫绸

图7-8 香云纱（莨绸）

绸的特点比较鲜明，绸面细密，比绢更显丰满，手感柔软平滑。如图7-7所示的塔夫绸光泽柔和、自然，比较含蓄，质地富有弹性，具有良好悬垂性，能够很好地贴合人体线条。丝绸面料光泽柔和、质感软，展现出女性优雅气质与新中式女装设计理念相得益彰。绸的应用非常广泛。在新中式女装中可制成长衫、旗袍、夹袄等多种服装。如绸制成的旗袍能凸显女性身材曲线，而且穿着舒适，用于制作新中式家居服，柔软质地能让人有舒适的睡眠体验。

（6）纱

纱为轻薄透明而外观有明显方孔的平纹组织丝织物。布面有沙孔组织，比较轻盈的平纹织物。"轻如烟雾"的纱与绢一样，都是平纹组织丝织物，两者区别在于纱的经纬线稀疏，可以看出明显方孔，质地更为轻薄。

如图7-8为香云纱，已有1000多年的历史，是中国一种古老手工制作的植物染色面料，也是国家级非物质文化遗产。香云纱古朴深邃，提花、花罗、龟裂等工艺多姿多彩，每一块料子都细腻典雅，不张扬不取悦，举手投足衬托出典雅大气的高贵。香云纱制作工艺独特，具有凉爽宜人、易洗快干、色深耐脏、不沾皮肤、轻薄而不易折皱、柔软而富有身骨的特点。

（7）缎

缎是中国传统丝绸面料中的精品，采用缎纹组织织造，表面光滑，富有光泽。一般先对蚕茧缫丝，经过精炼、染色等预处理后，通过复杂机械装置将经纬丝交织。缎的特点很显著，质地紧密厚实，表面平整光亮，有很强反光效果，看起来华丽高贵，触感柔软顺滑，抚摸丝缎制品，能感受到肌肤般的细腻质感，耐磨性也比较好。漳缎柔软厚实、绒花饱满缜密，立体感极强，绒毛在服饰衣着中不会受外力作用而倒伏，既内敛又贵气。常见传统漳缎单色花绒，故宫博物院藏了一件国家二级文物"湖色缠枝牡丹纹漳缎"，是多色起绒，非常珍贵，如图7-9所示为缠枝牡丹纹漳缎。

缎具有华丽感，如图7-10为浮雕提花锻，主要用于制作高档服饰。在古代很多礼服、朝服都用缎制作，比如皇帝龙袍，能展现龙纹等图案精美，还能体现皇家威严。在民间高档婚服、旗袍等也常用缎，像传统中式婚礼上新娘礼服，用红缎制作，喜庆又华贵。

图 7-9　缠枝牡丹纹漳缎

图 7-10　浮雕提花锻

7.3.2　传统麻类织物

（1）麻布

麻是中国传统面料之一，主要有亚麻、苎麻等种类。在春秋战国时期，苎麻、大麻、葛麻一起被称为布，专指朴素的平民织物，作为古代最常见、成本最低的麻纺织原料，成为平民百姓常穿的主要织物。麻纤维中有许多空隙，可以让空气自由流通，透气性非常好，炎热天气穿着麻质服装比较凉爽。[38]麻吸湿性很强，能吸收人体排出的汗液，让穿着者感觉干爽。麻质面料结实耐用，但手感相对粗糙，没有丝绸和棉布那样柔软，并且容易起皱。麻在中国传统服装中有广泛应用，由于透气凉爽的特性，常被用于制作夏季服装，如传统中式短衫、长裤，很多都是麻质材料。在古代，普通百姓日常劳作衣服也多采用结实耐用的麻料。

（2）夏布

如图 7-11 所示为传统夏布面料，夏布以苎麻为原材，是中国最古老的布料之一，自古便是重要纺织纤维作物，也是纺织品中的活化石。夏布作为中国传统手工艺的结晶，给人一种自然、质朴的感觉，是制衣蔽体的原料，更是成为一种民族记忆、文化符号，尽显中国文化里的质朴、自由、豁达、东方之古典优雅。

图 7-11　传统夏布面料

7.3.3　传统棉织物

中国南部、西南部亚热带地区，以及新疆一带早在秦汉时期就已种植棉花。宋元时期棉花逐渐向中原推广，到明代已普及全国，成为最主要的衣料原料。宋末元初纺织工具也得到发展，松江府成为当时棉布生产的中心。19世纪30年代松江棉布大量行销欧洲。鸦片战争后，中国棉纺织手工业受到帝国主义国家倾销机织棉纱棉布的冲击，逐渐衰落。

（1）平纹类

平布，经纬纱细度相同或相近，经密与纬密相等或相近。其经纬向强力较为均衡，布面平整，结实耐穿。细平布质地轻薄、柔软，适合做新中式女衬衫；中平布厚薄中等，可做衬衫、床单、衬料等；粗平布厚实、坚牢，可作衬料或制作风格粗犷的服装。

府绸，高支高密的平纹棉织物，经密大于纬密，布面上经纱漏出面积比纬纱大得多，经纱凸起部分构成明显均匀颗粒状，形成独特菱形状颗粒，如图7-12所示，质地细密，布身滑爽、纹路清晰、富有光泽，可用于制作新中式女衬衫等。

麻纱，因手感滑爽如麻而得名，布面纵向呈现宽狭不等的直条纹，如图7-13所示，具有条纹清晰、薄爽透气、穿着舒适等特点，适合作为夏季男女衬衫、妇女裙料等。

巴里纱，用特细强捻纱织制的稀薄平纹织物，透明度好，又称玻璃纱，如图7-14所示，密度稀疏、质地较薄、布孔清晰、手感挺爽、富有弹性、透气性好、穿着舒适，常用于夏季衬衣裙、睡衣裤、民族服装等。

图7-12 府绸　　　　　　　　图7-13 麻纱　　　　　　　　图7-14 巴里纱

（2）缎纹类

缎纹类质地柔软、表面平滑、富有光泽、弹性良好，主要品种是直贡缎和横贡缎，如图7-15所示为直贡缎，多为元色，可作冬季服装面料。横贡缎表面光洁、手感柔软、富有光泽，具有绸缎风格，多用于女子衣裙。

图7-15 直贡缎

（3）绒布类

平绒，其特点是绒面平整、光泽柔和，有良好的耐磨性，且手感柔软舒适，富有弹性。常用于制作服装，例如礼服、旗袍的面料。如图 7-16 所示为平绒，绒毛丰满，布身厚实，手感柔软，富有弹性，光泽柔和，耐磨耐用，保暖性好，不易起皱。

绒布，是指经过拉绒后表面呈现丰润绒毛状的棉织物。布身柔软丰厚，有温暖感，吸湿透气，绒毛比平绒短且稀疏。绒布质地柔软，保暖性强，吸湿性好，贴身穿着很舒适，适合用于制作冬季的睡衣。

图 7-16 平绒

（4）泡泡纱

泡泡纱是一种棉织物，外观比较特别，布面有均匀分布的泡泡状皱纹。泡泡纱透气性好，穿着有凉爽感，比较适合制作女士夏季服装，如新中式连衣裙、衬衫都可以采用。它的外观有立体感，风格较为独特。如图 7-17 所示为泡泡纱，布身呈凹凸状泡泡，穿着舒适透气，不贴身，布面富有立体感，凉爽透气，洗后不需要熨烫。

图 7-17 泡泡纱

7.3.4 各地传统土布

土布织造完全是手工操作，染料基本是纯天然植物染料、动物染料或矿物染料，各地土布大都是自然生态型材料。土布在中国具有悠久历史，其织造技艺通常代代相传，承载着地域文化和民俗风情。中国很多地区都留存土布传统织造工艺，根据各自地域文化特色，形成众多地域特色鲜明的土布织造文化和技艺。不同地区土布在织造工艺、图案设计和用途等方面存在一定差异。山东土布以纯棉为原料，色彩鲜艳，图案多样，具有浓郁乡土气息，常见图案有方格、条纹、花卉等；南通土布织造技艺精湛，布料质地厚实，耐用性强，其图案以简洁明快为主，色彩搭配和谐，如图 7-18 所示；苗族土布色彩斑斓，图案丰富，多以苗族传统图腾、神话故事为题材，反映苗族文化特色；江南地区土布风格细腻，注重图案精雕细琢，常采用刺绣工艺进行装饰，如图 7-19 所示的余姚土布具有浓郁地域特色；纳西族土布颜色鲜艳，图案以几何图形和自然元素为主，体现纳西族审美观念和文化传统；陕北土布特点是厚实耐用，颜色以素雅为主，图案简洁大方。

图 7-18 南通土布 图 7-19 余姚土布

各地传统土布具有实用价值，还承载各地历史文化和民俗风情，是我国传统文化重要组成部分，对于研究民间艺术和地域文化具有重要意义，是新中式女装设计重要材料。

7.4 新中式女装面料创新方法

新中式女装以中国传统文化元素为根基，在面料的运用上，有着独特的创新，巧妙地将传统织物的纹样、色彩等元素融入其中。比如通过先进的织造技术，将古代的云纹、回纹等生动地呈现在面料上，使得传统文化在现代女装这一时尚载体中得以延续，展现出古今融合的独特魅力。现代女性对服装要求不断提高。面料创新可以提升服装品质与穿着体验，如功能性面料可以防水、透气，让女性在不同环境下都感觉舒适。在女装市场竞争激烈的环境下，新中式女装要脱颖而出，独特面料是关键。新颖面料设计吸引更多消费者，如既具有中国风元素又加入科技感的面料会让服装与众不同，增强品牌竞争力。

7.4.1 传统服装面料借鉴

（1）直接使用传统面料

选择传统面料直接应用于新中式女装设计中，是将传统美学与现代时尚相融合的有效方式。传统面料往往承载着丰富的文化内涵和历史底蕴，能为新中式女装增添独特韵味和魅力。选择传统面料直接应用于新中式女装设计中，传承和弘扬中国传统文化，为新中式女装注入新的活力和创意。设计师根据服装款式、季节以及消费者需求，灵活选择适合的传统面料，并通过现代设计手法和工艺技术，将传统与现代完美结合，创造出既具有民族特色又符合时代审美的新中式女装。以下是一些适合直接应用于新中式女装设计中的传统面料。

传统丝织物在新中式女装领域应用极为广泛且深入。因其柔和光泽、柔软质地以及良好悬垂性而著称，能较好体现女性温婉与柔美，十分适合应用于新中式女装。丝织物具有独特质感和深厚文化底蕴为新中式女装增添无穷魅力，尤其是丝绸类面料，其光滑表面能更出色地呈现如苏绣、湘绣等精致刺绣工艺和图案，提升服装艺术价值。丝织物常被视作高档服装材料，其独特质感可以提升新中式女装整体档次，常在一些高端新中式女装中使用，如旗袍、新中式样式礼服。丝织物有良好吸湿性和透气性，穿着舒适，适合在各个季节穿着。如宋锦以其精美图案和丰富色彩闻名遐迩，能赋予新中式女装独特艺术美感。宋锦面料质地紧密，耐磨耐用，适合制作各类高档服装。漳缎全真丝织造，是中国古代绒类织物代表，以其独特的缎纹为地和绒经起花结构而闻名，具有极高的艺术价值。漳缎华丽光泽、手感柔软爽滑，新中式风格漳缎大衣、风衣，凭借其独特面料质感和华丽外观，成为时尚界焦点。刺绣与提花作为中国传统手工艺代表，是传统丝织物的主要工艺方式，其精湛的工艺和丰富的图案为新中式女装增添独特艺术魅力。

新中式女装中常用麻类面料。麻类面料以其独特质感和特性，在新中式女装设计中占据着重要地位。麻类面料具有天然纹理和造型感，这与新中式风格追求自然、质朴相契合。它能为服装增添一种古朴韵味，展现出传统文化素雅之美，如亚麻面料常被用于制作新中式上衣、连衣裙等，其透气吸湿性良好，穿着舒适，适合在多个季节穿着，尤其在夏季能带来清爽感觉。麻类面料颜色通常较为自然、低调，如米白色、麻灰色等，这些色调容易与新中式女装色彩搭配理念相融合，营造出宁静、淡雅氛围。麻类面料强度较高，相对耐用，适合制作一些日常穿着且具有一定造型感的新中式服装，比如宽松麻质长袍体现出中式平直感，又不失现代时尚气息。通过不同织造工艺和后整理手段，进一步挖掘麻类面料潜力，使其更好地适应新中式风格多样化需求，为女性打造出既具有传统文化内涵又符合现代审美和穿着需求的服装。

棉面料呈现出一种自然质朴感，其纹理和色泽给人一种亲切、温和的感觉，与新中式风格追求自然、简约理念相契合。它能为新中式女装增添一种朴实而优雅气质。棉纤维具有良好的吸湿性、透气性，能够吸收人体排出汗液，使皮肤保持干爽，穿着起来非常舒适，如在炎热夏季，新中式棉制女装能让穿着者感到清爽，不会有闷热感。棉纤维具有一定强度和耐磨性，使棉织物制作的新中式女装相对耐用。经过合理洗涤和保养，能够保持较长时间使用性能，不容易破损，常被用于制作新中式的衬衫、短上衣等。棉织物适合制作各种长度裙子，如中长款 A 字裙、直筒裙等。如一条棉质新中式直筒裙，会在裙摆处绣上一些具有中式寓意的图案，如梅花、竹子等，与棉质感相得益彰。新中式棉质连衣裙也是常见款式，可采用拼接设计，将不同颜色或纹理的棉面料组合在一起，营造出独特视觉效果。

（2）选取与创新传统面料图案

选取经典传统图案。从传统面料中提取常见图案元素如龙凤、牡丹、梅花、竹子、云纹、水纹等，这些图案具有深厚文化内涵和象征意义。例如龙凤象征着吉祥、权威和高贵；牡丹代表着繁荣昌盛、富贵吉祥。在新中式女装面料设计中，可以直接提取这些经典图案进行应用，如图 7-20 为"Dries Van Noten"选取经典传统海水江崖纹面料直接应用于女外套。

从传统面料图案中提取灵感元素，为适应现代简约时尚风格和审美需求，对传统面料图案进行简化和抽象处理。如图 7-21 为结合现代审美将梅花、竹子图案简化设计，保留其主要特征和神韵，使其更具现代感，并应用于现代面料设计中。如图 7-22 所示，"HUI"将传统丝绸面料上的如意纹图案形态提取出来，用简洁线条和色彩进行抽象化处理，通过现代印染技术、刺绣工艺，应用于现代面料上，使新面料具有传统韵味和时尚感，具备现代面料实用性和功能性。

图 7-20 "Dries Van Noten"传统　　图 7-21 "Vivienne Tam"梅花、　　图 7-22 "HUI"如意纹
海水江崖纹面料直接应用　　　　竹子图案简化应用　　　　　形态提取应用

借鉴传统面料中常用的中心对称和重复排列方式。将一个图案作为中心元素，围绕它进行对称设计，然后在面料上进行重复排列，形成规律的美感，如图 7-23 所示的新中式牛仔夹克。这种方式常用于大面积的面料图案设计，如裙摆、披风等部位，能够营造出强烈的视觉冲击力和装饰效果。

打破传统的排列规则，采用不规则的组合方式，将不同的传统图案进行随机搭配，或者将图案与几何图形、线条等进行组合，创造出独特视觉效果。如图 7-24 所示，"Vivienne Tam"提取传统盘扣元素，随机搭配图案。如图 7-25 所示，将云纹与直线交织在一起，形成富有变化和创意的面料图案。

图 7-23　借鉴传统面料中心对称　　图 7-24　提取传统盘扣　　图 7-25　云纹与直线纹样
　　　　和重复排列方式　　　　　　　　　元素随机搭配　　　　　　　随机组合

（3）借鉴传统面料色彩

传统色彩体系运用。中国传统色彩有着丰富文化内涵和独特审美价值。如红色代表喜庆、吉祥；黄色象征着皇权、尊贵；蓝色体现宁静、深邃；绿色寓意生机、和平等。在新中式女装面料设计中，可以根据服装风格和设计意图，选择合适的传统色彩进行运用。

借鉴传统面料中色彩搭配原则，如对比色搭配、相邻色搭配等，如红色与绿色对比色搭配在传统中常被用于营造鲜明的视觉效果，但在现代设计中可以适当降低色彩饱和度，使其更加协调和时尚，如图 7-26 为传统红色与绿色降低色彩饱和度的面料设计作品。或者采用蓝色与浅蓝色的相邻色搭配，营造出柔和、渐变的效果，体现出女性的温婉气质。

色彩与现代审美融合。关注现代时尚色彩趋势，将传统色彩与流行色进行融合，如图 7-27 所示，在蓝色流行色中加入传统中国红的面料设计作品。如图 7-28 所示，传统蓝色与现代灰色组合的面料设计，创造出既具有传统韵味又符合现代时尚潮流的面料色彩。

图 7-26　降低传统红绿色彩饱和　　图 7-27　蓝色流行色加入中国红的　　图 7-28　传统蓝色与现代灰色组
　　　　度的面料设计　　　　　　　　　面料设计　　　　　　　　　　合的面料设计

色彩创新运用。尝试改变传统色彩应用方式和比例，如图 7-29 所示，在一块面料上，以白色为底色，将传统金色图案以少量而精致的方式呈现，打破传统大面积使用金色的奢华感，营造出简约而高雅的氛围。或者将传统色彩进行渐变处理，如图 7-30 所示，从红色渐变为粉色，应用在面料上增加层次感和时尚感。

图 7-29　少量应用传统金色图案的面料　图 7-30　从红色渐变为粉色的面料

（4）面料材质借鉴传统面料

传统面料材质特点分析。丝绸具有光滑、柔软、细腻的质感，光泽柔和且富有变化。其良好的悬垂性使服装能够自然下垂，形成优美的线条。在新中式女装面料设计中，借鉴丝绸质感，通过现代纺织技术和材料，开发出具有类似光泽和触感的面料，如图 7-31 所示，聚酯纤维仿丝绸面料设计，采用新型的合成纤维材料，经过特殊加工处理，使其具有丝绸般的光滑感和光泽度。

棉麻面料质地自然、质朴，具有良好的透气性和吸湿性。其纹理相对带有一种天然的亲和力。可以在新中式女装面料中融入棉麻质感元素，如通过特殊织造工艺或后整理技术，使面料表面呈现出类似棉麻的纹理和触感，增加服装自然气息和舒适感，如图 7-32 为涤纶仿麻面料设计。

织锦面料质地厚实、挺括，通常具有精美的图案和丰富的色彩层次。其独特的织造工艺使面料具有立体感和光泽变化。在设计新中式女装面料时，可以借鉴织锦的立体感和纹理效果，通过现代的提花、印花等技术，在面料上创造出类似的效果，提升面料的品质感和艺术价值，如图 7-33 为提花工艺仿织锦面料设计。

图 7-31　聚酯纤维仿丝绸面料　　图 7-32　涤纶仿麻面料　　图 7-33　提花工艺仿织锦面料

（5）现代面料材质创新与结合

将不同材质的面料混合使用，以达到综合的效果。如将丝绸与棉麻交织，使面料既有丝绸的光泽和柔软，又有棉麻的透气性和质朴感。或者在合成纤维面料中加入少量的天然纤维，如在聚酯纤维中混入一定比例的麻纤维，改善面料的质感和穿着性能，同时融入传统面料元素。

利用现代纺织技术和后整理工艺，模拟传统面料质感，如通过特殊的涂层处理或压花工艺，使普通面料表面呈现出类似丝绸光泽和纹理，或者具有织锦的立体感和凹凸效果。也可以进行质感的创新，开发出具有独特触感和视觉效果的新型面料，为新中式女装设计提供更多的选择。

（6）面料工艺借鉴传统面料

传统纺织与印染工艺的传承。刺绣是中国传统手工艺的瑰宝，具有极高的艺术价值。在新中式女装面料设计中，可以运用现代刺绣技术，如电脑刺绣、手工与机器相结合的刺绣等方式，将传统刺绣图案和针法应用在面料上。可以在领口、袖口、裙摆等部位进行刺绣装饰，增加服装精致感和文化内涵，如图 7-34 为借鉴刺绣工艺的新中式面料设计。

传统印染工艺如扎染、蜡染等具有独特的艺术效果和文化特色。借鉴扎染工艺的面料设计，在现代面料上进行创新应用，如图 7-35 为采用扎染技术制作出具有不规则图案和色彩变化的面料。如图 7-36 为借鉴蜡染工艺的面料，用于新中式女装的设计中，展现出独特的民族风格和艺术魅力。

图 7-34　借鉴刺绣工艺新中式面料　　　图 7-35　借鉴扎染工艺的面料　　　图 7-36　借鉴蜡染工艺的面料

（7）传统图案工艺与现代科技创新融合

结合数码印花技术，将传统图案和色彩精准地印制在面料上，如图 7-37 为数码印花面料。数码印花可以实现高分辨率的图案输出，并且能够快速调整图案颜色、大小和排列方式，提高生产效率和设计灵活性。可以利用数码印花技术复制传统面料精美图案，或者根据现代设计需求，对传统图案进行创新设计后再进行印制。

运用激光雕刻技术，在面料上实现精细的图案造型。可以将传统的图案通过激光技术雕刻在面料上，创造出独特的镂空效果，如图 7-38 在面料上用激光雕刻出牡丹图案，使面料具有精致纹理和光影效果，提升面料艺术价值。

图 7-37　数码印花面料　　　　　　　图 7-38　激光雕刻牡丹纹样面料

探索智能纺织技术在新中式女装面料中的应用，如开发具有智能变色、调温、保湿等功能的面料，结合传统面料元素设计，为消费者提供更加舒适和个性化穿着体验，如设计一款在不同温度下会变色的新中式女装面料，其图案可以是传统的山水画，当温度变化时，山水颜色也会随之变化，增加服装趣味性和时尚感。

7.4.2　传统面料改良

传统面料改良是一项旨在提升面料品质、赋予传统面料更多功能和更新外观的重要举措。传统面料包括棉、麻、丝等，它们在人们日常生活中有着广泛的应用，但也存在一些局限性，因此改良工作具有重要意义。以下是一些具体改良策略。

（1）改善面料性能

增强功能性。考虑到现代女性生活需求，为新中式女装面料增加一些功能性。如防水、防风、透气等功能，使服装适合日常穿着，还能在一些特殊场合或天气条件下使用。通过在面料表面进行涂层处理或采用功能性面料与传统面料复合的方式来实现。根据面料的材质和用途，采取相应的技术措施来提高面料耐磨性、抗皱性、抗静电性等。如通过特殊化学处理或物理改性，增强面料耐用性和实用性。

麻织物抗菌功能添加。在麻织物加工过程中，添加纳米银粒子等抗菌物质来实现抗菌功能。纳米银粒子具有广谱抗菌性，能够有效抑制多种细菌、真菌等微生物的生长和繁殖。赋予麻织物抗菌性能后，可满足服装卫生要求较高的女性需求。这样的新中式女装能保持穿着者身体清洁和健康，减少异味和细菌滋生引起皮肤问题。

增强丝绸面料紫外线防护功能。在丝绸面料染整过程中，添加一些能够吸收紫外线的物质，如紫外线吸收剂。这些吸收剂将紫外线能量转化为其他形式能量，从而减少紫外线对人体皮肤伤害。适用于制作户外新中式女装产品。穿着具有紫外线防护功能的丝绸服装，能在一定程度上保护皮肤免受紫外线侵害。

羊毛防缩处理，可以采用化学方法进行羊毛防缩处理，如使用含氯化合物或聚合物对羊毛纤维进行处理，在纤维表面形成一层保护膜，或者改变纤维表面结构，减少纤维之间摩擦力和毡缩性。经过防缩处理的羊毛织物，在洗涤过程中不容易缩水变形，保持原有尺寸和形状稳定性，延长羊毛制品使用寿命，提高其使用价值。

提高耐用性，采用先进纺织技术和材料，如高强纤维、耐磨纤维等，提升面料耐用度和使用寿命。棉织物丝光处理，通过对棉织物进行丝光处理，使用一定浓度的氢氧化钠溶液，在特定条件下处理棉纤维，使纤维发生不可逆的溶胀，从而改变纤维的内部结构和外观。处理后的棉织物表面更加光滑，光泽度也显著提高，同时纤维强度有所增加，使得面料更加耐用，不易磨损，且染色性能也得到改善，能更好地吸收和固着染料，颜色更加鲜艳、均匀。

（2）增加面料舒适度

优化透气性。通过调整面料织造结构和纤维类型，改善面料透气性，使穿着更加舒适。竹节纱工艺可以改良纯棉面料透气性，虽然纯棉面料本身具有一定透气性，但通过采用竹节纱工艺可以进一步优化其透气性能。竹节纱是在纺纱过程中，通过改变纱线粗细不匀，形成有规律或无规律的竹节效果。在织造时这些竹节部分会在面料上形成微小的空隙，增加空气的流通通道。用竹节纱织成的纯棉衣物，与普通纯棉面料相比，空气能够更顺畅地在面料中穿梭。当人们穿着这种衣物时，身体产生热量和湿气可以更快地散发出去，有效提高穿着舒适度，减少闷热感，尤其在夏季能让皮肤保持干爽，提升整体的穿着体验。

调节保暖性。根据季节和穿着需求，选择合适纤维材料和织造工艺，以达到良好的保暖效果。纳米气凝胶复合处理羊毛面料，使羊毛保暖性得到改良。纳米气凝胶是一种具有极低导热系数的材料，它具有大量的纳米孔隙结构，能够有效阻止热量传导。将纳米气凝胶与羊毛面料进行复合处理，通过特殊工艺将气凝胶附着在羊毛纤维表面或嵌入纤维之间。纳米气凝胶复合处理的羊毛面料制作成衣物后，这种经过处理的羊毛面料能够形成更好的隔热层。以冬季羊毛大衣为例，普通羊毛大衣在极寒天气下会让人感觉有一丝寒意透入，而经过纳米气凝胶复合处理的羊毛大衣，其保暖性能显著提升，更好地阻挡外界冷空气的侵入，同时减少身体热量散失，让穿着者在寒冷环境中感受到更持久温暖，在低温环境下活动也能保持舒适。

提升柔软度。采用柔软处理工艺，如柔软剂整理、物理摩擦等，提高面料柔软度和触感。生物酶处理麻面料，改良麻面料柔软性。麻纤维本身较为粗糙坚硬，通过生物酶处理分解麻纤维中部分杂质和纤维素结晶结构，使纤维变得更加柔软。生物酶具有高度特异性，只对特定物质起作用，在处理麻面料时，能够精准地作用于影响柔软度的成分，而不会对纤维强度等其他重要性能造成过大损害。

（3）增加面料时尚感

创新设计。通过改变面料颜色、图案、纹理等设计元素，增加面料时尚感和吸引力。数码印花技术在真丝面料上的应用，可以实现高精度、高清晰度的图案印刷。与传统印花相比，它具有色彩丰富、图案细腻、可个性化定制等优点。通过计算机设计软件，可以轻松地将各种复杂精美的图案直接印制到真丝面料上，满足不同消费者的审美需求和个性化设计要求。为真丝面料产品带来更多的创意和时尚元素，使其在服装上更具竞争力。

特殊编织方法可改变棉织物纹理，如采用提花、绞花等特殊编织方法，可以让传统棉织物呈现出新颖纹理效果。提花编织可以在面料上形成各种立体的花纹和图案，增加面料的层次感和立体感；绞花编织则通过将纱线相互交织，创造出独特的扭结纹理，使面料具有更加丰富的视觉和触觉感受。这些具有新颖纹理的棉织物可以用于制作时尚服装。利用特殊纹理的棉织物可以设计出独特的新中式女装款式，展现出与众不同的时尚风格。

（4）技术创新与应用

高科技处理。利用高科技手段如3D打印、激光切割等技术对面料进行精细加工和个性化设计。如3D打印旗袍装饰元素。在旗袍的设计中，运用3D打印技术制作一些独特的装饰元素，如立体的花朵、蝴蝶等。这些装饰元素可以直接打印在传统的丝绸或棉质面料上，或者作为独立配件缝在旗袍上，为旗袍增添独特艺术感和时尚感。如打印出立体花朵可以根据旗袍颜色和款式进行配色，使花朵与旗袍完美融合，展现出别样风情；激光切割传统图案。丝绸是中国传统面料之一，设计师利用激光切割技术在丝绸面料上切割出传统图案，如花鸟、山水、云纹等。激光切割可以保证图案的精度和清晰度，使传统图案更加细腻、生动。比如在一块红色的丝绸面料上切割出金色的凤凰图案，凤凰的羽毛、眼睛等细节都可以通过激光切割完美呈现出来，然后将这块面料制作成新中式女装，既具有传统韵味，又有现代时尚感。

（5）传统面料贴合人体曲线

将不同纤维混合，如把中国传统天然纤维和化学纤维按一定比例混合。天然纤维如棉材质亲肤、吸湿性好，化学纤维如氨纶弹性佳，棉材质中加入氨纶能使面料在保持棉的舒适性同时，又能使面料有很好的弹性，与人体曲线较好贴合。

使用柔软剂对面料进行处理，改善面料手感，让面料更加柔软顺滑，从而更好地贴合人体轮廓。如经过硅油柔软剂处理后的丝绸面料，触感更加细腻，能够轻柔地贴合肌肤。

新中式女装对传统服装面料借鉴与改良是传承和发展中国传统文化的一种重要方式。通过合理借鉴和创新改良，能让传统面料在现代时尚舞台上焕发出新的生机与活力，还能满足现代女性对服装美观、舒适和功能性的需求。未来随着科技不断进步和人们对传统文化深入理解，在新中式女装的设计中传统服装面料将会得到更加广泛的应用和创新，为时尚界带来更多具有中国特色的优秀作品。设计师不断探索和尝试，将传统与现代更好地融合，推动新中式女装发展走向更高水平。

7.4.3　传统面料与现代新型面料结合应用

（1）传统面料与现代新型面料结合应用意义

①文化传承与创新

通过传统面料应用，传承中国悠久纺织文化和传统工艺，如丝绸织造工艺、刺绣技艺等，使这些传统文化得以延续和发扬。现代新型面料加入为新中式女装注入新的活力和创新元素，打破传统中式服装在面料选择上的局限性，推动中式服装创新发展。

②满足消费者需求

结合现代新型面料功能性和舒适性，如透气、抗菌、抗皱等，提高新中式女装穿着舒适度，满足消费者对服装品质要求。传统面料与现代新型面料独特组合，创造出新颖的时尚风格，满足消费者对个性化、时尚化服装的追求。消费者可以在穿着新中式女装时既展现出对传统文化喜爱，又能体现自己时尚品位。

③拓展市场空间

吸引不同消费群体。传统面料与现代新型面料结合应用能够吸引更广泛的消费群体。对于喜爱传统文化的消费者来说，传统面料运用满足他们对文化内涵的追求；而对于追求时尚和功能性的年轻消费者，现代新型面料的特点则具有吸引力。

④开拓国际市场

新中式女装中传统面料与现代新型面料的结合，具有独特东方魅力和现代时尚感，更容易在国际市场上受到关注和认可。有助于拓展中国服装品牌国际市场份额，提升中国服装国际影响力。

（2）传统面料与现代新型面料结合方式

①拼接

将传统面料与现代新型面料按照一定的设计图案或比例进行拼接，可以大面积拼接，也可以局部拼接，如领口、袖口、裙摆等部位。如图7-39为上半身采用传统丝绸面料，展现优雅气质，下半身采用现代功能性面料，增加实用性和时尚感。通过不同面料质感、颜色和纹理的对比，创造出独特视觉效果，使服装更具层次感和时尚感。同时也能兼顾传统与现代风格特点。如图7-40所示的新中式女装中，一部分选取传统丝绸面料，其上绘有精美牡丹图案。该作品延续了中式旗袍立领、斜襟的设计，领口和斜襟边缘用手工盘扣加以装饰，将传统中式服饰的精湛工艺展现得淋漓尽致。而裙子下摆部分则使用现代新型功能性面料，这种面料弹性佳、抗皱性强。裙摆运用不对称剪裁，一侧为高开衩设计，为整体增添了现代时尚气息。其整体风格既保留了旗袍的典雅韵味，又融入了现代时尚元素，适合参加文化活动、休闲聚会等多种场合。

图7-39　传统丝绸面料与现代面料拼接应用　　图7-40　丝绸面料与功能性
　　　　　　　　　　　　　　　　　　　　　　　　　　　　　面料拼接

②混纺

将传统纤维与现代新型纤维进行混纺，制成新面料。根据不同需求调整纤维比例，以达到理想性能和效果。如将棉纤维与具有抗菌功能的新型纤维混纺，保留棉的舒适性，又增加抗菌性能。综合两种纤维优点，改善面料性能，如强度、透气性、吸湿性等，为新中式女装设计提供更多可能性，使面料具有传统质感，又具备现代功能。

③叠加

将不同面料进行叠加使用，如图7-41所示，将一层轻薄透明现代新型面料覆盖在传统刺绣面料上，使刺绣图案若隐若现，增加服装神秘感和艺术感。如图 7-42 所示，在现代面料制成服装外套的基础上，增加一件传统面料披肩，通过不同面料搭配组合，展现出独特风格，营造出丰富视觉效果和质感，使服装更加富有变化，体现传统与现代融合，展现出新中式女装独特魅力。

图 7-41　透明现代面料覆盖传统刺绣面料　　图 7-42　现代面料外套叠加传统面料披肩

　　新中式女装中传统面料与现代新型面料的结合应用是一种创新设计理念和实践。通过合理的结合方式，传承和弘扬中国传统文化，满足现代消费者对服装多种需求，为新中式女装发展开辟更广阔空间。新中式女装设计进一步探索更多创新结合方式和应用领域，推动新中式女装在时尚舞台上不断绽放光彩。

（3）传统面料与现代新型面料结合应用原则

①面料特性协调

　　传统面料如丝绸光滑柔软、织锦缎厚实华丽、棉麻质朴粗糙，现代新型面料质感多样，既有挺括的功能性面料，又有柔软的环保型面料，结合使用时要注意质感协调，避免产生冲突感。如若将光滑丝绸与厚实纹理的功能性户外面料拼接，要注意过渡自然，在拼接处采用绲边、镶边等工艺，使两种不同质感面料衔接更顺畅。

②传统面料与现代新型面料性能互补

　　传统面料在功能性上有所缺失，如防水、防风能力差。采用现代新型面料功能优势要能弥补传统面料的不足。如用具有防水功能新型面料与易受潮棉麻混纺，既保留棉麻透气舒适，又增加防水性能，提升服装整体实用性。

③色彩搭配合理性

　　传统与现代色彩观念融合。传统中式色彩有鲜明象征意义，如红色代表喜庆、青色象征古朴。现代新型面料色彩丰富新颖，受流行趋势和科技影响。结合时要融合两者色彩观

图 7-43　中国红丝绸与现代金属
光泽感灰色面料组合

念。如图 7-43 所示，可采用传统中国红丝绸作为上衣部分，搭配下半身具有现代金属光泽感灰色新型面料，既体现传统色彩热情，又展现现代色彩冷静。

④整体色彩和谐统一

无论是拼接、混纺还是叠加应用，都要确保服装整体色彩和谐。避免色彩过于繁杂或冲突，影响视觉效果。如在进行面料拼接时，选择传统面料和现代新型面料主色调最好能相互呼应，或者选择一个主色调，其他颜色作为点缀，使服装色彩有主次之分。

⑤设计风格的整体性

传统面料常带有传统服饰元素，如盘扣、传统刺绣图案。现代新型面料在设计上更简洁或具有科技感元素，设计时要将两者风格元素有机融合。如在一件用混纺面料制作的新中式女式上衣中，可保留传统的盘扣设计，利用新型面料的弹性，设计出更修身、符合现代审美的款式。传统中式女装款式较为含蓄、宽松，现代女装款式多样，包括紧身、露肩等。面料结合应用时要平衡款式，符合新中式整体风格。如若使用传统丝绸面料制作裙子，款式可以是传统 A 字裙摆，搭配现代新型面料制作的紧身露肩上衣，既展现现代时尚感，又不失传统韵味。

⑥制作工艺适配性

传统面料有独特制作工艺，如手工刺绣、扎染。现代新型面料加工工艺多与科技有关。要选择适配的工艺来制作服装。如在拼接传统刺绣丝绸和现代防水面料时，要注意刺绣工艺不能因与新型面料结合而受损，新型面料防水工艺也不能影响丝绸质感。有些传统工艺难度大、耗时长，成本高。结合应用时要考虑工艺难度和成本，确保在可接受范围内。如复杂的云锦织造工艺用于新中式女装面料时，要权衡其成本和市场售价，考虑是否采用部分云锦与其他面料结合，或者用机器织造类似图案面料来降低成本。

7.4.4　传统手工艺面料再设计应用

中国传统手工艺面料地域特色明显，不同地区传统手工艺面料会受到当地地理环境、民族风俗等因素影响，形成独特地域风格。部分传统手工艺面料是少数民族文化重要组成部分，反映民族特色和文化传承，承载着丰富历史文化内涵，很多传统手工艺面料都蕴含着中国传统文化的吉祥寓意、审美观念等。[39]中国传统手工艺面料历史悠久，经过长期传承和发展，工匠们通常需要经过多年学习和实践，才能掌握精湛技艺。现代大规模工业化生产相比，传统手工艺面料更注重手工制作，体现匠人精神和情感。中国传统手工艺面料采用天然材料，制作过程对环境影响较小，具有一定环保可持续性，使得中国传统手工艺面料在全世界独树一帜，成为中华文化瑰宝。它们不仅是一种技艺，更是一种文化传承和民族精神体现，在现代社会应该更加重视和保护。

（1）传统植物染手工艺

图 7-44　枫叶拓印植物染面料

植物染面料采用天然植物染料，如板蓝根、苏木、紫草等，这些植物染料对环境无污染，符合现代人们对环保追求。在染色过程中也减少对化学助剂的使用，降低对人体危害。植物染料色彩丰富多样，具有独特自然韵味。与化学染料鲜艳浓烈不同，植物染颜色更加柔和、自然，如淡雅蓝色、温暖黄色、深沉红色等。通过不同植物染料组合和染色工艺，可以创造出千变万化的色彩效果，满足新中式女装对色彩个性化需求。如图 7-44 为枫叶拓印植物染面料，枫叶作为拓印工具，将枫叶的形状、纹理细致地印在面料上，赋予面料天然的色彩，呈现出温暖、柔和且具有自然气息的色调。不同形状和大小的枫叶拓印组合出丰富多样的图案，可以是规律排列，也可以是随意分布，给人以一种随性而又不失精致的感觉。

植物染在中国有着悠久历史，是传统文化重要组成部分。创新的植物染面料应用于新中式女装中，能够传承和弘扬传统文化，为服装增添深厚文化底蕴，使其更具艺术价值和魅力。植物染色技艺应用于各类服饰，是实现人与自然、社会可持续发展的理想模式。植物染这种古老手工技艺所呈现的色彩素雅而高洁，彰显中国人淡泊宁静、举止有度品格。

（2）传统植物染手工艺面料创新应用

①选择整块植物染面料制作新中式女装

如图 7-45 为渐变蓝色植物染旗袍，展现出清新、优雅气质。如图 7-46 为单色植物染、简约廓型上衣，使用单色植物染面料制作上衣单品，廓型采用简约设计款式，突出面料自然之美。如图 7-47 为植物染的新中式长袍，采用宽松板型和简洁线条，搭配独特植物染图案，展现出随性、自在的风格。

②多种植物染面料拼接

将不同颜色、纹理的植物染面料进行拼接，创造出丰富的视觉效果。如图 7-48 所示的粉色和紫色植物染面料拼接连衣裙，增加服装层次感和动感。如图 7-49 所示的深色和浅色植物染面料搭配，形成对比，营造出独特时尚氛围。

图 7-45　渐变植物染旗袍　　　　图 7-46　单色植物染上衣　　　　图 7-47　植物染图案的
　　　　　　　　　　　　　　　　　　　　　　　　　　　　　　　　　　　　　　新中式长袍

图 7-48　粉色和紫色植物染面料拼接连衣裙　　图 7-49　深色和浅色植物染面料拼接上衣

③植物染与其他面料组合

将植物染面料与丝绸、棉麻、皮革等其他材质的面料相结合，发挥植物染面料的特色，丰富服装质感和触感。如图 7-50 为丝绸连衣裙的领口和袖口处拼接植物染面料；如图 7-51 为皮革连衣裙口袋使用植物染的麻料，使服装更加精致和独特。

④植物染图案创新设计

通过不同染色工艺和技巧，可以在面料上创造出各种植物染图案，如花卉、山水、几何图形等可以作为服装主要装饰元素，应用在服装前襟、后背、裙摆等部位。如图 7-52 所示，在一件白色新中式女装上，用蓝色植物染料绘制出一朵盛开牡丹花，使其成为服装的亮点，吸引人们目光。

图 7-50　丝绸连衣裙局部拼接
植物染面料

图 7-51　皮革连衣裙
口袋用植物染麻料

图 7-52　植物染料手绘牡丹花
新中式女装

（3）传统植物染手工艺创新应用效果与优势

植物染面料具有良好透气性和吸湿性，穿着起来更加舒适。天然植物染料对皮肤刺激性小，适合各种肤质人群穿着。相比传统化学染色面料，植物染面料能为消费者带来更加健康、舒适的穿着体验。

增强品牌特色。对于服装品牌来说，应用植物染面料可打造出独特品牌特色和差异化竞争优势。市场上越来越多的消费者关注环保和个性化，植物染面料新中式女装能够满足这部分消费者需求，吸引他们关注和购买。通过不断创新和研发植物染面料应用方式，品牌可以树立起自己在行业内的创新形象，提升品牌知名度和美誉度。

传承和弘扬传统文化。新中式女装作为传统文化与现代时尚结合体，承载着传承和弘扬中国传统文化的使命。植物染面料的应用为新中式女装注入新的活力和魅力，让更多的人了解和认识到植物染这一传统工艺，促进传统文化传承和发展。在全球化时代背景下，具有中国特色的新中式女装能够在国际舞台上展示中国文化魅力，增强民族自豪感和文化自信心。

（4）传统扎染手工艺

中国传统扎染艺术以其独特工艺和新颖图案，展现中华民族智慧和创造力，是中国传统文化的重要组成部分。如图 7-53 为传统扎染面料，通过对织物进行扎结、捆绑、折叠等处理后再染色，从而形成独特的、不规则的图案，具有随机性和自然美感，每一件扎染作品都是独一无二的，无法复制，常见图案有晕染的圆形、条纹、几何形状以及抽象花纹等，给人以丰富的视觉感受。扎染使用多种天然染料或合成染料，能够呈现出绚丽多彩颜色。不同染料搭配和染色工艺可

图 7-53　传统扎染面料

以创造出不同的色彩效果，如深浅渐变、色彩交融等。扎染色彩通常比较柔和、质朴，与现代工业化生产色彩形成鲜明对比。随着时代发展，扎染艺术在保留传统技法的基础上，也不断与现代设计理念相结合，创新出更多具有时尚感和个性化的作品。

（5）扎染手工艺面料创新应用

①新型扎染技法应用

除了传统扎染技法，如绞缬、夹缬等，还可以探索新的扎结方式和染色方法，创造出更加新颖独特的图案和效果。如图7-54所示为采用混合扎结法，将不同的扎结工具和技巧结合使用；或者尝试在染色过程中加入特殊化学试剂，以改变染料的渗透和扩散方式，从而获得意想不到的图案和色彩变化。

②与其他面料结合

将扎染面料与其他材质面料进行组合搭配，以丰富服装质感和层次感。可以与丝绸、棉麻、皮革等面料相结合，如图7-55所示，将上半身扎染棉麻面料与光滑丝绸裙摆拼接制作的连衣裙；如图7-56所示，皮革外套领口、门襟、底摆等部位用扎染裘皮拼接，与外套皮革形成材质对比和互补，创造出独特的时尚效果。

图7-54 混合扎结法的扎染面料　　图7-55 扎染棉麻与光滑丝绸拼接连衣裙　　图7-56 皮革外套扎染裘皮拼接

③多功能面料开发

在扎染面料基础上，进行功能性处理，使其具备防水、防风、抗菌等特殊功能，以满足现代女性在不同场合的穿着需求。如采用纳米技术对扎染面料进行防水处理，使其保持扎染的独特外观，又具有实用性，适用于户外活动或潮湿环境下穿着的服装。

④创新扎染面料运用

不局限于大面积使用扎染面料，将扎染图案巧妙地运用在新中式女装的局部，作为点缀和装饰，起到画龙点睛的作用。如在领口、袖口、门襟、下摆等边缘处使用扎染的包边或小块面料进行镶边处理，或者在服装的胸部、背部等位置绣上扎染图案的补丁，增加服装的细节感和精致度。

（6）传统扎染手工艺创新应用效果与优势

扎染是中国传统的民间手工艺之一，将其应用于新中式女装中，实现传统文化传承与创新。通过对扎染工艺创新和发展，使其更好地适应现代时尚需求，为传统文化注入新的活力，也让更多人了解和认识扎染这一传统手工艺，促进传统文化传播和推广。

艺术价值提升。扎染手工艺面料创新应用为新中式女装增添独特艺术价值。每一件扎染新中式女装都成为独一无二的艺术品，展现手工制作的魅力和传统文化的底蕴。这种艺术价值不仅吸引消费者的目光，满足他们对个性化和高品质服装需求，还能够提升服装品牌形象和附加值。

市场竞争力增强。在当前竞争激烈的服装市场中，具有独特设计和创新工艺的服装更容易脱颖而出。扎染手工艺面料创新的新中式女装，凭借其独特的风格和高品质，能够吸引追求个性、注重品质和文化内涵的消费者群体，有助于拓展市场份额，提高品牌的知名度和美誉度，还能够增强品牌的市场竞争力，实现可持续发展。

满足消费者需求。随着人们生活水平提高和消费观念转变，消费者对服装需求不再仅仅局限于保暖和遮体，而是更加注重个性化、时尚感和文化内涵。扎染手工艺面料新中式女装可以满足消费者对这些方面需求，为他们提供一种与众不同的穿着体验。

（7）传统蜡染手工艺

蜡染即用蜡在面料上绘制图案后染色，蜡液覆盖部分会阻止染料渗透，从而形成独特的白色图案，如图 7-57 为传统蜡染手工艺面料，蓝底白图。其图案通常具有浓郁民族风格，常见有花鸟鱼虫、几何图形等，线条流畅，造型古朴典雅，充满艺术魅力。虽然传统蜡染以蓝白配色为主，但现代工艺的发展使蜡染呈现出更加多样的色彩。在染色过程中通过控制染料种类、浓度和染色时间等因素，获得不同深浅和色调的颜色，如红色、黄色、绿色等，色彩鲜艳且富有层次感。蜡染一般采用天然

图 7-57 传统蜡染手工艺面料

棉、麻等面料，具有良好透气性和吸湿性，穿着舒适。经过蜡染工艺处理后，面料质感更加独特，给人一种质朴而又精致感觉。

（8）蜡染面料创新设计应用

①现代元素融合

将现代的设计元素与传统蜡染图案相结合，创造出既具有传统韵味又符合现代审美

的新图案。如图 7-58 所示，在传统花鸟图案中融入抽象线条或几何图形，使其更具时尚感和现代艺术气息。如图 7-59 所示，卡通形象的蜡染图案新中式女装，如图 7-60 所示，彩色卡通形象的蜡染上衣，都将流行卡通形象进行蜡染图案风格转化，以一种新颖的方式呈现在面料上，吸引年轻消费者关注。

图 7-58 传统花鸟蜡染融入抽象线条　　图 7-59 卡通形象的蜡染　　　　图 7-60 流行卡通形象
　　　　　　　　　　　　　　　　　　　　　　图案新中式女装　　　　　　　　彩色蜡染上衣

②个性化定制图案

根据消费者需求和喜好，提供个性化蜡染图案设计服务。可以让消费者参与图案设计过程，将他们个人故事、喜好元素或特殊纪念意义融入蜡染图案中，使每一件新中式女装都成为独一无二的艺术品。这种个性化设计不仅能满足消费者对独特个性的追求，还能增强消费者与服装之间情感连接。

③多色蜡染组合

突破传统蜡染单一色彩或有限色彩搭配限制，尝试多种颜色组合蜡染，在同一面料上创造出丰富多彩的色彩效果。如图 7-61 为红色和粉色搭配蜡染花卉，表现花朵的娇艳；如图 7-62 为蓝色和绿色搭配的蜡染面料，描绘山水的清新。通过巧妙的色彩组合营造出独特的视觉氛围，为新中式女装增添更多的活力和时尚感。

图 7-61 红色和粉色搭配的蜡染花卉　　　图 7-62 蓝色和绿色搭配的蜡染山水

④色彩渐变效果

利用蜡染工艺特点，创造出色彩渐变效果。在染色过程中逐渐改变染料浓度或染色时间，使面料上的颜色从浅到深或从一种颜色逐渐过渡到另一种颜色，形成自然流畅的渐变效果，如图 7-63 为渐变色彩蜡染面料。渐变色彩应用于新中式女装整体或局部如裙摆、袖口、领口等，增加服装的层次感和立体感，使其在视觉上更加吸引人。如图 7-64 为渐变色彩蜡染新中式女装，是在传统蜡染基础上进行创新。渐变色蜡染通过调整蜡的涂抹方式和染色时间、温度等条件，使得染料在布料上呈现出自然过渡效果，从而形成独特的渐变色图案。

图 7-63　渐变色彩蜡染面料　　　　图 7-64　渐变色彩蜡染新中式女装

⑤与其他工艺结合

将蜡染工艺与其他纺织工艺相结合，创造出更加丰富多样的面料效果。如图 7-65 为蜡染与刺绣工艺结合，在蜡染图案的基础上进行局部刺绣，用刺绣细腻线条和丰富针法进一步丰富图案细节和质感，使新中式女装更加精致华贵。如图 7-66 为蜡染与印花工艺相结合，先进行蜡染打底，然后在上面进行局部印花，印花图案与蜡染图案相互呼应或形成对比，创造出独特的视觉效果。

图 7-65　蜡染与刺绣工艺结合面料　　图 7-66　蜡染与印花工艺结合面料

（9）传统蜡染工艺创新应用效果与优势

蜡染手工艺面料应用于新中式女装中，传承中国传统蜡染文化，通过创新设计和工艺，使其适应现代时尚需求，让更多人了解蜡染这一古老手工艺，为传统文化注入新的活力，使其在现代社会中得以延续和发展。

蜡染手工艺面料本身具有独特艺术魅力，其独特图案风格、丰富色彩表现和天然材质质感，为新中式女装增添浓厚艺术氛围。经过创新设计后的蜡染面料在保持传统特色的基础上，更加符合现代审美观念，能够展现出穿着者独特品位和个性，使新中式女装在众多服装款式中脱颖而出。

随着消费者对个性化、高品质服装需求不断增加，具有创新特色的蜡染新中式女装具有较大市场潜力，满足消费者对独特性和文化内涵的追求，与其他普通面料服装形成差异化竞争，提高服装附加值，为企业带来更高经济效益，从而提升品牌市场竞争力。

（10）传统编结手工艺

传统编结样式较多，如盘长结、双钱结、纽扣结等，其技法独特，每种结都有其特定的编织方法和造型特点。这些编结形态各异，有的规整对称，具有严谨美感；有的灵动多变，富有艺术感染力。绳线不同的组合方式，创造出多样的编结图案和结构，为编结创新提供丰富素材。编结通常使用具有一定柔韧性的丝线、绳线等材料，使编结作品可以根据需要进行弯曲、扭曲和拉伸，而不会轻易断裂。这种特性使编结在面料设计中能够适应不同的造型需求，无论是用于制作平面编结图案还是立体编结装饰结构，都能展现出良好效果。

传统编结在中国历史悠久，与人们生活息息相关，承载着丰富的文化寓意。如中国结象征着吉祥、团圆、幸福等美好愿望，不同结式在不同场合有着特定的象征意义。将这些具有文化内涵的编结元素融入新中式女装中，能够为服装增添独特文化魅力，使穿着者在展现时尚品位的同时，传承和弘扬传统文化。

（11）传统编结创新应用

编结在新中式女装局部细节的应用丰富多彩，为新中式女装提供无限的创意空间。巧妙地运用编结工艺，打造出既具有传统文化底蕴又符合现代时尚审美的新中式女装。

①新中式女装局部用编结装饰

新中式女装将编结装饰用于局部，是一种常见的设计手法。设计师选择精致编结，将其缝合固定在领子、门襟、袖子等部位，为服装增添一份细腻与精致感，如图7-67所示。

编结用于裙摆装饰，增加服装
动感和层次感。如图 7-68 所示的采
用编结流苏装饰裙摆，让其随着穿
着者走动而摇曳生姿，展现出灵动
美感。在裙摆边缘编织一圈连续的
编结图案，为服装增添独特装饰细
节。对于长款新中式连衣裙，如采
用编结装饰，能够更好地体现出女

图 7-67 编结在新中式女装局部应用

性优雅气质。门襟等部位加入编结元素也是一种创新设计方式。如图 7-69 所示，用编结
绳带代替传统的盘扣，此细节设计具有一定创新性，且具有实用功能，成为服装的装饰
亮点。门襟编结绳带可以设计成各种形式，不同编结技法和图案，与新中式女装的整体
风格相融合，营造出独特线条美感，使服装更加立体和富有个性。

图 7-68 编结流苏装饰裙摆　　　图 7-69 编结绳带代替传统盘扣

②利用编结的可塑性

创造出具有立体感和层次感编结面料效果，将其用于新中式女装裙摆、肩、腰、背等
部位，增强设计视觉中心，服装体现精致、时尚感。如图 7-70 为编结装饰腰部细节，如
图 7-71 为编结装饰腰部，如图 7-72 为编结腰封装饰腰部，如图 7-73 为编结装饰背部，
如图 7-74 为编结装饰肩部，如图 7-75 为编结装饰前胸，这些编结在新中式女装不同部位
中应用，突出服装设计视觉中心，提升服装设计感和艺术性。编结构建出花朵、叶片等立
体造型，然后将其组合在面料上，形成富有创意的装饰效果，使服装更加生动和有趣。

③数字化设计与编结工艺融合

借助数字化设计技术，可以对传统编结手工艺进行创新和拓展。通过计算机辅助设
计，设计出创意的编结图案，然后利用数控编织机或 3D 打印技术等手段进行制作。这种

图 7-70　编结装饰裙摆

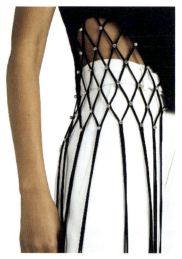
图 7-71　编结装饰腰部侧面

图 7-72　编结装饰腰封

图 7-73　编结装饰背部

图 7-74　编结装饰肩部

图 7-75　编结装饰前胸

数字化与传统工艺的融合，不仅提高生产效率，还能够实现更加精确和复杂的设计，为新中式女装面料创新提供新的途径。

（12）传统编结创新应用效果与优势

传统编结创新应用，为新中式女装带来独特的视觉效果，使其在众多服装中脱颖而出。编结丰富技法和形态、多样色彩搭配，创造出富有层次感、立体感和艺术感的服装外观。无论是精致局部装饰，还是整体编织面料构建，都能吸引人们目光，展现出穿着者个性与品位。

传统编结手工艺作为非物质文化遗产，具有深厚文化底蕴和艺术价值。将其应用于新中式女装中，为服装增添文化内涵，也提升服装整体艺术价值。融合传统编织工艺新中式女装作品，更像是一件件艺术品，能够满足消费者对于高品质、个性化服装的需求，也有助于推动传统手工艺传承和发展。

编结通常具有一定柔韧性和透气性，能够为穿着者带来良好穿着体验和舒适度。与一些硬挺面料相比，编结面料更加贴合人体曲线，穿着起来更加舒适自在。编结结构可以增加面料空气流通性，使皮肤能够更好地呼吸，尤其在夏季穿着时更为凉爽宜人。编结面料独特质感还能给人带来一种亲切、自然的感觉，增加穿着者的心理舒适度。

对于服装品牌来说，运用传统编结创新应用，可以打造独特的品牌特色，形成差异化竞争优势。在市场日益同质化的今天，具有独特设计和文化内涵的服装更容易吸引消费者的关注和喜爱。通过将传统编结手工艺与新中式女装相结合，品牌可以树立起自己的文化形象，提升品牌知名度和美誉度，满足消费者对个性化、时尚化服装的需求，开拓更广阔的市场空间，增强品牌市场竞争力。

（13）传统拼布手工艺

拼布手工艺历史悠久，其起源可追溯到古代人们对衣物的修补和再利用。随着时间的推移，拼布手工艺成为一种具有艺术价值的手工技艺。在不同地区和文化中，拼布都有着独特的表现形式和风格。中国民间拼布通常以鲜艳的布料拼接出各种图案，寓意吉祥美好，如图 7-76 为传统拼布水田衣，由亲人旧衣物的零散布头拼接而成，体现对衣物的珍惜，对物质生活的淡泊和追求简单、自然的生活态度，这种朴素无华的风格，让人感受到一种返璞归真的美好，也传达朴素劳动人民对亲人平安的期盼与祝福。传统拼布手工艺使用各种不同质地、颜色和图案的布料进行拼接，不同材料组合产生丰富的质感和视觉效果。

图 7-76　传统拼布水田衣

（14）传统拼布面料创新

①突破传统拼布图案局限性

将现代设计元素和审美观念融入其中。借鉴现代绘画、摄影等艺术形式中的图案和色彩，进行抽象化或简化处理后，应用于拼布创作。如使用几何图形、抽象线条或现代艺术风格图案进行面料拼接，创造出具有时尚感和现代气息的拼布艺术服装作品。如图 7-77 为抽象几何图形的拼布新中式斗篷（2024 "巧兴杯" 拼布艺术创作大赛作品），是一件融合传统与现代设计元素的服饰作品，通过

图 7-77　抽象几何图形拼布
新中式斗篷

抽象几何图形运用和拼布手法创新，展现拼布艺术风格的独特魅力和文化内涵，体现对民族传统文化的尊重和传承，以及传统拼布对现代设计的创新和探索。通过巧妙的拼布艺术，新中式斗篷营造出独特而富有现代感的视觉效果，给人以新颖、时尚的感觉。

②创新传统拼布的色彩搭配

尝试更加大胆和新颖的色彩组合。根据设计主题的需要，可以提取传统拼布艺术色彩组合关系，也可以运用符合现代审美的色彩搭配，如对比色、互补色、同类色、近似色等色彩组合方式，营造出不同的色彩视觉效果。搭配中注重色彩情感表达、色彩的层次感和艺术效果表现，通过不同颜色布料巧妙组合，使面料更加生动和富有变化。图7-78展示的是符合现代色彩审美的拼布新中式女装。该服装将传统中式元素、现代设计理念与色彩审美巧妙结合，注重造型的简约流畅、色彩的和谐对比，以及材质的多样化和创新性，既展现出现代女性的优雅韵味与时尚美感，又实现了传统文化的传承与弘扬。

③创新拼布的材质搭配

丝绸是一种高贵、柔软且具有光泽的面料，应用拼布手工艺，不仅能展现出丝绸本身的独特魅力，还能通过巧妙的拼接设计，创作出既传统又现代、富含创意与个性的作品。将丝绸作为拼布的主要面料或点缀部分，与其他布料进行拼接。如图7-79所示，在新中式衬衫领口、袖口、前襟处使用丝绸拼布，与主体棉质面料形成对比，突出细节精致，体现整体时尚感。

图7-78　符合现代色彩审美的　　　　图7-79　丝绸拼布应用于棉质衬衫
　　　　　拼布女装

麻质面料具有天然纹理和质朴质感，麻质拼布营造出自然、清新风格。将麻质布料与其他颜色和质地布料进行混合拼接，制作成裙子、裤子或外套等，适合日常穿着，展现出穿着者的个性和品位，如图7-80所示的是一款麻料与棉料搭配而成的拼布连衣裙。这款作品巧妙地将自然质朴的气质与时尚设计理念相融合，营造出别具一格的视觉效果，为穿着者带来独特的穿着体验。

皮质本身具有独特的光泽和触感，不同种类的皮质，如光滑的小牛皮、有纹理的荔枝皮等，在拼布中相互搭配，能营造出丰富的质感层次。皮质面料采用拼布艺术，可以创造出独特时尚感和个性魅力。将皮革剪成块状与其他面料进行拼接，用于制作服装局部装饰，如领口、袖口、腰带等。或将皮革与其他面料拼接成整块面料，制作成独特的新中式女装款式，如图 7-81 所示，这款皮革与其他材质搭配而成的拼布西服独具魅力。皮革材质的硬朗特质为西服奠定了干练的基调，其自带的光泽与纹理，彰显出一种时尚气质。而与之搭配的其他材质则宛如灵动的音符，中和了皮革的硬挺质感。它们相互交织，共同展现出刚柔并济的效果，使新中式西服既有皮革赋予的端庄与稳重，又不失因其他材质加入而带来的柔和与灵动，塑造出一种别具一格的时尚风格。

图 7-80 麻料与棉料搭配的
拼布连衣裙

④引入科技手段

在保留传统拼布手工艺精髓的基础上，引入现代技术和设备，如电脑绣花机、激光切割等，提高生产效率和质量。采用手工与机器相结合的方式进行生产，保证产品独特性，满足市场的需求。还可以通过标准化设计和生产流程，降低生产成本，提高产品的市场竞争力。

（15）传统拼布手工艺创新应用效果与优势

图 7-81 皮革与其他材质搭
配的拼布西服

创新传统拼布手工艺应用，为新中式女装带来独特的视觉效果，使其在众多服装中脱颖而出。新颖的图案和色彩组合以及不同面料的拼接，吸引消费者目光，增加服装时尚感和艺术价值。

传统拼布手工艺应用于新中式女装中，能够传承和弘扬中国传统文化，让更多的人了解中国拼布手工技艺，将传统工艺与现代时尚相结合，也为传统文化创新发展提供新的途径和方式。

在当今个性化消费的时代，消费者对于服装要求越来越高，希望能够穿着具有独特风格和个性的服装。创新传统拼布手工艺，根据消费者的需求进行定制，选择不同的布料、图案和颜色进行拼接，满足消费者的个性化需求。

传统拼布手工艺创新应用，充分利用各种废旧布料和剩余面料，减少资源浪费，符合可持续发展理念。通过巧妙的拼接设计，将不同质地和颜色布料组合成具有独特质感和视觉效果的面料，提高面料利用率和附加值。

（16）传统蓝印花布手工艺

蓝印花布历史悠久，起源于民间，是广大劳动人民智慧的结晶。古代蓝印花布广泛应用于人们的日常生活中，其制作工艺在不同地区逐渐发展并形成各自的特色。图案题材丰富多样，大多取材于自然和生活，如花卉、动物、人物、几何图形等，常见的有牡丹、菊花、蝴蝶、龙凤、万字纹、回纹等。这些图案具有浓郁的民间艺术风格和吉祥寓意。蓝印花布以蓝色和白色为主色调，蓝色通常为靛蓝色，深沉而稳重，白色则干净素雅。蓝白相间的色彩搭配，简洁明快，给人一种清新、自然的感觉，具有独特的视觉美感。如图7-82为传统蓝印花布。

图7-82 传统蓝印花布

图7-83 卡通形象、英文字母
结合的蓝印花布

图7-84 重组与变形设计的
蓝印花布

（17）传统蓝印花布面料创新

①融入现代图案设计

传统蓝印花布手工艺创新，将现代图案设计元素与传统蓝印花布图案相结合。如在蓝印花布基础上加入现代抽象图案、几何图形或流行元素，如图7-83为卡通形象、英文字母结合的蓝印花布，创造出既具有传统韵味又富有现代时尚感的新图案。这种创新方式可以吸引年轻消费者的关注，使蓝印花布面料更具时代感。

②传统图案变形与重组

对传统蓝印花布的经典图案进行变形和重组。可以将图案放大、缩小、旋转或进行局部的改变，然后重新组合成新的图案。通过这种方式，可以创造出更加新颖、独特的视觉效果，打破传统图案的固定模式，创作出符合现代审美设计的创意蓝印花布面料，为新中式女装创新设计提供更多可能性，如图7-84所示的蓝印花布，通过独特的图案重组与变形设计，呈现出清新自然的风格。其对原有图案进行巧妙地拆解与重新组合，让图案产生形态上的变形，赋予蓝印花布全新的视觉感受。淡雅的蓝色调搭配经过精心设计的图案，给人一种轻松自在之感。

③引入其他色彩

突破传统蓝印花布蓝白两色的限制，可以在蓝色基础上，加入一些其他色彩，如淡粉色、浅黄色、淡绿色等，使面料色彩更加丰富多样，如图 7-85 为融入粉色的蓝印花布，粉色可以与蓝色和白色相互搭配，形成新的色彩组合，增加面料色彩层次感和变化性，形成新颖的视觉冲击力。也可以运用染色技术创造出色彩渐变的效果，如加入的粉色过渡到白色，使面料呈现出柔和、自然的色彩变化，为新中式女装带来更加细腻、优雅的视觉感受，提升新中式女装的品质感和时尚度。

图 7-85 融入粉色的蓝印花布

④蓝印花布与丝绸面料搭配

丝绸是一种高贵、柔软、光滑的面料，与蓝印花布相结合以产生独特的质感对比。如图 7-86 所示，将质朴的蓝印花布作为丝绸服装的局部，装饰领口、袖口、裙摆等部位，丰富丝绸新中式女裙的视觉。蓝印花布的局部装饰，让华贵的丝绸女裙中透出民族质朴之美。或者如图 7-87 所示，将蓝印花布与丝绸面料拼接在一起，制作成新中式连衣裙，丝绸的光泽和蓝印花布质朴相互映衬，体现出女性柔美和优雅，展现出传统文化与现代时尚的融合。

⑤蓝印花布与麻质面料搭配

麻质面料具有天然纹理和质朴质感，与蓝印花布搭配，可以营造出自然、清新的风格。如图 7-88 为蓝印花布与麻面料拼接设计的连衣裙，将蓝印花布与麻质面料交织在一

图 7-86 蓝印花布局部装饰的丝绸新中式女裙

图 7-87 蓝印花布与丝绸拼接连衣裙

图 7-88 蓝印花布与麻料拼接新中式女裙

起，制作新中式连衣裙，这种组合适合日常穿着，体现穿着者的个性和品位。麻质面料透气性能和吸湿性能为穿着者带来舒适的穿着体验。

⑥蓝印花布与皮革面料搭配

皮革是一种具有硬挺、耐用、时尚感强的面料，与传统蓝印花布结合，可以创造出独特的时尚风格。如图 7-89 所示，蓝印花布被创新性地应用于新中式皮上衣的局部装饰中。在女皮装的领口、袖口、口袋等部位，蓝印花布宛如点睛之笔。其淡雅的色彩与传统的图案，为皮质服装增添了浓郁的文化韵味，与新中式风格完美融合，彰显出独特的东方魅力，在硬朗的皮革与柔美的印花布交织间，展现出别样的时尚风情。如图 7-90 所示的蓝印花布与皮革拼接的新中式女裙颇具特色。蓝印花布带着清新淡雅的韵味，其传统的印花图案蕴含着丰富的文化气息，给人一种古朴且自然的美感。而皮革则以其独特的质感彰显出硬朗与时尚。二者拼接在一起，在材质上形成鲜明对比，刚柔并济。蓝印花布的柔美与皮革的挺括相互映衬，既保留传统文化韵味，展现出女性的温婉优雅，又不失个性与干练，打造出别具一格的时尚风格，让穿着者在举手投足间散发着独特魅力。

图 7-89　新中式皮装局部蓝　　　图 7-90　蓝印花布与
　　　　　印花布装饰　　　　　　　　　　皮革拼接的新中式女裙

（18）传统蓝印花布创新应用效果与优势

传统蓝印花布创新应用，为新中式女装带来丰富多样的视觉效果。通过图案和色彩创新，以及与其他面料创新组合，使新中式女装在保留传统文化特色的同时，具有现代时尚感和创新性。新颖的面料设计吸引消费者目光，提升服装吸引力和竞争力。

将传统蓝印花布应用于新中式女装，是对中国传统文化的一种传承和弘扬。通过创新的设计方式，使传统蓝印花布焕发出新的生机与活力，让更多的人了解传统蓝印花布工艺的魅力，也为传统文化创新发展提供新的思路和途径。

在当今个性化消费时代，消费者对于服装要求越来越高，希望能够穿着具有独特风格和个性的服装。传统蓝印花布的创新应用，满足消费者这一需求，通过不同图案、色彩、面料组合，为消费者提供更多选择空间，使每一件新中式女装都具有独特的个性和魅力。

提升新中式女装产品附加值，与传统面料相比，创新蓝印花布具有更高的艺术价值和文化内涵，在市场上获得更高价格和利润空间，有助于提升品牌的形象和知名度，增强品牌的竞争力。

（19）传统蓝印花布创新应用效果与优势

传统蓝印花布创新应用，为新中式女装带来丰富多样的视觉效果。通过图案和色彩创新，以及与其他面料创新组合，使新中式女装在保留传统文化特色的同时，具有现代时尚感和创新性。新颖的面料设计吸引消费者目光，提升服装吸引力和竞争力。

将传统蓝印花布应用于新中式女装，是对中国传统文化的一种传承和弘扬。通过创新的设计方式，使传统蓝印花布焕发出新的生机与活力，让更多的人了解传统蓝印花布工艺的魅力，也为传统文化创新发展提供新的思路和途径。

在当今个性化消费时代，消费者对于服装要求越来越高，希望能够穿着具有独特风格和个性的服装。传统蓝印花布的创新应用，不仅可以满足消费者这一需求，还通过不同图案、色彩、面料组合，为消费者提供更多选择空间，使每一件新中式女装都具有独特的个性和魅力。

提升新中式女装产品附加值，与传统面料相比，创新蓝印花布具有更高的艺术价值和文化内涵，在市场上获得更高价格和利润空间，有助于提升品牌的形象和知名度，增强品牌的竞争力。

（20）传统刺绣手工艺

历史悠久的中国刺绣以其精湛技艺和独特风格闻名于世。不同地区形成各自独特的刺绣风格，我国主要刺绣体系由四大流派蜀绣、苏绣、粤绣、湘绣，以及地方绣和少数民族绣构成，每一种刺绣流派都蕴含着丰富地域文化和历史传承。这些流派通过针线穿梭和流转，交织出绚烂多彩刺绣文化，展现出中国传统工艺高超水平。传统刺绣针法繁多，常见的有平针、乱针、打籽针、套针、滚针等。平针针法线条平滑整齐，适用于表现细腻的图案；乱针法通过不规则线条交叉，生动地表现出物体质感和光影效果；打籽绣在绣面上形成一粒粒小疙瘩，增加图案立体感和层次感；通过套针的分层套色，使绣面颜色过渡自然，色彩丰富；滚针用于表现线条的流畅和圆润。刺绣题材涵盖花鸟鱼虫、人物故事、山水风景、吉祥图案等众多方面。花鸟鱼虫是常见的题材，通过细腻的针法将花朵娇艳、鸟儿灵动、鱼儿活泼栩栩如生地展现出来；人物故事题材则常常描绘历史典故、神话传说等，传递着文化内涵；山水风景题材营造出深远的意境；吉祥图案，如龙凤呈祥、牡丹花开、福字等，寄托人们对美好生活的向往和祝福。如图7-91为古阿新作品苗族老绣新生，从苗族传统上衣的板型中汲取灵感，进行创新性的改良设计，保留其经典元素的同时，巧妙地将传统老绣片融入现代时装之中，绣片经过精心挑选和巧妙布局，使得整件作品在视觉上呈现出一种层次分明的效果，展现苗族文化独特魅力，赋予整件作品一种神秘而庄重的氛围。

图7-91　古阿新苗族老绣新生

（21）传统刺绣手工艺创新

①融入现代设计元素

将现代设计元素与传统刺绣图案相结合，创造出新颖独特的图案。如将几何图形、抽象线条、现代艺术风格图案等与传统花鸟鱼虫、山水风景等图案进行融合，形成具有现代感和时尚感的刺绣图案。运用夸张、变形、简化等手法对传统图案进行重新设计，使其更符合现代审美观念。根据消费者个人需求和喜好，可以定制设计个性化刺绣图案。如为消费者绣制喜欢的动物、植物、标志或具有特殊意义的文字等，使新中式女装更具独特性和专属感。这种个性化定制的方式，能够满足消费者对于个性化和差异化的追求，增加服装的附加值。如图7-92为新中式绒花堆绫绣云肩，对传统云肩进行现代解构设计，保留云肩基本结构，在材料、工艺、色彩等方面进行大胆创新，打破传统云肩浓厚的汉服属性，创新工艺制作方法，将云肩搭配绒花、堆绫绣非遗工艺和裘皮羽毛拼缝，表现出现代审美的新中式云肩造型，华丽而时尚。

②新针法探索与应用

在传统针法的基础上，探索和应用新的针法，以创造出不同的纹理和效果。尝试将不同的针法进行组合和创新，创造出独特的针法效果，如图7-93所示，将贴布绣、打籽针、珠绣等多种针法相结合，使刺绣图案更加生动、立体和富有层次感。

图7-92　新中式绒花堆绫绣云肩

图7-93　多种针法组合刺绣纹样

③针法与现代技术结合

设计师可以结合现代刺绣技术和设备，如电脑刺绣机等，将传统刺绣针法进行创新应用。电脑刺绣机可以精确地控制针法和线迹，实现复杂图案的快速绣制，通过编程设计出各种创新的针法效果。如图 7-94 所示的"ZHUCHONGYUN"机绣苗族传统纹样，精致且独具韵味。这些纹样承载着苗族悠久历史，展现出深厚的文化底蕴，以独特的图案形式，通过机绣工艺呈现，既保留传统苗族刺绣的细腻质感与精美风格，又借助现代机械刺绣的高效与精准，让苗族传统纹样更加规整、清晰。每一针每一线都仿佛在诉说着苗族的故事，为服饰增添了浓郁的民族风情与艺术价值。

图 7-94 "ZHUCHONGYUN"
机绣苗族纹样

④创新传统色彩搭配

突破传统刺绣色彩搭配局限，采用更加时尚、流行的色彩搭配。如图 7-95 所示的"雅莹"新中式黑色外套，运用单一黑色刺绣进行装饰，采用简约化的设计理念，摒弃繁杂修饰的刺绣色彩，通过素雅黑色刺绣，勾勒出极具韵味的图案或纹理，既保留中式风格的含蓄典雅，又融入现代时尚的简约利落。这种简约化的黑色刺绣设计，让外套整体更显大气、精致，完美契合当下追求简约而不失格调的时尚潮流，穿着者能借此展现出独特的时尚品位与中式风情。

根据新中式女装整体风格和设计理念，选择合适的色彩搭配方案，使刺绣图案与服装面料相互协调，相得益彰。根据主题设计表达的需要，可以提取传统刺绣的色彩组合，进行新中式面料创新，也可以尝试采用现代流行色、对比色、互补色等现代色彩搭配组合方式，进行新中式刺绣面料的创新，创造出时尚、富有个性的刺绣色彩效果。如图 7-96 为渐变色山水刺绣纹样，运用色彩渐变手法，使刺绣图案色彩更加丰富和自然，通过不同颜色丝线逐渐过渡绣制，创造出柔和色彩渐变效果，从浅粉色到深粉色的渐变、从蓝色到绿色的过渡，这种色彩创新手法增加图案立体感和层次感，使刺绣作品更加生动和富有艺术感染力。

图 7-95 "雅莹"新中式黑色
外套采用单一刺绣色彩

图 7-96 渐变色山水刺绣纹样

（22）传统刺绣手工艺创新应用

①刺绣图案局部布局

改变传统刺绣图案在服装上大面积应用的方式，采用局部装饰和重点突出手法，将刺绣应用在服装领口、袖口、裙摆、前襟、肩部、背部等关键部位，作为局部点缀和装饰，突出服装设计重点，增加服装精致感和时尚感。如在领口处或者在袖口上绣制一段精美的花边，都能为服装增添独特的魅力。如图7-97为"Ms MIN"品牌新中式外套背部刺绣图案，将传统刺绣工艺与现代外套的简约板型相结合，既保留中式韵味，又符合当代时尚审美。其背部刺绣图案选取具有中式象征意义的花鸟元素，经过精心设计与布局，线条流畅、造型优美，展现出高度的精致感。该作品使穿着者在人群中脱颖而出，塑造出既典雅又时尚、既传统又现代的独特个人风格，展现出与众不同的时尚品位。

②刺绣图案整体布局

刺绣图案整体布局方式塑造新中式女装独特风格。整体布局所运用的各种传统图案和布局方式，都承载着深厚的中国文化内涵，使穿着者散发出浓郁的文化气息，传承和弘扬中华民族传统文化。大面积主体刺绣成为新中式女装的视觉焦点，对称式布局带来庄重感、散点式布局的灵动性等，都能在第一时间吸引人们目光，增加服装吸引力和独特性，让穿着者在人群中脱颖而出。如山水图案刺绣巧妙布局在新中式女装整体，仿佛一幅展开的画卷，让穿着者仿佛置身于山水之间，增添服装艺术感染力和情感价值。如图7-98所示，"ZHUCHONGYUN"传统苗族刺绣图案在服装整体布局上并非一味堆砌，而是融入现代简约设计理念，避免过多过杂的刺绣覆盖整套服装，而是有选择性地布局，留出一定空白区域，让服装既有苗族刺绣带来的浓郁民族风情，又不失现代时尚的简洁

图7-97　刺绣图案局部布局　　　　　图7-98　刺绣图案整体布局

大气，使其更符合当代人的穿着习惯和审美需求。作品采用富有寓意的苗族图案组合，承载着苗族悠久的历史、宗教信仰、生活习俗等方面的信息。穿着者仿佛成为苗族文化的传播者，在举手投足间散发着浓郁的民族文化气息。这种独特的苗族刺绣图案整体布局方式，结合新中式套装的款式特点，塑造出别具一格的服装样式。既带有苗族刺绣的古朴、热烈、神秘的民族风情，又融入了新中式的典雅、简约、大气的时尚元素，展现出与众不同的时尚品位和民族文化特色。

（23）传统刺绣手工艺创新应用效果与优势

传统刺绣手工艺创新为新中式女装带来更加丰富、独特的视觉效果。新颖的图案、针法和色彩搭配使服装更加引人注目，吸引消费者目光，满足他们对于时尚和美的追求。刺绣立体感和层次感为服装增添质感和品质感，使其在众多服装中脱颖而出。

新中式女装创新传统刺绣应用，传承和弘扬中国传统文化，使消费者在穿着服装过程中感受到传统文化魅力。刺绣图案所蕴含的吉祥寓意、历史故事和文化符号等，都能够传递出中国文化价值观和审美观念，增强消费者对传统文化的认同感和自豪感。

在个性化消费时代，传统刺绣手工艺创新应用，满足了消费者个性化服装需求。个性化定制图案、独特设计、创新应用方式，使每一件新中式刺绣女装都具有独一无二的特点，满足消费者自我表达和个性化展示的追求，增加消费者购买欲望和忠诚度。

传统刺绣手工艺创新应用为新中式女装增加产品附加值。刺绣作为一种精湛的手工艺，具有较高艺术价值和文化价值。在服装上应用创新的刺绣工艺，能够提升服装品质和档次，使其价格相应提高，从而为企业带来更高的经济效益。

（24）传统盘扣手工艺

盘扣历史悠久，是中国传统服饰的重要元素，起源于古代衣带结，经过不断发展演变，成为一种兼具实用与装饰功能的精美手工艺品。在明清时期盘扣的制作工艺达到较高水平，广泛应用于旗袍、马褂等传统服装。传统盘扣通常采用丝绸、棉麻等天然材质布条制作。丝绸质地柔软光滑，光泽度好，常用于制作高档、精致的盘扣。棉麻具有质朴质感，适合制作风格较为简约、自然的盘扣。盘扣造型多种多样，有直扣、花扣、琵琶扣、蝴蝶扣、凤凰扣等。每一种造型都有其独特的寓意和美感。直扣简洁大方，花扣造型精美，通过各种编结和装饰手法，呈现出花朵、动物等形象，富有艺术感染力。

（25）传统盘扣手工艺创新

①创新传统盘扣造型

在造型创新方面，盘扣的设计经历了从简单到复杂、从实用到艺术的演变过程，展现了丰富的创意和深厚的文化内涵。现代盘扣设计更加注重主题和寓意的表达，通过与不同文化元素的结合，创造出具有独特风格的盘扣。将中国传统元素，如龙凤、莲花、竹子等，融入盘扣设计中，使其更具民族特色和文化内涵。如在中国传统文化中，菊花寓意高洁不屈、长寿以及归隐田园的情怀，其于秋霜中独放象征高洁，读音与"久"同寓意长寿，受陶渊明诗句影响代表归隐。提取菊花元素，创新设计成盘扣形式，并应用于新中式女装，赋予新中式女装浓郁的文化气质。菊花盘扣适合搭配多种新中式女装，对于偏传统的新中式女装，可选择经典色彩和较为规整的菊花造型盘扣，以增强服装的传统韵味；对于偏时尚的新中式女装，可采用一些具有创意色彩或立体造型的菊花盘扣，既能体现出中式元素，又能展现出时尚感。借鉴现代艺术的表现形式，将菊花元素抽象简约化设计、结合流畅线条，创造出具有现代感的盘扣造型，如图7-99所示。

②突破传统盘扣单一材质限制

尝试使用新的材料进行制作。除了丝绸、棉麻等传统材料外，可以引入皮革、金属、珠子、水晶等现代材料，通过不同材质组合和搭配，创造出独特的质感和效果。如图7-100所示，用丝绸制作盘扣的主体，再配以珍珠进行装饰，是一种典雅而精致的设计手法，融合传统工艺与现代审美，展现丝绸与珍珠两种材质的独特魅力。丝绸与珍珠的结合，使得盘扣呈现出一种典雅而精致效果。丝绸的柔软与光泽，与珍珠的圆润与光泽相互映衬，使盘扣看起来更加高贵、典雅。

图7-99　菊花盘扣设计　　　　图7-100　丝绸与珍珠两种材质组合的盘扣

③创新传统盘扣色彩搭配

传统盘扣的色彩通常较为单一，以纯色或相近色系搭配为主。在新中式女装中，可以大胆运用丰富的色彩进行盘扣设计。根据服装整体色彩风格，选择与之相协调或形成对比的颜色，使盘扣的色彩设计成为服装亮点。如图7-101为"绣华莊"如意纹盘扣装饰米色新中式外套后腰部，棕色如意纹盘扣设计成为视觉焦点，瞬间提升服装时尚感和吸引力。

在新中式女装中传统盘扣常规的应用方式仍然可以延续，也可以对传统盘扣的应用方式进行大胆创新，如夸张盘扣尺寸、改变排列方式等。可以在领口设计一个大型盘扣作为装饰焦点；或者在袖口上排列多个小巧盘扣，形成独特的节奏感；盘扣造型应用于新中式女装的背部，可以增加服装独特性和设计感，当穿着者转身时，展现出独特的背影效果；盘扣在腰部应用，起到强调线条和修饰身材作用，在腰部设计一个精致的盘扣腰带，能够突出腰部线条，还能为服装增添一份精致感；还可以用盘扣装饰裙摆，沿着裙摆边缘进行排列，使裙摆更加生动和富有层次感。除了以上创新的应用方式外，盘扣还可以应用于新中式女装的其他部位，如口袋、门襟等。通过巧妙的设计和布局使盘扣与新中式女装整体结构和风格相融合，展现出独特创意和魅力。如图 7-102 所示，"KENSUN"品牌的盘扣造型颇具特色，采用渐变方式排列，使得盘扣呈现出富有节奏感和动态变化的视觉效果，抽象简约化的盘扣设计，摒弃传统盘扣的复杂样式，以简洁的线条创新盘扣造型，既保留盘扣传统韵味，又融入现代简约时尚感，让整体造型更显独特、大气，为服装增添别样的艺术魅力与时尚格调。

图 7-101 "绣华莊"品牌　　　　图 7-102 "KENSUN"品牌
如意纹盘扣　　　　　　　渐变方式排列盘扣

（26）传统盘扣创新应用效果与优势

创新传统盘扣的应用为新中式女装带来更高艺术价值。通过独特造型、材质和色彩设计，盘扣造型成为新中式女装的重要设计视觉中心，吸引消费者的目光，提升服装整体品位和审美水平。

将传统盘扣手工艺与新中式女装相结合，是对传统文化传承和弘扬，更是对传统文化创新和发展。通过创新应用，使传统盘扣在现代时尚舞台上焕发出新的生机与活力。

消费者对于服装要求越来越高，希望穿着具有独特风格和个性的服装。创新传统盘扣手工艺为消费者提供更多选择和个性化定制空间，满足消费者对于时尚和独特性的追求。

对于服装品牌来说，创新是提升竞争力的关键。创新的传统盘扣应用于新中式女装，为品牌打造独特产品形象和品牌风格，吸引更多消费者关注和购买，提升品牌市场竞争力和影响力。

参考文献

[1]袁宣萍.十七至十八世纪欧洲的中国风设计[M].北京:文物出版社,2006.

[2]郑静.新中式艺术[M].沈阳:辽宁科学技术出版社,2008.

[3]庄向阳,张云波.新中式:风格,理念,抑或主义？:关于新中式的文献综述[J].南方论刊,2016(3):82-85.

[4]周星.实践、包容与开放的"中式服装"(上)[J].服装学报,2018,3(1):59-66.

[5]宋雪,崔荣荣.基于"新中装"的传统服饰文化传承与创新[J].纺织导报,2015(7):92-94.

[6]黄强.衣仪百年:近百年中国服饰风尚之变迁[M].北京:文化艺术出版社,2008.

[7]严昌洪.20世纪中国社会生活变迁史[M].北京:人民出版社,2007.

[8]沈从文.中国古代服饰研究[M].北京:商务印书馆,2011.

[9]冯泽民,刘海清.中西服装发展史[M].北京:中国纺织出版社,2015.

[10]廖军,许星.中国服饰百年[M].上海:上海文化出版社,2009.

[11]袁仄,胡月.百年衣裳[M].北京:生活·读书·新知三联书店,2011.

[12]张竞琼.近代服饰新思潮研究[M].北京:中国纺织出版社有限公司,2018.

[13]曾祖荫.中国古典美学[M].武汉:华中师范大学出版社,2008.

[14]彭银修.东方美学[M].北京:人民出版社,2008.

[15]李超德.东方审美精神的安然之境:从散文集《阴翳礼赞》谈起[J].中国文艺评论,2020(6):82-92.

[16]龙一南.中式风格服装设计及其创新途径分析[J].美术教育研究,2014(17):91-93.

[17]徐恒醇.设计美学[M].北京:清华大学出版社,2006.

[18]卞向阳.中国近现代海派服装史[M].上海:东华大学出版社,2014.

[19]华梅.东方服饰研究[M].北京:商务印书馆,2018.

[20]牛克诚.中国传统色彩研究[M].北京:文化艺术出版社,2022.

[21]周伊冰.中国传统色彩在新中式服装设计中的创新应用:以五行色为例[J].色彩,2023(12):83-85.

［22］王星宇.让传统在时尚中传承:曾凤飞和他的服装设计［J］.装饰,2013(1):50-57.

［23］束凯馨,王珺,向远宁.跨界思维在国潮服装品牌中的应用［J］.湖南包装,2023,38(1):140-142.

［24］冷芸.中国时尚:对话中国服装设计师［M］.北京:中国纺织出版社,2014.

［25］邓海娟.中式元素在新中式服装设计中的创新运用［J］.辽宁丝绸,2023(1):31-32.

［26］娄永琪.从"追踪"到"引领"的中国创新设计范式转型［J］.装饰,2016(1):72-74.

［27］汪芳.中国传统服饰图案解读［M］.上海:东华大学出版社,2014.

［28］欧文·琼斯.装饰的法则2:中国纹样［M］.南京:江苏凤凰文艺出版社,2020.

［29］李翎洁.中国传统纹样的"前世今生":探讨中国传统纹样在现代服装设计中的运用［J］.现代装饰(理论),2014(11):103-104.

［30］杭间,何洁,靳埭强.岁寒三友:中国传统图形与现代视觉设计［M］.济南:山东画报出版社,2005.

［31］孟繁铎,王宏付.现代服装中莲纹图案的再设计［J］.纺织导报,2016(10):132-134.

［32］李填.中国画元素在服装设计中的应用［J］.棉纺织技术,2021,49(9):88-89.

［33］肖劲蓉.论服装中设计元素的符号化［J］.纺织学报,2010,31(11):122-125.

［34］刘天勇,王培娜.民族·时尚·设计:民族服饰元素与时装设计［M］.北京:化学工业出版社,2010.

［35］王巧,宋柳叶,王伊千,等.新中式针织服装设计特征及其路径［J］.毛纺科技,2019,47(11):45-50.

［36］冯明兵,黄蜜.试论全球化语境下中国设计的文化身份［J］.包装工程,2010,31(24):139-141,145.

［37］刘琪.新中式首饰设计对中国传统文化思想的继承与应用［J］.设计,2015(3):100-101.

［38］邓沁兰.纺织面料［M］.2版.北京:中国纺织出版社,2012.

［39］黎红燕.传统手工艺在服装面料创意设计中的应用探讨［J］.现代装饰(理论),2015(11):96.